1000种常见植物野外识别速查图鉴

杨辉霞
岳桂华 ◎主编
于爱华

化学工业出版社
·北京·

本书收录了公园、街道、郊野、农田、山区等地较常见的植物1000多种。本书内容按照野外观察植物感官认识的顺序，层层深入进行编排，首先按照植物的直立或匍匐、草本或木本、水生或陆生等进行大体分类，再根据叶的形态进一步分类，从而一步步缩小识别范围，最后读者可以通过查阅本书中每一植物的特征性图片及植物特征文字描述对植物进一步鉴别。本书适合植物爱好者参考阅读。

图书在版编目（CIP）数据

1000种常见植物野外识别速查图鉴/杨辉霞，岳桂华，于爱华主编.—北京：化学工业出版社，2016.10（2024.1重印）

ISBN 978-7-122-28048-0

Ⅰ.①1… Ⅱ.①杨… ②岳… ③于… Ⅲ.①植物-识别-图集 Ⅳ.①Q949-64

中国版本图书馆CIP数据核字（2016）第216732号

责任编辑：赵兰江　　　　装帧设计：韩　飞

责任校对：边　涛

出版发行：化学工业出版社

（北京市东城区青年湖南街13号　邮政编码100011）

印　　装：北京瑞禾彩色印刷有限公司

710mm×1000mm　1/32　印张17½　字数517千字

2024年1月北京第1版第14次印刷

购书咨询：010-64518888

售后服务：010-64518899

网　　址：http://www.cip.com.cn

凡购买本书，如有缺损质量问题，本社销售中心负责调换。

定　　价：58.00元

编·写·人·员·名·单

主编 杨辉霞 岳桂华 于爱华

编者 于爱华 于　莹 马晓聪

王以忠 邓学秋 卢双双

朱志华 范丽丽 李　泉

李建橡 杨　靖 杨高华

杨辉霞 张　琢 张进进

张爱珍 岳　进 岳桂华

郑景辉 赵　瑞 施学丽

前言

我国幅员辽阔，南北、东西跨度非常大，所以植物种类繁多。随着城市园林绿化的发展，许多国外园林植物及野生植物被引种进城市花园及街道旁。因此我们到公园、街道、郊野、农田、山区等地会看到多种多样的不同植物，如何尽快地识别我们看到的各种植物，对于植物分类专业学者来说并不难，因为植物分类有套系统的体系，但是非专业的大众对此则比较茫然，帮助非专业大众简单快速地识别身边的植物是本书编写的主要目的。

本书主要是通过叶来识别植物，植物叶的形态变异度较小，且在生长期及枯萎期均存在，所以本书选择从植物叶的形态上入手进一步对植物进行分类，从而进一步缩小识别范围，最后读者可以通过查阅本书中每一植物的特征性图片及植物特征文字描述对植物进一步鉴别，这也是编者多年来野外识别植物的经验总结。这种方法只是一种大体形态上的分类，没有严格按照植物学形态特征来分，主要特点是能快速、有效地缩小识别范围。有些植物叶的形态变化较大或者介于两种分类之间，编者根据自己的认识对这些品种进行了分类，存在一定的主观性，如许多姜科、禾本科、鸢尾科植物的叶子较宽，可以归为卵圆形，但姜科、禾本科、鸢尾科植物的总体特征明显，编者将他们大多数归入了条形叶中。有些品种的叶为裂叶，但形态上看似复叶，则将其归到复叶中。

由于编者知识水平有限，书中会存在疏漏或不足之处，敬请广大读者不吝指正。

编者

2016年7月

目 录

使用说明

一、植物分类术语图解及本书分类方法 /1
二、如何通过本书快速识别植物 /14

第一部分 直立草本植物

一、陆地生植物 /18
(一) 茎生叶明显 / 18
1. 单叶、叶卵圆形 / 18
(1) 叶缘整齐、叶互生 / 18
(2) 叶缘整齐、叶对生或轮生 / 47
(3) 叶缘有齿、叶互生 / 59
(4) 叶缘有齿、叶对生或轮生 / 77
2. 单叶、叶长条形 / 99
(1) 叶互生 / 99
(2) 叶对生或轮生 / 122
3. 单叶、叶分裂 / 127
(1) 羽状裂叶、叶互生 / 127
(2) 羽状裂叶、叶对生 / 140
(3) 掌状裂叶 / 143
(4) 三裂叶 / 150
(5) 其他形裂叶 / 158
4. 复叶 / 167
(1) 羽状复叶、小叶不裂 / 167
(2) 三复叶、小叶不裂 / 180
(3) 复叶、小叶裂 / 187
(二) 无明显地上茎或茎生叶较小不明显 / 209
1. 卵圆形单叶 / 209
2. 条形单叶 / 228
3. 叶分裂 / 251
4. 复叶 / 255
5. 叶不明显 / 268
二、水中生植物 /272

第二部分 藤蔓类植物

一、匍匐草本 /284
(一) 单叶 / 284
1. 叶互生 / 284

2. 叶对生或轮生 / 291
(二) 复叶 / 300
二、草质藤本 / 305
(一) 单叶 / 305
1. 叶不分裂 / 305
(1) 叶互生 / 305
(2) 叶对生或轮生 / 313
2. 叶分裂 / 320
(二) 复叶 / 331
(三) 叶不明显 / 335
三、木质藤本和攀缘灌木 / 337
(一) 单叶 / 337
1. 叶缘整齐 / 337
(1) 叶互生 / 337
(2) 叶对生 / 344
2. 叶缘有齿 / 349
3. 叶分裂 / 353
(二) 复叶 / 357
1. 羽状复叶 / 357
2. 三复叶或掌状复叶 / 364

第三部分 灌木和乔木

一、单叶、叶针形或条形 / 372
二、单叶、叶卵圆形 / 384
(一) 叶缘整齐 / 384
1. 叶互生 / 384
2. 叶对生或轮生 / 416
(二) 叶缘有齿 / 437
1. 叶互生 / 437
2. 叶对生 / 469
(三) 叶分裂 / 480
三、复叶 / 498
(一) 羽状复叶 / 498
1. 奇数羽状复叶 / 498
2. 偶数羽状复叶 / 519
(二) 掌状复叶或三复叶 / 529
四、叶不明显 / 538
植物名索引 / 542

使·用·说·明

本书植物形态分类并非严格按照植物学植物形态分类，主要是按照植物肉眼观大体形态进行分类。通过本书快速查找要识别的植物可以通过以下几种方法。①通过目录查找：主要适用于植物学、中医药学专业人士；②通过检索图查找：主要适用于非专业人士及对植物识别不是特别熟悉者，需要先学习植物分类术语图解，然后按照检索图一步步查找；③通过索引查找：如果您知道植物名称，想了解植物形态特征，可以通过这一方法查找。

一、植物分类术语图解及本书分类方法

（一）茎

1.直立草本植物：本书将茎直立、茎斜生的草本植物归类为直立草本植物，该分类植物的主要特征为植物茎自根部与地面脱离向上生长。

茎直立

2.无茎植物：有些植物的茎完全隐藏在地下，地面上只能看到其叶和花梗，这种植物称为无茎植物。本书将无茎植物及地上茎不明显或茎生叶不明显者归类

为无地上茎和茎生叶不明显植物。

3.匍匐草本植物：本书将茎匍匐、茎平卧、茎斜倚的植物归类为匍匐草本植物，该分类植物的主要特征为植物茎与地面有较多接触或与地面平行，仅有小部分脱离地面向上生长。

茎斜生

4.藤本植物：藤本植物是指

无茎植物

茎生叶不明显

一切具有长而细弱的茎，不能直立，只能倚附其他植物或有其他物支持向上攀升的植物。藤本植物包括缠绕藤本和攀援藤本两种，缠绕藤本的特点是以茎藤缠绕于其他物体上生长，攀援藤本则多以卷须、小根、吸盘等攀登于其他物体上生长。本书将部分攀援灌木归入木质藤本中。

5.灌木与乔木

（1）灌木：是没有明显主干的木本植物，植株一般不会超过6m，从近地面的地方就开始丛生出横生的枝干。半灌木指在木本与草本

茎斜倚

茎平卧

茎匍匐

缠绕藤本

攀援藤本

之间没有明显区别，仅在基部木质化的植物，本书将这类植物归类为直立草本植物。

（2）乔木：乔木是指树身高大的树木，有一个独立明显主干，高通常在6m以上，树干和树冠有明显区分。该书将有如下特征的树木归类为小乔木：有明显的茎干，树干与树冠有明显的区分，但是树干的高度小于树冠的高度或植株高度多低于6m。乔木状是一种中间类型，指形状如乔木的灌木。

灌木

因为木本植物为多年生植物，低龄乔木与高龄灌木难以从高度上区别开来，且在人工修剪的情况下，有些高龄灌木也会有明显的主干，因此本书没有按灌木、乔木分类，而是将其统一归为灌木与乔木类。

（二）叶

1.叶的形状

（1）长条形：本书将条形、带形、部分细长的披针形叶归类为长条形，长条形的主要特征是叶的宽度较小、长度明显大于宽度，长度多为宽度的4倍以上。

（2）卵圆形：本书将除条形、带形、针形叶、剑形外的叶形归为卵圆形，包括长圆形、椭圆形、卵形、心形、肾形、圆形、三角形、匙形、菱形、扇形、提琴形等。该形叶的特点是长度多为宽度的4倍以下。

2.叶的边缘

（1）叶缘整齐：本书将叶缘整齐无锯齿、无分裂、无缺刻的统一归类为叶缘整齐，包括全缘和波状。

（2）叶缘有齿：本书将叶缘有锯齿的统一归类为叶缘有齿。叶缘有齿的特征为齿较浅、较规则、排列整齐。

条形叶
披针形
卵形
椭圆形
圆形
心形
叶缘整齐
圆齿
锯齿
叶缺刻

（3）叶分裂：本书将叶边缘有缺刻、分裂的归类为叶分裂。叶分裂的特征为裂较深、欠规则、排列欠整齐。本书将羽状分裂归为羽状裂叶，三裂以上的掌状分裂归为掌状裂叶，有三裂者归为三裂叶，将缺刻、其他不规则分裂归为其他形裂叶。有些裂叶，如半夏、天南星等，看似为由多个单叶组成的复叶，本书将这些品种归到了复叶中，有些叶为多回分裂，看似复叶，本书将这些品种归为了复叶、叶分裂类。

3.复叶：有两片以上分离的叶片生在一个总的叶柄上，这种叶子称为复叶。复叶分为羽状复叶、掌状复叶、三出复叶、二出复叶、单身复叶等，小叶数为单数的羽状复叶为奇数羽状复叶，小叶数为双数的复叶为偶数羽状复叶。本书将单身复叶归为单叶。

羽状复叶

羽状三出复叶

二出复叶

掌状复叶

鸟足状复叶

4. 叶序：指叶在茎或枝上的排列方式，包括对生、互生、轮生等。本书将轮生、对生分为一类，有的植物既有对生又有互生，本书以植株上部叶的生长方式来确定归类。

（三）花

1. 花冠：花冠是花的最明显部分，由花瓣构成，花瓣合生的叫合瓣花冠，在合瓣花冠中其连合部分称为花冠筒，

叶互生

叶对生

叶轮生

其分离部分称为花冠裂片。按花冠形状分为筒状、漏斗状、钟状、高脚碟状、辐状、蝶状、唇形、舌状。

唇形花

辅状花

蝶形花

漏斗状花

钟状花

2. 花序：花序是指花排列于花枝上的情况，按照花序结构形式，可分为穗状花序、总状花序、葇荑花序、肉穗花序、圆锥花序、头状花序、伞形花序、伞房花序、隐头花序、聚伞花序、聚伞圆锥花序等。

（四）果实

果实可分为聚合果、聚花果、单果。单果分为干燥而少汁的干果和肉质而多汁的肉果两大类。

穗状花序

总状花序

头状花序

伞形花序

轮伞花序

复伞花序

聚伞圆锥花序

1. 干果

（1）开裂的干果：蓇葖果、荚果、蒴果。

（2）不开裂的干果：瘦果、颖果、翅果、坚果。

2. 肉果：浆果、柑果、瓠果、梨果、核果。

聚合果

聚花果

蓇葖果

瘦果

荚果

蒴果

颖果

长角果

短角果

翅果

坚果

翅果

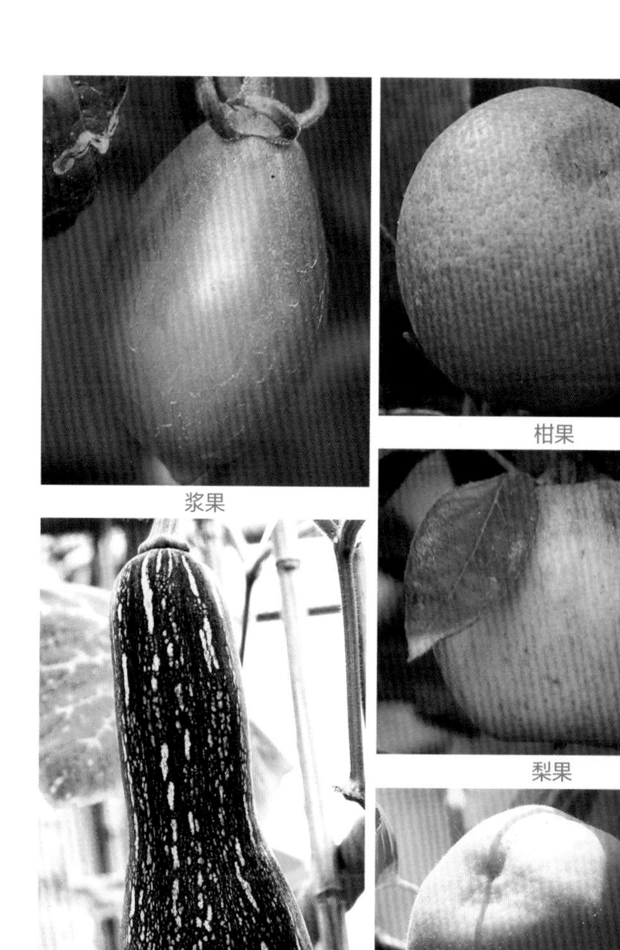

柑果

浆果

梨果

瓠果

核果

二、如何通过本书快速识别植物

本书通过以下几个检索图引导你一步步观察植物和缩小鉴别植物范围。该方法只适用于本书。

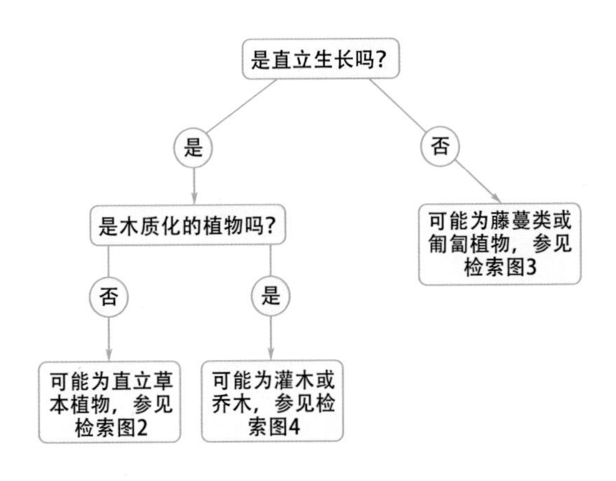

检索图1　植物形态分类

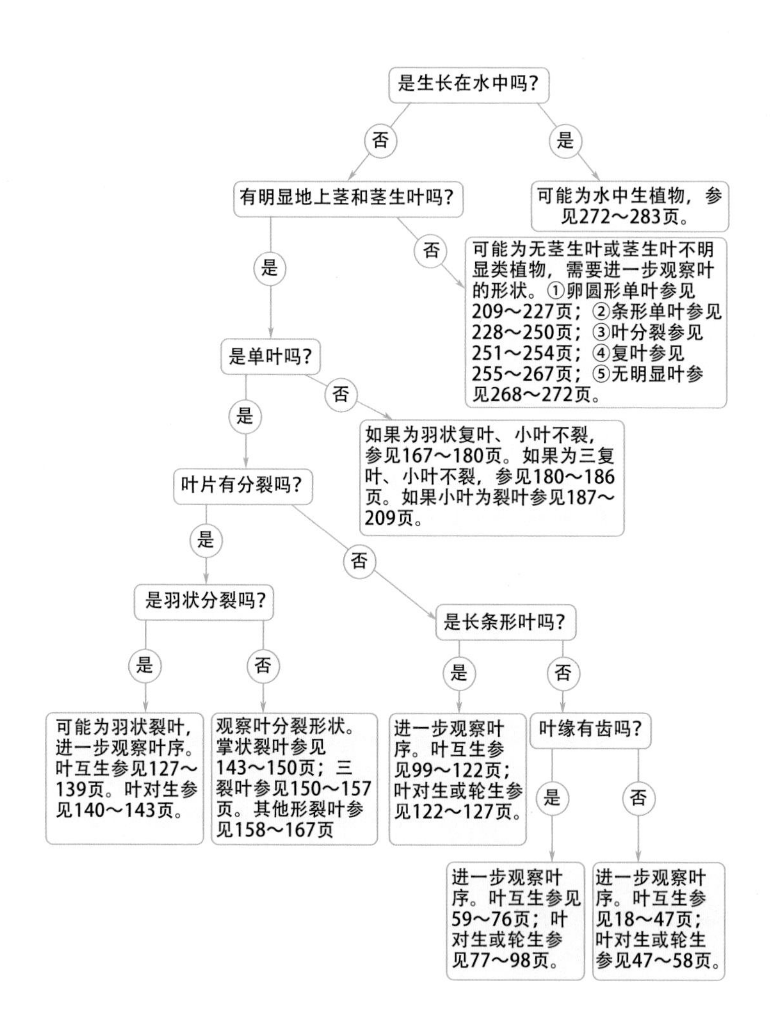
是生长在水中吗？
否
是
有明显地上茎和茎生叶吗？
可能为水中生植物，参见272～283页。
否
可能为无茎生叶或茎生叶不明显类植物，需要进一步观察叶的形状。①卵圆形单叶参见209～227页；②条形单叶参见228～250页；③叶分裂参见251～254页；④复叶参见255～267页；⑤无明显叶参见268～272页。
是
是单叶吗？
否
是
如果为羽状复叶、小叶不裂，参见167～180页。如果为三复叶、小叶不裂，参见180～186页。如果小叶为裂叶参见187～209页。
叶片有分裂吗？
是
否
是羽状分裂吗？
是长条形叶吗？
是
否
是
否
可能为羽状裂叶，进一步观察叶序。叶互生参见127～139页。叶对生参见140～143页。
观察叶分裂形状。掌状裂叶参见143～150页；三裂叶参见150～157页。其他形裂叶参见158～167页
进一步观察叶序。叶互生参见99～122页；叶对生或轮生参见122～127页。
叶缘有齿吗？
是
否
进一步观察叶序。叶互生参见59～76页；叶对生或轮生参见77～98页。
进一步观察叶序。叶互生参见18～47页；叶对生或轮生参见47～58页。

检索图2　直立草本植物

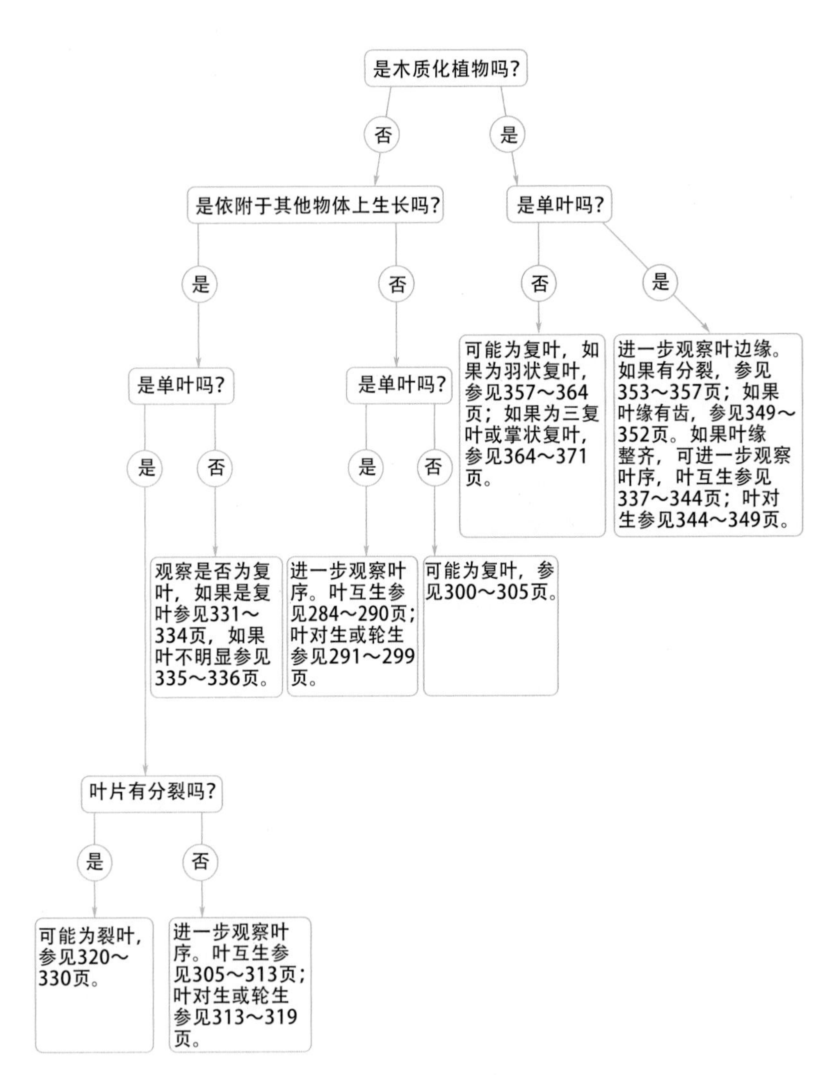

检索图3　藤蔓类和匍匐植物

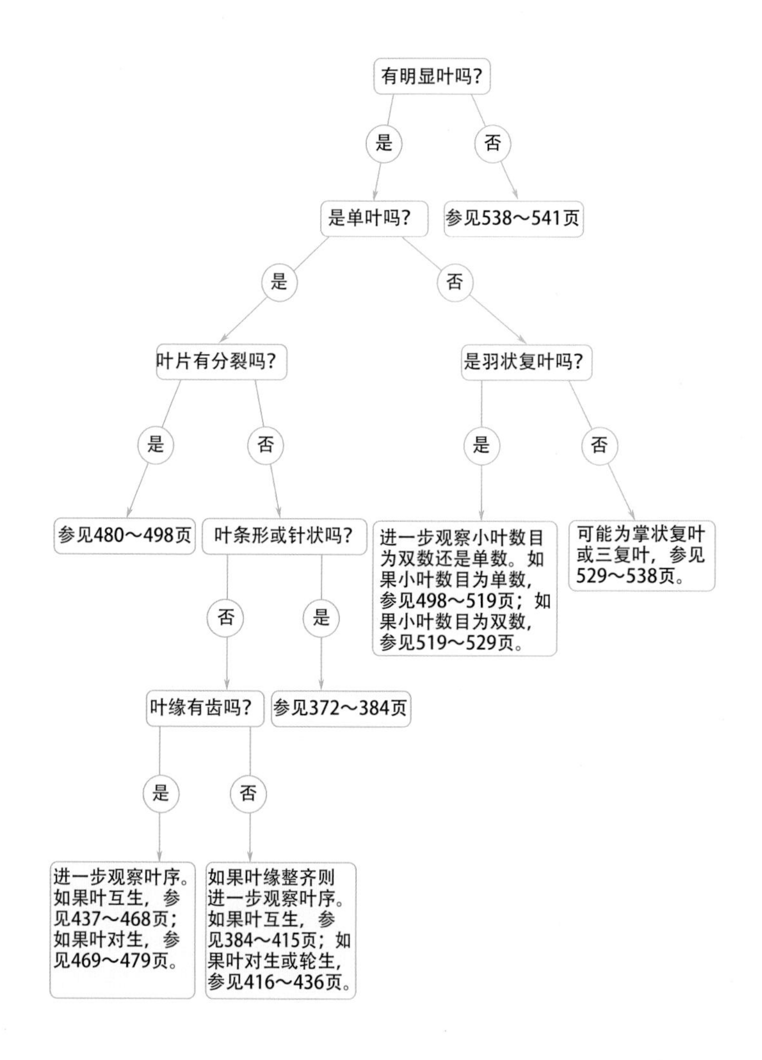

有明显叶吗?
是
否
是单叶吗?
参见538～541页
是
否
叶片有分裂吗?
是羽状复叶吗?
是
否
是
否
参见480～498页
叶条形或针状吗?
进一步观察小叶数目为双数还是单数。如果小叶数目为单数，参见498～519页；如果小叶数目为双数，参见519～529页。
可能为掌状复叶或三复叶，参见529～538页。
否
是
叶缘有齿吗?
参见372～384页
是
否
进一步观察叶序。如果叶互生，参见437～468页；如果叶对生，参见469～479页。
如果叶缘整齐则进一步观察叶序。如果叶互生，参见384～415页；如果叶对生或轮生，参见416～436页。

检索图4　灌木与乔木

第一部分
直立草本植物

一、陆地生植物

（一）茎生叶明显

1. 单叶、叶卵圆形

（1）叶缘整齐、叶互生

牛舌草 紫草科

多年生草本。茎直立，高可达1m。基生叶和茎下部叶长圆形至倒披针形，全缘，两面被贴伏的硬毛；茎上部叶无柄，较小。花序顶生及腋生，花序轴、苞片、花梗及花萼均被密糙伏毛；苞片线形至线状披针形；花萼5裂至近基部，裂片线状披针形；花冠蓝色，裂片近圆形。我国多地有栽培，供观赏。

灰毛软紫草 紫草科

一年生草本，全株密生灰白色长硬毛。茎通常多条，多分枝。单叶互生，无柄，线状长圆形至线状披针形，全缘。镰状聚伞花序具排列较密的花，花冠淡蓝紫色或粉红色。小坚果三角状卵形，密生疣状突起。花果期6～9月。宁夏、甘肃、青海、内蒙古有分布。

田紫草 紫草科

一年生或二年生直立草本，高20～40cm，全株被白色刚毛。叶互生，披针形或倒卵状椭圆形，全缘。花白色，单生于茎上部叶腋；花冠漏斗状，喉部具突起。小坚果灰色、稍有光泽，具轻微的疣状皱缩及微细的小疣。夏季开花，9月果熟。生于多石质山坡、荒野草地或田间潮湿地带。分布于东北、陕西、河北、江苏等地区。

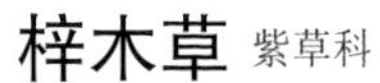

梓木草 紫草科

多年生草本，高15～25cm。茎基部平卧，伸长，被粗毛，新枝自老枝叶腋生出，直立。单叶互生；长椭圆形、狭长椭圆形或倒卵状披针形，先端圆钝，基部窄楔形，无柄或具短柄，表面具粗毛。花单生于上部叶腋，紫蓝色，很少白色；萼5裂，裂片线状披针形，先端锐尖；花冠管喉部有5白线射出，5裂。小坚果白色，平滑。花期4～5月。生于向阳山地或林下。分布于陕西、江苏、福建、浙江、安徽、湖北等地。

附地菜 紫草科

一年生草本，高5～30cm。茎基部略呈淡紫色，纤细，直立或斜升。单叶互生，叶片匙形、椭圆形或长圆形，两面均具糙伏毛。聚伞花序成总状，花小，通常生于花序后侧；花萼5裂，平展，喉部具5枚白色或带黄色附属物；花冠筒与花冠裂片等长。小坚果斜三棱锥状四面体形，黑色有光泽，背面具3锐棱。花期4～6月，果期7～9月。生于田野、路旁、荒草地或丘陵林缘、灌木林间。分布于东北、华北、华东、西南及陕西、新疆、广东、广西、西藏等地。

盾果草 紫草科

多年生草本，茎直立或斜升，高20～45cm，常自下部分枝，有开展的长硬毛和短糙毛。基生叶丛生，有短柄，匙形，全缘或有疏细锯齿，两面都有具基盘的长硬毛和短糙毛；茎生叶较小，无柄，狭长圆形或倒披针形。花冠淡蓝色或白色。小坚果4，黑褐色。花果期5～7月。生山坡草丛或灌丛下。分布于台湾、浙江、广东、广西、江苏、安徽、江西、湖南、湖北、河南、陕西、四川、贵州、云南。

多苞斑种草 紫草科

一年生或二年生草本，高25～40cm。茎单一或数条丛生，由基部分枝，分枝通常细弱，开展或向上直伸，被向上开展的硬毛及伏毛。基生叶具柄，倒卵状长圆形；茎生叶互生，长圆形或卵状披针形，无柄，两面均被基部具基盘的硬毛及短硬毛，全缘。花生茎顶及腋生；花冠蓝色至淡蓝色。小坚果卵状椭圆形。花期5～7月。生于山坡、道旁、河床、农田路边及山坡林缘灌木林下、山谷溪边阴湿处等。分布于东北、河北、山东、山西、陕西、甘肃、江苏及云南。

瓜子金 远志科

多年生草本，高约15cm。茎被灰褐色细柔毛，叶互生，卵形至卵状披针形，全缘。总状花序腋生，花瓣3，紫白色，背面近顶端处有流苏状附属物。蒴果广卵形而扁，先端凹，具膜状宽翅。花期4～5月。果期5～6月。生长于山坡或荒野。分布于东北、华北、西北、华东、中南、西南和台湾等地。

油点草 百合科

多年生草本，高可达1m。茎上部生短糙毛。叶互生，近无柄，抱茎；叶片卵状椭圆形、长圆形至长圆状披针形，边缘具短糙毛，两面疏生短糙伏毛。二歧聚伞花序顶生或生于上部叶腋，花序轴和花梗生有淡褐色短糙毛；花被片6，离生，卵状椭圆形至披针形，开放后自中下部向下反折，绿白色或白色，内面具多数紫红色斑点；外轮3片较内轮宽，在基部向下延伸而呈囊状。蒴果直立。花果期6～9月。生于山地林下、草丛中或岩石缝隙中。分布于江苏、安徽、浙江、江西、福建、湖北、湖南、广东、广西、贵州。

宝铎草 百合科

多年生草本，高30～80cm。茎直立，上部具叉状斜生的分枝。叶互生，薄纸质至纸质，椭圆形、卵形至披针形，全缘。花钟状，黄色、淡黄色、白色或绿黄色，生于分枝顶端；花被片6，倒卵状披针形。浆果椭圆形或球形，黑色。花期3～6月，果期6～11月。生于林下或灌木丛中。分布于华东、中南、西南及河北、陕西、台湾等地。

玉竹 百合科

多年生草本。茎单一，高20～60cm。叶互生，无柄；叶片椭圆形至卵状长圆形。花腋生，通常1～3朵簇生，花被筒状，黄绿色至白色，先端6裂，裂片卵圆形。浆果球形，熟时蓝黑色。花期4～6月，果期7～9月。生于林下及山坡阴湿处。分布于东北、华北、华东及陕西、甘肃、青海、台湾、河南、湖北、湖南、广东等地。

多花黄精 百合科

根状茎肥厚，通常连珠状或结节成块。茎高50～100cm，通常具10～15枚叶。叶互生，椭圆形、卵状披针形至矩圆状披针形。花序具2～7花，伞形；花被黄绿色。浆果黑色。花期5～6月，果期8～10月。生于林下、山坡草地。分布于东北及河北、山东等地。

鸭跖草 鸭跖草科

一年生草本，高15 ~ 60cm。茎圆柱形，肉质，表面呈绿色或暗紫色。单叶互生，无柄或近无柄；叶片卵圆状披针形或披针形，全缘。总状花序，花3、4朵，花瓣3，深蓝色，较小的1片卵形，较大的2片近圆形，有长爪。蒴果椭圆形。花期7 ~ 9月，果期9 ~ 10月。生田野间。全国大部分地区有分布。

饭包草 鸭跖草科

多年生草本。叶互生，椭圆状卵形或卵形，全缘，边缘有毛。聚伞花序数朵，几不伸出苞片，花梗短；花蓝色，花瓣3。蒴果椭圆形。种子5颗，肾形，黑褐色。花期6 ~ 7月，果期11 ~ 12月。生于田边、沟内或林下阴湿处。分布于河北、陕西、江苏、安徽、浙江、江西、福建、广东、海南、广西、贵州、云南等地。

土人参 马齿苋科

一年生草本，高达60cm。茎肉质，直立，圆柱形。叶互生，倒卵形或倒卵状长圆形，全缘，基部渐狭而成短柄。圆锥花序顶生或侧生；二歧状分枝；花小，淡紫红色；花瓣5，倒卵形或椭圆形。蒴果近球形，3瓣裂，熟时灰褐色。花期6～7月，果期9～10月。生于田野、山坡、沟边等阴湿处。分布于江苏、安徽、浙江、福建、河南、广东、广西、四川、贵州、云南等地。

瑞香狼毒 瑞香科

多年生草本，高20～40cm。茎丛生，基部木质化。单叶互生；无柄或几无柄；叶片椭圆状披针形，先端渐尖，基部楔形，两面无毛，全缘。头状花序，多数聚生枝顶，具总苞；花萼花瓣状，黄色或白色，先端5裂，裂片倒卵形，其上有紫红色网纹；萼筒圆柱状，有明显纵脉纹。果实圆锥形，包藏于宿存萼筒基部。花期5～6月，果期6～8月。分布于东北、华北、西北、西南及西藏等地。

叶下珠 大戟科

一年生草本，高10～40cm。茎直立，分枝常呈赤色。单叶互生，排成2列，形似复叶；叶片长椭圆形。花腋生，细小，赤褐色。蒴果无柄，扁圆形，赤褐色，表面有鳞状凸起物。花期7～8月。分布于江苏、安徽、浙江、江西、福建、广东、广西、四川、贵州、云南等地。

大戟 大戟科

多年生草本。茎直立，上部分枝。单叶互生，长圆状披针形至披针形，全缘。聚伞花序顶生，通常有5伞梗，伞梗顶生1杯状聚伞花序，其基部轮生卵形或卵状披针形苞片5，杯状聚伞花序，总苞坛形，顶端4裂，腺体椭圆形。蒴果三棱状球形，表面有疣状突起。花期4～5月，果期6～7月。主要分布于江苏、四川、江西、广西等地。

青葙 苋科

一年生草本，高30 ~ 90cm，茎直立。单叶互生，叶披针形或长圆状披针形，全缘。穗状花序单生于茎顶，呈圆柱形或圆锥形，花被片5，白色或粉红色，披针形；花期5 ~ 8月。种子扁圆形，黑色，光亮。果期6 ~ 10月。我国大部分地区有分布或栽培。

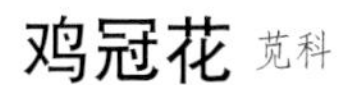

鸡冠花 苋科

一年生直立草本，高30 ~ 80cm。单叶互生，具柄，叶片长椭圆形至卵状披针形，全缘。穗状花序顶生，成扁平肉质鸡冠状、卷冠状或羽毛状；花被片淡红色至紫红色、黄白或黄色；花期5 ~ 8月。胞果卵形，种子肾形，黑色，有光泽；果期8 ~ 11月。我国大部分地区有栽培。

刺苋 苋科

多年生直立草本，高0.3 ~ 1m。茎直立，多分枝，有纵条纹。叶互生；叶柄长1 ~ 8cm，在其旁有2刺；叶片卵状披针形或菱状卵形，全缘或微波状，中脉背面隆起，先端有细刺。圆锥花序腋生及顶生，花小，苞片常变形成2锐刺，花被片绿色；花期5 ~ 9月。胞果长圆形，种子近球形，黑色，果期8 ~ 11月。分布于华东、中南、西南及陕西等地。

反枝苋 苋科

一年生草本，高20 ~ 80cm，茎直立，粗壮。叶片菱状卵形或椭圆状卵形，两面和边缘有柔毛。圆锥花序顶生和腋生，花被片5，白色；花期7 ~ 8月。胞果扁球形，淡绿色，盖裂，包裹在宿存花被片内；种子近球形，棕色或黑色；果期8 ~ 9月。分布于东北、华北、西北及山东、台湾、河南等地。

野苋 苋科

一年生草本，茎伏卧而上升，从基部分枝，淡绿色或紫红色。叶片卵形或菱状卵形，顶端凹缺，全缘或稍呈波状。花呈腋生花簇，直至下部叶的腋部，生在茎端和枝端者呈直立穗状花序或圆锥花序；花被淡绿色。胞果扁卵形。种子环形，黑色至黑褐色。花期7～8月，果期8～9月。生在田野、人家附近的杂草地上。除内蒙古、宁夏、青海、西藏外，全国广泛分布。

尾穗苋 苋科

一年生直立草本，高1.5～2.5m。茎粗壮，绿色，或常带粉红色。单叶互生，叶片菱状卵形或菱状披针形，全缘或波状。圆锥花序顶生，下垂，由多数或少数穗状花序组成；小苞片干膜质，红色，披针形；萼片5，长椭圆形；花被片红色，透明。胞果近卵形，上半部红色，盖裂。种子扁豆形，淡棕黄色，有厚的环。花期7～8月，果期9～10月。我国各地均有栽培，亦有野生。原产热带。

虎杖 苋科

多年生灌木状草本，高达1m以上。茎直立，中空，散生紫红色斑点。互生，叶片宽卵形或卵状椭圆形，全缘。圆锥花序腋生，花被5深裂，裂片2轮，外轮3片在果时增大，背部生翅，花期6～8月。瘦果椭圆形，有3棱，果期9～10月。我国大部分地区有分布。

虎尾珍珠菜 报春花科

多年生直立草本，高30～90cm，茎带紫红色。叶互生，长椭圆形或阔披针形。总状花序顶生，花密集，常转向一侧；花冠白色。花期4～5月，果期5～6月。分布于我国东北、华北、华东、中南、西南及河北、陕西等地。

三白草 三白草科

多年生湿生直立草本，高达1m。单叶互生，纸质，密生腺点，基部与托叶合生成鞘状，略抱茎；叶片阔卵状披针形，全缘；花序下的2～3片叶常于夏初变为白色，呈花瓣状。总状花序生于茎上端与叶对生，白色。蒴果近球形，表面多疣状凸起，熟后顶端开裂。花期5～8月，果期6～9月。生长于沟边、池塘边等近水处。分布于河北、河南、山东和长江流域及其以南各地。

千年健 天南星科

多年生草本。有高30～50cm的直立地上茎。叶互生，具长柄，柄长18～25cm，肉质，绿色，平滑无毛，基部扩大成淡黄色叶鞘，包着根茎；叶片卵状箭形，长11～15cm，宽7～11cm，先端渐尖，基部箭形而圆，开展，全缘。肉穗花序；佛焰苞绿白色，长圆形至椭圆形。果实为浆果。花期3～4月。生于林中水沟附近的阴湿地。分布于广东、海南、广西、云南等地。

箭叶蓼 蓼科

一年生草本。茎基部外倾，上部近直立，四棱形，沿棱具倒生皮刺。单叶互生，宽披针形或长圆形，顶端急尖，基部箭形，上面绿色，下面淡绿色，下面沿中脉具倒生短皮刺，边缘全缘；叶柄长1 ~ 2cm，具倒生皮刺。头状花序顶生或腋生，花序梗细长，疏生短皮刺；花被5深裂，白色或淡紫红色，花被片长圆形。瘦果宽卵形，具3棱，黑色，包于宿存花被内。花期6 ~ 9月，果期8 ~ 10月。生于山谷、沟旁、水边。分布于东北、华北、陕西、甘肃、华东、华中、四川、贵州、云南。

金线草 蓼科

多年生直立草本。单叶互生；有短柄；托叶鞘筒状，抱茎，膜质；叶片椭圆形或长圆形，全缘，两面有长糙伏毛，散布棕色斑点。穗状花序顶生或腋生；花小，红色；苞片有睫毛；花被4裂。瘦果卵圆形，棕色，表面光滑。花期秋季，果期冬季。生于山地林缘、路旁阴湿地。分布于山西、陕西、山东、安徽、江苏、浙江、江西、河南、湖北、广东、广西、四川、贵州等地。

火炭母 蓼科

多年生草本，长达1m。茎近直立或蜿蜒。叶互生，有柄，叶片卵形或长圆状卵形，全缘。头状花序排成伞房花序或圆锥花序，花白色或淡红色，花被5裂，花期7～9月。瘦果卵形，有3棱，黑色，光亮，果期8～10月。生于山谷、水边、湿地。分布于华东、华中、华南、西南等地。

羊蹄 蓼科

多年生草本，高1m，茎直立。根生叶丛生，有长柄，叶片长椭圆形，边缘呈波状；茎生叶较小，有短柄。总状花序顶生，花被6，淡绿色，外轮3片展开，内轮3片成果被；果被广卵形，有明显的网纹，背面各具一卵形疣状突起，其表有细网纹，边缘具不整齐的微齿；花期4月。瘦果三角形，先端尖，角棱锐利，果熟期5月。分布于我国东北、华北、华东、华中、华南各地。

水蓼 蓼科

一年生草本，高20～60cm。单叶互生，有短叶柄，托叶鞘筒形，褐色，膜质，疏生短伏毛，先端截形，有短睫毛；叶片披针形，两面有黑色腺点，叶缘具缘毛。总状花序穗状，顶生或腋生，细长，上部弯曲，下垂；花被4～5深裂，裂片淡绿色或淡红色。瘦果卵形。花、果期6～10月。生于水边、路旁湿地。我国南北各地均有分布。

红蓼 蓼科

一年生草本，高1～3m。茎直立，中空，多分枝，密生长毛。叶互生，托叶鞘筒状，下部膜质，褐色，上部草质，被长毛，上部常展开成环状翅；叶片卵形或宽卵形，长10～20cm，宽6～12cm，全缘，两面疏生软毛。总状花序由多数小花穗组成，花淡红色或白色，花被5深裂，裂片椭圆形，花期7～8月。瘦果近圆形，扁平，黑色，有光泽，果期8～10月。生于路旁和水边湿地；分布于全国大部分地区。

酸模叶蓼 蓼科

一年生草本。叶互生，叶片披针形至宽披针形，叶上无毛，全缘，边缘具粗硬毛，叶面上常具新月形黑褐色斑块；托叶鞘筒状。穗状花序顶生或腋生，数个排列成圆锥状；花被浅红色或白色，4深裂。瘦果卵圆形，黑褐色。多次开花结实,4～5月份出苗，花果期7～9月份。生于低湿地或水边。分布于黑龙江、辽宁、河北、山西、山东、安徽、湖北、广东。

香蓼 蓼科

一年生草本，高50～120cm。茎密生开展的长毛和有柄的腺状毛。单叶互生；叶柄长1～2cm，托叶鞘筒状，膜质，密生长毛；叶片披针形或宽披针形，两面疏生或密生糙伏毛。穗状花序，总花梗有长毛和密生有柄的腺毛；花红色；花被5深裂。瘦果宽卵形，有3棱，黑褐色，有光泽。花期7～8月，果期9～10月。生于水边及路旁湿地。分布于吉林、辽宁、陕西、安徽、江苏、浙江、河南、湖北、福建、江西、广东、贵州、云南等地。

金荞麦 蓼科

多年生草本，高0.5～1.5m。茎直立，绿色或红褐色。单叶互生，具柄，叶片为戟状三角形，长宽几相等，边缘波状。聚伞花序顶生或腋生，花小，白色。瘦果呈卵状三棱形，红棕色。花期7～8月，果期10月。生于路边、沟旁较阴湿地。分布于华东、中南、西南和陕西、甘肃等地。

荞麦 蓼科

一年生草本，高40～100cm。单叶互生，下部叶有长柄，上部叶近无柄；叶片三角形或卵状三角形，先端渐尖，基部心形或戟形，全缘。花序总状或圆锥状，顶生或腋生；花梗长；花淡红色或白色，密集；花被5深裂，裂片长圆形。瘦果卵形，有三锐棱，黄褐色，光滑。花、果期7～10月。全国各地均有栽培。

葫芦茶 豆科

半灌木，高1m左右，直立。枝四棱。单叶互生，卵状矩圆形、矩圆形至披针形；叶柄有阔翅。总状花序顶生或腋生，花多数，淡紫色；花冠蝶形。荚果有荚节5～8个，荚节近四方形。花期7月。果期8～10月。生于荒坡、低丘陵地草丛中。分布于广东、广西、福建、云南、贵州等地。

刺儿菜 菊科

多年生草本。茎直立，高30～80cm。茎生叶互生，长椭圆形或长圆状披针形，两面均被蛛丝状绵毛，叶缘有细密的针刺或刺齿。头状花序单生于茎顶或枝端，花冠紫红色。瘦果长椭圆形，冠毛羽毛状。花期5～7月。果期8～9月。全国大部分地区均有分布。

松果菊 菊科

多年生草本植物，株高50～150cm，全株具粗毛，茎直立。基生叶卵形或三角形，茎生叶卵状披针形，叶柄基部稍抱茎；头状花序单生于枝顶，或数多聚生，花径达10cm，舌状花紫红色，管状花橙黄色，花期6～7月。

天名精 菊科

多年生草本，高30～100cm，有臭味。茎直立，上部多分枝。茎下部叶互生，叶片广椭圆形或长椭圆形，全缘；茎上部叶近于无柄，长椭圆形，向上逐渐变小。头状花序多数，腋生；总苞钟形或稍带圆形；花序中全为管状花，黄色；花序外围为雌花，花冠先端3～5齿裂，花后柱头外露；中央数层为两性花，花冠先端4～5齿裂。瘦果长3～5mm，有纵沟多条，顶端有线形短喙，无冠毛。花期6～8月，果期9～10月。分布于河南、湖南、湖北、四川、云南、江苏、浙江、福建、台湾、江西、贵州、陕西等地。

旋覆花 菊科

多年生直立草本，高30 ~ 80cm。基部叶较小，茎中部叶长圆形或长圆状披针形，常有圆形半抱茎的小耳，无柄，全缘或有疏齿；上部叶渐小，线状披针形。头状花序，多数或少数排列成疏散的伞房花序；舌状花黄色，舌片线形。瘦果圆柱形。花期6 ~ 10月，果期9 ~ 11月。广布于东北、华北、华东、华中及广西等地。

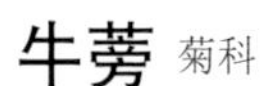

牛蒡 菊科

二年生直立草本，高1 ~ 2m。茎上部多分枝，带紫褐色，有纵条棱。根生叶丛生，茎生叶互生；叶片长卵形或广卵形，全缘，边缘稍带波状。头状花序簇生于茎顶或排列成伞房状；总苞球形，由多数覆瓦状排列之苞片组成，先端成针状，末端钩曲；管状花红紫色。瘦果长圆形或长圆状倒卵形，灰褐色，具纵棱。花期6 ~ 8月，果期8 ~ 10月。分布全国各地。

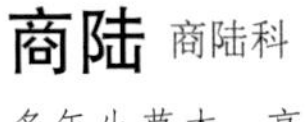

商陆 商陆科

多年生草本，高达1.5m，茎绿色或紫红色。单叶互生，叶片卵状椭圆形或椭圆形，长12～15cm，宽5～8cm，全缘。总状花序直立于枝端或茎上；花被片5，初白色后渐变为淡红色。浆果扁球形，由多个分果组成，熟时紫黑色。花、果期5～10月。我国大部分地区有分布。

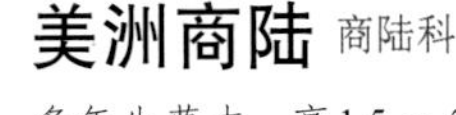

美洲商陆 商陆科

多年生草本，高1.5～2m。光滑无毛，分枝很多，嫩枝绿色，老枝带红色。叶互生，叶片卵状长椭圆形或长椭圆状披针形。总状花序顶生或侧生，长达20cm，花梗粉红色；花着生于鳞片状的苞片腋内，覆瓦状排列，白色或淡粉红色；无花瓣。总状果序下垂，分果间分离不明显。我国大部分地区有分布。

红丝线 茄科

亚灌木，高0.5～1.5m。小枝、叶柄、花梗及花萼上密被淡黄色绒毛。单叶互生，在枝上部成假双生；叶片大小不等，大叶片椭圆状卵形，偏斜，基部楔形渐狭至叶柄成窄翅；小叶片宽卵形，先端短渐尖，基部宽圆形而后骤窄下延至柄而成窄翅，全缘。花常2～3朵生于叶腋；花萼杯状，萼齿10，钻状线形；花冠淡紫色或白色，深5裂。浆果球形。花期5～8月，果期7～11月。生于荒野阴湿地、林下、路旁。分布于江西、福建、台湾、广东、广西、贵州、云南等地。

烟草 茄科

一年生或有限多年生草本。全株被腺毛。根粗壮。茎高0.7～2m，基部稍木质化。叶互生，长圆状披针形、披针形、长圆形或卵形，先端渐尖，基部渐狭至茎成耳状半抱茎，柄不明显或成翅状柄。圆锥花序顶生，多花；花冠漏斗状，淡红色，筒部色更淡，稍弓曲，裂片5，先端急尖。蒴果卵状或长圆状，长约等于宿存萼。种子圆形或宽圆形，褐色。花、果期夏秋季。我国南北各地广泛栽培。

闭鞘姜 姜科

多年生高大草本，高1 ~ 3m。茎基部近木质，上部常分枝。叶片长圆形或披针形，全缘，平行羽状脉由中央斜出。穗状花序顶生，椭圆形或卵形；苞片卵形，红色，长约2cm，具厚而锐利的短尖头，每1苞片内有花1朵；花萼革质，红色，3裂；花冠管白色或红色；唇喇叭形，白色，先端具裂齿及皱波纹；雄蕊花瓣状，白色，基部橙黄色。蒴果稍木质，红色。花期7 ~ 9月，果期9 ~ 11月。生于疏林下、山谷阴湿地、路边草丛、荒坡、水沟边。分布于台湾、广东、海南、广西、云南等地。

海芋 天南星科

多年生草本，高可达5m。茎粗壮，粗达30cm。叶互生；叶柄粗壮，长60 ~ 90cm，下部粗大，抱茎；叶片阔卵形，长30 ~ 90cm，宽20 ~ 60cm，先端短尖，基部广心状箭头形。花序柄粗状，长15 ~ 20cm；佛焰苞粉绿色，苞片舟状，绿黄色；肉穗花序短于佛焰苞。浆果红色。花期春季至秋季。生于山野间。分布于华南、西南及福建、台湾、湖南等地。

油菜 十字花科

一年生草本，高1m左右。茎粗壮，无毛或稍被微毛。基生叶及下部茎生叶呈琴状分裂；茎中部及上部的叶倒卵状椭圆形，互生，基部心形，半抱茎，全缘。花序成疏散的总状花序；花瓣4，鲜黄色，呈倒卵形。长角果。花期3～5月，果期4～6月。全国各地均有栽培。

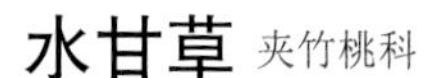

水甘草 夹竹桃科

一年生草本，高30cm，具乳汁。叶互生，狭披针形，中脉在叶背略凸起，全缘。花冠高脚碟状，花冠筒筒形，向喉部渐宽大，花冠裂片向左覆盖，长圆状披针形。花期6月。多生于水边。分布于江苏和安徽。

珊瑚花 爵床科

草本或半灌木，茎4棱形。单叶互生，叶卵形、距圆形至卵状披针形，全缘或微波状。穗状花序组成的圆锥花序穗状，顶生；花粉红色或玫瑰紫色，长约5cm，唇形，上唇顶端微凹，下唇反转，顶端浅裂。花期6～8月。我国南部各省区的园林有栽培。

美人蕉 美人蕉科

植株全部绿色，高可达1.5m。叶片卵状长圆形，长10～30cm，宽达10cm。总状花序；花红色，单生；苞片卵形，绿色；花冠裂片披针形，绿色或红色。蒴果绿色，长卵形，有软刺。花果期3～12月。我国南北各地常有栽培。

蕉芋 美人蕉科

多年生草本植物，高达3m。茎紫色，直立，粗壮。叶互生，叶柄短；叶鞘边缘紫色；叶片长圆形，上面绿色，边缘或背面紫色。总状花序，花单生或2朵簇生，小苞片卵形，淡紫色；蒴果成3瓣开裂，瘤状。花期9～10月。我国南部及西南部有栽培。

藜芦 百合科

多年生草本，高60～100cm。叶互生、叶片薄革质，椭圆形、宽卵状椭圆形或卵状披针形。圆锥花序顶生，总轴和枝轴密被白色绵状毛；花被片6，长圆形，黑紫色。蒴果卵圆形，具三钝棱。种子扁平，具膜质翅。花、果期7～9月。分布于东北、华北及陕西、甘肃、山东、河南、湖北、四川、贵州等地。

紫背竹芋 竹芋科

多年生草本，高可达80cm，直立。叶片长卵形或披针形，厚革质，叶面深绿色，中脉浅色，叶背血红色。穗状花序，苞片及萼鲜红色，花瓣白色。背部呈紫红色。果为蒴果或浆果状。我国南方有栽培。

香蕉 芭蕉科

多年生草本。植株丛生，一般高不及2m。假茎均浓绿而带黑斑，被白粉。叶柄短粗，叶翼明显，张开，边缘褐红色或鲜红色。叶片长圆形，叶面深绿色，无白粉，叶背浅绿色，被白粉。花序下垂，花序轴密被褐色绒毛，苞片外面暗紫色；花乳白色或略带浅紫色。果丛有果8～10段，有果150～200个；果长圆形，有4～5棱。花、果期全年。我国福建、台湾、广东、广西及云南等地均有栽培。

芭蕉 芭蕉科

多年生丛生草本，高2.5 ~ 4m。叶柄粗壮，长达30cm；叶片长圆形，长2 ~ 3m，宽25 ~ 30cm，先端钝，基部圆形或不对称，叶面鲜绿色，有光泽。花序下垂；苞片红褐色或紫色；雄花生于花序上部，雌花生于花序下部。浆果三棱状，长圆形，具3 ~ 5棱，近无柄，肉质，内具多数种子。花期8 ~ 9月。我国南方多地栽培于庭园及农舍附近。

芭蕉

（2）叶缘整齐、叶对生或轮生

百日菊 菊科

一年生草本。茎直立，高30 ~ 100cm，被糙毛或长硬毛。单叶对生，叶宽卵圆形或长圆状椭圆形，基部稍心形抱茎，基出三脉，全缘。头状花序单生枝端。总苞宽钟状，总苞片多层；舌状花深红色、玫瑰色、紫堇色或白色，舌片倒卵圆形，先端2 ~ 3齿裂或全缘；管状花黄色或橙色。瘦果倒卵状楔形。花期6 ~ 9月，果期7 ~ 10月。我国各地有栽培。

百日菊

牛膝 苋科

多年生草本，高30～100cm。茎直立，四棱形，具条纹，节略膨大，节上对生分枝。叶对生，叶片椭圆形或椭圆状披针形，全缘。穗状花序，花皆下折贴近花梗；小苞片刺状；花被绿色，5片，披针形；花期7～9月。胞果长圆形，果期9～10月。分布于除东北以外的全国广大地区。

大花剪秋罗 石竹科

多年生草本，高25～85cm。茎单生，直立，上部疏生长柔毛。单叶对生；叶长圆形或卵状长圆形，两面均有硬柔毛。聚伞花序；花瓣5，深红色，基部有爪，边缘有长柔毛，瓣片4裂，中2裂片较大，外侧2裂片较小，喉部有2鳞片。蒴果5瓣裂，齿片反卷。种子小，暗褐色或黑色，表面有疣状突起。花期6～8月，果期7～9月。生于山林草甸、林间草地。分布于东北和华北。

麦蓝菜 石竹科

一年生草本，高30～70cm。茎直立，上部呈二歧状分枝，表面乳白色。单叶对生，无柄，叶片卵状椭圆形至卵状披针形，全缘，两面均呈粉绿色。疏生聚伞花序着生于枝顶，花梗细长，花瓣5，粉红色，倒卵形，先端有不整齐小齿；花期4～6月。蒴果包于宿存的花萼内，成熟后先端呈4齿状开裂，果期5～7月。除华南地区外，其余各地均有分布。

耳草 茜草科

多年生草本，高30～100cm。茎近直立或平卧，小枝密被短粗毛，节上常生根。叶对生，革质，披针形或椭圆形。聚伞花序密集成头状，腋生；花冠白色。蒴果球形。花期春末夏初。生于草地、林缘和灌丛中。分布于华南和西南。

夏枯草 唇形科

多年生直立草本，茎方形，紫红色，全株密生细毛。叶对生，叶片椭圆状披针形，全缘。轮伞花序顶生，呈穗状；花冠紫色或白色，唇形，下部管状，上唇作风帽状，2裂，下唇平展，3裂。小坚果长椭圆形，具3棱，花期5～6月，果期6～7月。全国大部地区均有分布。

黄芩 唇形科

多年生草本，高30～80cm。茎四棱形。叶对生，无柄或几无柄；叶片卵状披针形至线状披针形，全缘。总状花序顶生或腋生，花偏向一侧，花冠二唇形，蓝紫色或紫红色，上唇盔状，先端微缺，下唇宽，中裂片三角状卵圆形。小坚果卵球形，黑褐色。花期6～9月，果期8～10月。分布于河北、山西、内蒙古、河南、陕西等地。

千日红 苋科

一年生草本，高20～60cm。全株密被白色长毛。单叶对生，长圆形至椭圆形，边缘波状。头状花序球形或长圆形，通常单生于枝顶，常紫红色，有时淡紫色或白色。胞果近球形。花果期6～9月。全国大部分地区均有栽培。

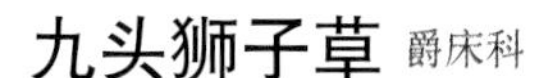

九头狮子草 爵床科

多年生草本，高20～50cm。叶对生，纸质，椭圆形或卵状长圆形，全缘。聚伞花序集生于枝梢的叶腋；花冠粉红色至微紫色，外面疏被短毛，下部细长筒形，冠檐2唇形，上唇全缘，下唇微3裂。蒴果窄倒卵形，略被柔毛。花期5～9月。生于山坡、林下、路旁、溪边等阴湿处。分布于长江流域以南各地。

糯米团 荨麻科

多年生草本。茎基部伏卧。叶对生，叶片狭卵形、披针形或卵形，全缘，基生脉3条。花簇生于叶腋，淡绿色；雄花有细柄，花蕾近陀螺形，上面截形，花被片5；雌花近无梗，花被结合成筒形，上缘被白色短毛。瘦果卵形，先端尖锐，暗绿或黑色，有光泽，约有10条细纵肋。花期8～9月，果期9～10月。生于溪谷林下阴湿处、山麓水沟边。分布于陕西、江苏、安徽、浙江、福建、河南、湖南、广东、广西、四川、贵州、云南、西藏等地。

贯叶连翘 藤黄科

多年生草本。高可达1m左右。茎直立，分枝多。单叶对生；叶无柄；叶片较密，椭圆形至条形，先端钝，基部微抱茎，全缘。聚伞花序顶生；花较大，黄色；萼片5，披针形，边缘有稀疏的黑色腺点；花瓣5，较萼片长，边缘有黑色腺点。蒴果长圆形，具背生的腺条及侧生的囊状腺体。花期6～7月，果期8～9月。生于山坡路旁或杂草丛中。分布于河北、陕西、甘肃、新疆、山东、江苏、江西、河南、湖北、湖南、四川、贵州等地。

白薇 萝藦科

多年生直立草本，高达50cm。叶卵形或卵状长圆形，对生，两面均被有白色绒毛。伞形状聚伞花序，无总花梗，生在茎的四周；花深紫色，花冠辐状；副花冠5裂，裂片盾状。蓇葖果角状，纺锤形。种子卵圆形，有狭翼，先端有白色绵毛。花期5～7月，果期8～10月。生长于河边、干荒地及草丛中，我国各省区有分布。

紫花合掌消 萝藦科

多年生直立草本，高约50cm，光滑无毛，茎、叶呈绿白色。叶对生，无柄，倒卵状长圆形，两侧略下延，呈短耳状而抱茎。聚伞花序腋生；花紫色，花冠辐状，5裂；副冠5，具肉质小体。蓇葖果圆柱状狭披针形。花期8～9月。生长于山坡或荒地。分布于黑龙江、辽宁、吉林、内蒙古、河北、河南、山东、陕西、江苏、江西、湖北、湖南和广西等省区。

芫花叶白前 萝藦科

直立矮灌木，高达50cm。单叶对生，长圆形或长圆状披针形，全缘。伞形聚伞花序腋内或腋间生，花冠黄色、辐状；副花冠浅杯状，裂片5，肉质，卵形。蓇葖果单生，纺锤形。花期5～11月，果期7～11月。生长于江边、河岸及沙石间。分布于江苏、浙江、福建、江西、湖南、广东、广西和四川等地。

华北白前 萝藦科

多年生直立草本，高达50cm。叶对生，薄纸质，卵状披针形，全缘。伞形聚伞花序腋生，花冠紫红色，裂片卵状长圆形；副花冠肉质、裂片龙骨状。蓇葖果双生，狭披针形，外果皮有细直纹。花期5～7月，果期6～8月。生于山坡、杂木林及灌丛间、干河床、河岸沙地。分布宁夏、甘肃、青海、新疆、内蒙古等地。

直立百部 百部科

茎直立，高30～60cm，不分枝，具细纵棱。叶薄革质，每3～4枚轮生，卵状椭圆形或卵状披针形。花单朵腋生，通常出自茎下部鳞片腋内，花向上斜升或直立；花被片淡绿色；雄蕊紫红色。蒴果有种子数粒。花期3～5月，果期6～7月。分布于山东、河南、安徽、江苏、浙江、福建、江西等地。

大叶排草 报春花科

多年生草本。茎通常簇生，直立，高30～50cm，圆柱状，散布稀疏黑色腺点，通常不分枝。叶对生，茎端的2对间距短，常近轮生状；叶片椭圆形，阔椭圆形以至菱状卵圆形，全缘。花序为顶生缩短成近头状的总状花序；花冠黄色，5裂，裂片长圆形或长圆状披针形，先端钝或稍尖，有黑色腺点。蒴果近球形。花期5月，果期7月。生于密林中和山谷溪边湿地。分布于广东、广西和云南等地。

七叶一枝花 百合科

多年生草本，高35 ~ 60cm。茎直立，叶通常为4片，有时5 ~ 7片，轮生于茎顶；叶片草质，广卵形，全缘，基出主脉3条。花单一，顶生；花两性，外列被片4瓣，绿色，卵状披针形；内列被片4瓣，狭线形，黄绿色。浆果近于球形。花期6月，果期7 ~ 8月。分布于四川、广西等地。

紫茉莉 紫茉莉科

一年生草本，高50 ~ 100cm。茎直立，多分枝，圆柱形，节膨大。叶对生，有长柄，叶片纸质，卵形或卵状三角形，全缘。花顶生，集成聚伞花序，花红色、粉红色、白色或黄色，花被筒圆柱状，上部扩大呈喇叭形，5浅裂，平展。瘦果，近球形，熟时黑色，有细棱，为宿存苞片所包。花期7 ~ 9月，果期9 ~ 10月。生于水沟边、房前屋后墙脚下或庭园中，常栽培。分布于全国各地。

元宝草 藤黄科

多年生直立草本，高约65cm。单叶对生，叶片长椭圆状披针形，先端钝，基部完全合生为一体，茎贯穿其中心，两端略向上斜呈元宝状，两面均散生黑色斑点及透明油点。二歧聚伞花序顶生或腋生；花瓣5，黄色。蒴果卵圆形，表面具赤褐色腺体。种子多数，细小，淡褐色。花期6～7月，果期8～9月。分布于长江流域以南各地。

长春花 夹竹桃科

多年生草本，高达60cm。茎近方形，有条纹。叶对生，膜质，倒卵状长圆形，基部广楔形，渐狭而成叶柄。聚伞花序腋生或顶生，有花2～3朵；花冠红色，高脚碟状，花冠筒圆筒状，喉部紧缩，花冠裂片宽倒卵形。蓇葖果2个，直立。花期、果期几乎全年。我国华东、中南、西南有栽培。

单花莸 马鞭草科

多年生草本，高30～90cm。有时蔓生，基部木质化，茎方形，被向下弯曲的柔毛。单叶对生，纸质，宽卵形或近圆形，边缘具4～6对钝齿，两面被柔毛及腺点。单花腋生，花柄纤细；花萼杯状，5裂，裂片卵圆形至卵状披针形；花冠淡蓝色，外面被疏毛及腺点，喉部通常被柔毛，下唇中裂片较大，全缘。蒴果淡黄色，4瓣裂，被粗毛，有不明显凹凸网纹。花、果期5～9月。生于阴湿山坡、林边、路旁或水沟边。分布于安徽、江苏、浙江、江西、福建等地。

银边翠 大戟科

一年生草本，高约70cm。叶卵形至长圆形或椭圆状披针形，全缘；下部叶互生，绿色；顶端的叶轮生，边缘白色或全部白色。杯状花序多生于分枝上部的叶腋处，总苞钟状，密被短柔毛，顶端4裂，裂片间有漏斗状的腺体4，有白色花瓣状附属物。蒴果扁球形，密被白色短柔毛。花期6～9月，果期8～10月。我国各地公园及庭园中均有栽培。

(3)叶缘有齿、叶互生

费菜 景天科

多年生肉质直立草本，高15～40cm。叶互生，倒卵形，或长椭圆形，边缘近先端处有齿牙，几无柄。聚伞花序顶生，疏松；花瓣5，橙黄色，披针形；花期夏季。蓇葖果星芒状开展，带红色或棕色。生于山地岩上或河沟坡上。分布于我国北部、中部。

菥蓂 十字花科

一年生草本，高20～40cm。茎直立，圆柱形，有分枝，表面粉绿色。单叶互生；茎生叶无柄，基部抱茎；叶片椭圆形、倒卵形或披针形，边缘具稀疏浅齿或粗齿。总状花序腋生及顶生，花萼绿色，边缘白色膜质；花瓣4片，十字形排列，倒卵圆形，白色。短角果扁平，卵圆状，具宽翅，先端深裂。花期4～7月。果期5～8月。生于山坡、草地、路旁或田畔。我国大部分地区均有分布。

风花菜 十字花科

二年生或多年生草本，高15～90cm。基生叶多数簇生，羽状深裂，顶生裂片较大，卵形，侧生裂片较小，5～8对，边缘有钝齿；茎生叶互生，不分裂，披针形。总状花序顶生或腋生，花小呈十字形，黄色。长角果圆柱状长椭圆形。种子细小，卵形，稍扁平，红黄色。生于山坡、石缝、路旁、田边、水沟潮湿地及杂草丛中。分布于江苏、山东、四川、内蒙古、辽宁、吉林、黑龙江等地。

银线草 金粟兰科

多年生草本。高20～50cm。茎直立，通常不分枝，下部节上对生2鳞状叶。叶对生，通常4片生于茎顶，成假轮生；叶片宽椭圆形或倒卵形，边缘具锐锯齿，齿尖有一腺体，上面深绿色，下面色淡，网脉明显。穗状花序顶生，单一，连总花梗长3～5cm；苞片三角形或近半圆形；花小，白色。核果梨形。花期4～5月，果期5～7月。生长于山林阴湿处。分布于吉林、辽宁、河北、山西、陕西、甘肃、山东。

鸡腿堇菜 堇菜科

多年生草本，茎直立，通常2 ~ 4条丛生。叶片心形、卵状心形或卵形，边缘具钝锯齿及短缘毛；托叶草质，叶状，通常羽状深裂呈流苏状。花淡紫色或近白色，具长梗，花瓣有褐色腺点，上方花瓣与侧方花瓣近等长，上瓣向上反曲，下瓣里面常有紫色脉纹。蒴果椭圆形。花果期5 ~ 9月。分布于黑龙江、吉林、辽宁、内蒙古、河北、山西、陕西、甘肃、山东、江苏、安徽、浙江、河南。

地构叶 大戟科

多年生草本，高15 ~ 50cm。茎直立，丛生。叶互生或于基部对生；叶片厚纸质，披针形至椭圆状披针形，上部全缘，下部具齿牙。总状花序顶生，花瓣5，呈鳞片状。蒴果三角状扁圆球形，被柔毛和疣状突起，先端开裂。花期4 ~ 5月，果期5 ~ 6月。生于山坡及草地。分布于东北、华北及陕西、宁夏、甘肃、山东、江苏、安徽、河南、湖南、四川等地。

铁苋菜 大戟科

一年生草本，高30～50cm。茎直立，分枝。叶互生，叶片卵状菱形或卵状椭圆形，基出脉3条，边缘有钝齿。穗状花序腋生；雌雄同株，雄花序极短，生于极小苞片内；雌花序生于叶状苞片内；花萼四裂；无花瓣。蒴果小，三角状半圆形；种子卵形灰褐色。花期5～7月，果期7～10月。生于旷野、丘陵、路边较湿润的地方。分布于长江、黄河中下游各地及东北、华北、华南、西南各地。

泽漆 大戟科

一年生草本，高10～30cm。叶互生，叶片倒卵形或匙形，边缘在中部以上有细锯齿。杯状聚伞花序顶生，伞梗5，每伞梗再分生2～3小梗，每个伞梗又第三回分裂为2叉，伞梗基部具5片轮生叶状苞片，与下部叶同形而较大；总苞杯状，先端4浅裂，腺体4，盾形，黄绿色。蒴果球形3裂，光滑。花期4～5月，果期5～8月。我国大部分地区均有分布。

毛蕊花 玄参科

二年生草本，高达1.5m。全株被密而厚的浅灰黄色星状毛。单叶互生，基生叶和下部的茎生叶倒披针状长圆形，边缘具浅圆齿；上部茎生叶缩小为长圆形至卵状长圆形，基部下延成狭翅。穗状花序圆柱状，长达25cm，花密集；花梗短；花冠黄色，辐状，裂片5枚，内面光滑，外面被星状毛。蒴果卵形，约与宿存的花萼等长，先端钝尖。花期6～8月，果期7～10月。生于山坡草地、河岸草地。分布于新疆、江苏、浙江、四川、云南、西藏。

凤仙花 凤仙花科

一年生草本，高40～100cm。茎肉质，直立，粗壮。叶互生，叶片披针形，边缘有锐锯齿。花梗短，单生或数枚簇生叶腋，密生短柔毛；花大，通常粉红色或杂色，单瓣或重瓣。蒴果纺锤形，熟时一触即裂，密生茸毛。种子多数，球形，黑色。各地均有栽培或野生。

柳叶菜 柳叶菜科

多年生草本，高约1米。茎密生展开的白色长柔毛及短腺毛。下部叶对生，上部叶互生，无柄；叶片长圆状披针形至披针形，边缘具细齿。花单生于叶腋，浅紫色，花瓣4，宽倒卵形，先端凹缺。蒴果圆柱形，具4棱，4开裂。种子椭圆形，棕色，先端具一簇白色种缨。花期4～11月。分布于东北、华北、中南、西南及陕西、新疆、浙江、江西、台湾、西藏等地。

龙葵 茄科

一年生直立草本，高25～100cm。叶互生；叶柄长1～2cm；叶片卵形，先端短尖，基部楔形或宽楔形并下延至叶柄，全缘或具不规则波状粗锯齿。蝎尾状聚伞花序腋外生，由3～6朵花组成；花梗长，5深裂，裂片卵圆形。浆果球形，有光泽，成熟时黑色；种子多数扁圆形。花、果期9～10月。生于田边、路旁或荒地。全国均有分布。

酸浆 茄科

多年生草本，高35～100cm。茎直立，多单生，不分枝。叶互生，叶片卵形至广卵形，叶缘具稀疏不规则的缺刻，或呈波状。花单生于叶腋，白色，花冠钟形，5裂。浆果圆球形，成熟时呈橙红色，宿存花萼在结果时增大，厚膜质膨胀如灯笼，具5棱角，橙红色或深红色，疏松地包围在浆果外面。花期7～10月。果期8～11月。全国各地均有分布。

假酸浆 茄科

一年生草本，高0.4～1.5m。茎上部三叉状分枝。单叶互生，卵形或椭圆形，草质，边缘有具圆缺的粗齿或浅裂。花单生于叶腋，花冠钟形，浅蓝色，花筒内面基部有5个紫斑。浆果球形，黄色，被膨大的宿萼所包围。花、果期夏秋季。生于田边、荒地或住宅区。我国南北均有栽培。

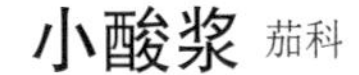

小酸浆 茄科

一年生草本，顶端多二歧分枝，分枝披散而卧于地上或斜升。单叶互生，叶片卵形或卵状披针形，全缘而波状或有少数粗齿。花具细弱的花梗，生短柔毛；花冠黄色。果萼近球状或卵球状，果实球状。分布于云南、广东、广西及四川。

杏叶沙参 桔梗科

一年生直立草本，高40 ~ 80cm，茎不分枝。基生叶心形，大而具长柄；茎生叶无柄，叶片椭圆形、狭卵形，边缘有不整齐的锯齿。花序常不分枝而成假总状花序，或有短分枝而成极狭的圆锥花序；花梗常极短，花冠宽钟状，蓝色或紫色，裂片长为全长的1/3，三角状卵形。蒴果椭圆状球形。花期8 ~ 10月。多生长在山野。分布于安徽、江苏、浙江、湖南、湖北等地。

荠苨 桔梗科

多年生草本，茎高约1m，含白色乳汁。叶互生；叶片卵圆形至长椭圆状卵形，边缘有锐锯齿。圆锥状总状花序，花枝长，花梗短；花冠上方扩张成钟形，淡青紫色，先端5裂。蒴果圆形，含有多数种子。花期8～9月。果期10月。我国各地都有分布。

向日葵 菊科

一年生草本，高1～3m。茎直立，粗壮，中心髓部发达，被粗硬刚毛。叶互生，叶片宽卵形或心状卵形，边缘具粗锯齿，两面被糙毛。头状花序序单生于茎端，雌花舌状，金黄色，不结实；两性花筒状，花冠棕色或紫色，结实；花托平。瘦果倒卵形或卵状长圆形，稍扁，浅灰色或黑色。花期6～7月。我国多地有栽培。

莴苣 菊科

一年或二年生草本。茎直立，光滑无毛，嫩时呈棍棒状，肥大如笋。叶基部丛生，长椭圆形、倒卵形或舌状，全缘或边缘皱折，或有不整齐的齿状缺刻；茎生叶互生，基部耳状抱茎。头状花序排列成顶生的圆锥状花丛，全部为舌状花，舌片先端5齿裂，黄色。瘦果卵形，扁平。种子黑褐色或灰白色。花期夏季。全国大部地区均有栽培。

红花 菊科

一年生直立草本，高50 ~ 100cm。叶互生，无柄；中下部茎生叶披针形、卵状披针形或条椭圆形，边缘具大锯齿、重锯齿、小锯齿或全缘，齿顶有针刺，向上的叶渐小，披针形，边缘有锯齿，齿顶针刺较长；全部叶质坚硬，革质。头状花序多数，在茎枝顶端排成伞房花序，管状花多数，橘红色，先端5裂，裂片线形。瘦果椭圆形或倒卵形。花期6 ~ 7月，果期8 ~ 9月。全国各地多有栽培。

鳢肠 菊科

一年生草本，高10～60cm。全株被白色粗毛，折断后流出的汁液数分钟后即呈蓝黑色。茎直立或基部倾伏，着地生根，绿色或红褐色。叶对生，叶片线状椭圆形至披针形，边缘有细齿或波状，两面均被白色粗毛。头状花序，总苞钟状，花托扁平，托上着生少数舌状花及多数管状花；舌状花白色，管状花墨绿色。瘦果黄黑色。花期7～9月，果期9～10月。生于路边、湿地、沟边或田间。分布于全国各地。

烟管头草 菊科

多年生直立草本，高50～100cm，茎分枝，被白色长柔毛。下部叶匙状长圆形，边缘有不规则的锯齿；中部叶向上渐小，长圆形或长圆状披针形。头状花序在茎和枝的顶端单生，下垂，花黄色，外围的雌花筒状，中央的两性花有5个裂片。瘦果条形，有细纵条，先端有短喙和腺点；无冠毛。花期秋季。生于路边、山坡草地及森林边缘。分布几遍及全国各地。

马兰 菊科

多年生直立草本，高30 ~ 70cm。叶互生，基部渐狭成具翅的长柄，叶片倒披针形或倒卵状长圆形，边缘从中部以上具有小尖头的钝齿或尖齿，或有羽状裂片；上面叶小，无柄，全缘。头状花序单生于枝端并排列成疏伞房状，总苞半球形，舌状花1层，舌片浅紫色。瘦果倒卵状长圆形。花期5 ~ 9月，果期8 ~ 10月。生于路边、田野、山坡上。分布于全国各地。

奇蒿 菊科

多年生直立草本，高60 ~ 100cm。叶互生；长椭圆形或披针形，边缘具锐尖锯齿，中脉显著；上部叶小，披针形。头状花序，钟状，密集成穗状圆锥花丛；总苞片4轮，淡黄色，覆瓦状排列；外层花雌性，管状。瘦果矩圆形。花期7 ~ 9月，果期8 ~ 10月。分布于江苏、浙江、江西、湖南、湖北、云南、四川、贵州、福建、广西、广东等地。

白花地胆草 菊科

多年生草本。茎直立，多分枝，具棱条，被白色开展的长柔毛。叶互生，最下部叶常密集呈莲座状；下部叶长圆状倒卵形，先端尖，基部渐狭成具翅的柄，稍抱茎；上部叶椭圆形或长圆状椭圆形，近无柄或具短柄，最上部叶极小，全部具有小尖的锯齿。头状花序密集成团球状复头状花序，复头状花序基部有3个卵状心形的叶状苞片，排成疏伞房状；花白色，漏斗状，裂片披针形。瘦果长圆状线形。花期8月至翌年5月。生于山坡旷野、路边或灌丛中。分布于福建、台湾、广东、海南的沿海地区。

蒲儿根 菊科

多年生草本。下部茎生叶卵状圆形或近圆形，基部心形，边缘具浅至深重齿或重锯齿，齿端具小尖，膜质，掌状5脉；上部叶渐小，叶片卵形或卵状三角形；最上部叶卵形或卵状披针形。头状花序多数排列成顶生复伞房状花序；舌状花黄色。瘦果圆柱形。生于林缘、溪边、潮湿岩石边及草坡、田边。分布于我国大部分地区。

紫菀 菊科

多年生直立草本，高1～1.5m。基生叶长圆状或椭圆状匙形；茎生叶互生，叶片狭长椭圆形或披针形。头状花序伞房状排列，总苞半球形，苞片3列；花序边缘为舌状花，蓝紫色；中央有多数筒状花，黄色。瘦果倒卵状长圆形，扁平，紫褐色，上部具短伏毛，冠毛污白色或带红色。花期7～9月，果期9～10月。分布于黑龙江、吉林、辽宁、河北等地。

一枝黄花

一枝黄花 菊科

多年生草本，高35～100cm。茎直立。叶互生，中部茎叶椭圆形、长椭圆形、卵形或宽披针形，有具翅的柄，仅中部以上边缘有细齿或全缘；向上叶渐小；叶质地较厚。头状花序在茎上部排列成总状花序或伞房圆锥花序。舌状花椭圆形，黄色。花果期4～11月。生阔叶林缘、林下、灌丛中及山坡草地上。江苏、浙江、安徽、江西、四川、贵州、湖南、湖北、广东、广西、云南及陕西南部、台湾等地广为分布。

藿香蓟 菊科

一年生草本，被粗毛，有特殊气味，高30～60cm。茎直立，多分枝，绿色稍带紫色，叶卵形，对生，上部偶有互生，边缘有钝齿。头状花序组成为稠密、顶生的伞房花序；小花蓝色或白色，全部管状，先端5裂。瘦果黑色，具芒状鳞片形冠毛。花期夏季。野生于荒地。分布于福建、广东、广西、云南、贵州等地。

土木香 菊科

多年生草本，高达1. 8m，全株密被短柔毛。基生叶有柄，阔大，广椭圆形，边缘具不整齐齿牙；茎生叶互生，无柄，半抱茎，长椭圆形，边缘具不整齐齿牙。头状花序腋生，排成伞房花序；总苞半球形，总苞片覆瓦状排列；边缘舌状花雌性，先端3齿裂；中心管状花两性，先端5裂。花期6～7月。各地有栽培。

大风艾 菊科

多年生大草本或灌木，全株密被黄白色绒毛，高达3m，具香气。茎直立，木质化。单叶互生，叶片椭圆形或椭圆状披针形，边缘具不整齐锯齿，上面绿色有短柔毛，下面密被银白色绒毛。4～5月开花，头状花序排列成伞房状；总苞片披针形，覆瓦状排列；花黄色。瘦果有10棱，被绒毛，顶端有淡白色冠毛1轮。多生于园边、路旁或山坡的灌木丛中。主产广西、广东、贵州、云南等省区。

苎麻 荨麻科

多年生直立草本，高达2m。单叶互生，阔卵形或卵圆形，边缘有粗锯齿，上面绿色，粗糙，下面除叶脉外全部密被白色绵毛。圆锥花序腋生；雄花黄白色，花被4片；雌花淡绿色，花被4片。瘦果细小，椭圆形，集合成小球状。花期5～6月，果熟期9～10月。分布于我国中部、南部、西南及山东、江苏、安徽、浙江、陕西、河南等地。

苘麻 锦葵科

一年生草本，高1～2m，茎枝被柔毛。叶互生，叶片圆心形，两面均被星状柔毛，边缘具细圆锯齿。花单生于叶腋，花黄色，花瓣倒卵形。蒴果半球形，分果爿15～20，被粗毛，顶端具长芒2。种子肾形，褐色。花期7～8月。我国除青藏高原不产外，其他各地均有分布。

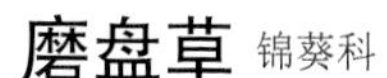

磨盘草 锦葵科

一年生或多年生直立的亚灌木状草本，高1～2.5m。分枝多，全株均被灰色短柔毛。叶互生，叶卵圆形或近圆形，两面均被星状柔毛，边缘具不规则锯齿。花单生于叶腋，花萼盘状，绿色，密被灰色柔毛；花黄色，花瓣5。果为倒圆形似磨盘，黑色。种子肾形。花期7～10月，果期10～12月。生于平原、海边、砂地、旷野、山坡、河谷及路旁。分布于福建、台湾、广东、海南、广西、贵州、云南等地。

芙蓉葵 锦葵科

多年生直立草本，高1 ~ 2.5米。叶互生，叶卵形至卵状披针形，边缘具钝圆锯齿，上面近于无毛或被细柔毛，下面被灰白色毡毛。花单生于枝端叶腋间，花大，花瓣倒卵形，白色、淡红和红色等。蒴果圆锥状卵形。我国多地作园林植物栽培。

藜 藜科

一年生草本，高30 ~ 150cm。茎直立，粗壮，具条棱及绿色或紫红色条纹。叶互生，下部叶片菱状卵形或卵状三角形，上部叶片披针形，下面常被粉质，边缘具不整齐锯齿。圆锥状花序，花小，黄绿色，每8 ~ 15朵聚生成一花簇，花期8 ~ 9月。胞果稍扁，近圆形，果期9 ~ 10月。生于荒地、路旁及山坡。全国各地均有分布。

（4）叶缘有齿、叶对生或轮生

落地生根 景天科

多年生肉质草本，高40～150cm。茎直立，多分枝，上部紫红色，密被椭圆形皮孔。叶对生，单叶或羽状复叶，叶片肉质，椭圆形或长椭圆形，边缘有圆齿。圆锥花序顶生；花冠管状，淡红色或紫红色，基部膨大呈球形，中部收缩，先端4裂，裂片伸出萼管之外。蓇葖果，包于花萼及花冠内。花期3～5月，果期4～6月。生于山坡、沟边、路旁湿润的草地上。分布于福建、台湾、广东、广西、云南等地。

八宝景天 景天科

多年生直立草本，高30～70cm，不分枝。叶对生，矩圆形至卵状矩圆形，边缘有疏锯齿，无柄。伞房花序顶生；花密生，花瓣5，白色至浅红色，宽披针形，花药紫色。多栽培。分布于云南、贵州、四川、湖北、陕西、山西、河北、辽宁、吉林、浙江等地。

千屈菜 千屈菜科

多年生草本，茎直立，多分枝，高30～100cm，全株青绿色，枝通常具4棱。叶对生或三叶轮生，披针形或阔披针形，全缘，无柄。花组成小聚伞花序，簇生，因花梗及总梗极短，因此花枝全形似一大型穗状花序；花瓣6，红紫色或淡紫色，倒披针状长椭圆形。蒴果扁圆形。生于山谷湿润地、水沟边。分布于东北、华北、西北及江苏、江西、四川等地。

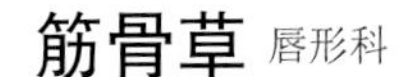

筋骨草 唇形科

多年生草本，高25～40cm。茎四棱形，紫红色或绿紫色。叶对生，具短柄，基部抱茎；叶片卵状椭圆形至狭椭圆形，边缘具不整齐的重牙齿。轮伞花序多花，密集成顶生穗状花序；花冠紫色，具蓝色条纹。小坚果长圆状三棱形，背部具网状皱纹。花期4～8月，果期7～9月。生于草地、林下或山谷溪旁。分布于河北、山西、陕西、甘肃、山东、浙江、河南、四川等地。

韩信草 唇形科

多年生草本，全体被毛，高10～37cm。叶对生，草质至坚纸质，心状卵圆形至椭圆形，边缘密生整齐圆齿。花对生，在茎顶排列成总状花序；花冠蓝紫色，冠檐2唇形，下唇中裂片具深紫色斑点。小坚果卵形，有小瘤状突起。花期4～5月，果期6～9月。生于山地或丘陵地、疏林下、路旁空地及草地上。分布于陕西、江苏、安徽、浙江、江西、福建、台湾、河南、湖南、广东、广西、四川、贵州、云南等地。

半枝莲 唇形科

草本。茎直立，高12～35cm，四棱形，不分枝。叶对生，三角状卵圆形或卵圆状披针形，边缘生有疏而钝的浅牙齿。花单生于茎或分枝上部叶腋内。花冠紫蓝色，冠筒基部囊大，向上渐宽；冠檐2唇形，上唇盔状，半圆形，先端圆，下唇中裂片梯形，全缘。小坚果褐色，扁球形，具小疣状突起。花果期4～7月。生于水田边、溪边或湿润草地上。分布于河北、山东、陕西、河南、江苏、浙江、台湾、福建、江西、湖北、湖南、广东、广西、四川、贵州、云南等地。

糙苏 唇形科

多年生草本，高50 ~ 150cm。茎直立，四棱形。叶对生，圆卵形或卵状长圆形，边缘具粗锯齿。轮伞花序，苞片线状钻形，较坚硬，常呈紫红色；花冠通常粉红色，边缘具不整齐的小齿，下唇外面密被绢状柔毛，3裂，裂片卵形或近圆形，中裂片较大。小坚果卵状三棱形。花期6 ~ 9月，果期7 ~ 10月。生于疏林下，林缘，草丛，路旁草坡上。分布于东北、华北及陕西、甘肃、山东、安徽、河南、湖北、广东、四川及贵州。

广防风 唇形科

直立草本，高1 ~ 2m。茎四棱形，密被白色贴生短柔毛。叶对生，阔卵圆形，边缘具不规则的牙齿，两面均被毛。轮伞花序，花密集，在主茎和侧枝顶排列成密集的或间断的长穗状花序。花冠淡紫色，外面无毛，内面中部有毛环，上唇直伸，长圆形，下唇平展，3裂，中裂片倒心形，边缘微波状，侧裂片较小，卵圆形。小坚果近圆球形，黑色、有光泽。花期8 ~ 9月，果期9 ~ 11月。生于林缘或路旁等荒地上。分布于浙江南部、江西南部、福建、台湾、湖南南部、广东、广西及西南等地。

凉粉草 唇形科

一年生草本，高15 ~ 100cm。茎上部直立，下部伏地，四棱形。叶对生，狭卵形或宽卵圆形，边缘具锯齿，两面被细刚毛或柔毛。轮伞花序组成总状花序，顶生或生于侧枝；花冠白色或淡红色，上唇宽大，具4齿，2侧齿较高，中央2齿不明显，下唇全缘，舟状。小坚果长圆形，黑色。花期7 ~ 10月，果期8 ~ 11月。生于沙地草丛或水沟边。分布于浙江、江西、台湾、广东、广西等地。

石荠苎 唇形科

一年生草本，高20 ~ 100cm。茎直立，四棱形，密被短柔毛。叶对生，卵形或卵状披针形，边缘具锯齿，近基部全缘。轮伞花序2花，在主茎及侧枝上组成顶生的假总状花序；花冠粉红色，上唇先端微缺，下唇3裂，中裂片较大，边缘具齿。小坚果黄褐色，球形，具突起的皱纹。花期5 ~ 10月，果期6 ~ 11月。生于山坡、路旁、灌丛或沟边潮湿地。分布于辽宁、陕西、甘肃、江苏、安徽、浙江、江西、福建、台湾、河南、湖北、湖南、广东、广西和四川。

心叶荆芥 唇形科

多年生草本，高40～150cm。茎直立，四棱形。叶对生，叶片卵状或三角状心形，边缘粗圆齿，两面被短柔毛。聚伞花序二歧状分枝；花冠白色，下唇有紫点，外面被白色柔毛，上唇短，先端浅凹，下唇3裂，中裂片近圆形，边缘具粗牙齿。小坚果卵形，灰褐色。花期7～9月，果期8～10月。生于宅旁或灌丛中，亦有栽培。分布于西南及河北、山西、陕西、甘肃、新疆、山东、河南、湖北、西藏等地。

罗勒 唇形科

一年生直立草本，高20～80cm，全株芳香，茎四棱形。叶对生，叶片卵形或卵状披针形，全缘或具疏锯齿。轮伞花序，花冠淡紫色或白色，伸出花萼，唇片外面被微柔毛，上唇4裂，裂片近圆形，下唇长圆形，下倾。小坚果长圆状卵形，褐色。花期6～9月，果期7～10月。全国各地多有栽培。

薄荷 唇形科

多年生芳香直立草本，高30～80cm。单叶对生，叶片长卵形至椭圆状披针形，边缘具细尖锯齿，密生缘毛。轮伞花序腋生，愈向茎顶，叶及花序递渐变小；花冠二唇形，淡紫色至白色。小坚果长卵球形。花期8～10月，果期9～11月。分布于华北、华东、华南、华中及西南各地。

地瓜儿苗 唇形科

多年生直立草本，高40～100cm。叶交互对生；狭披针形至广披针形，边缘有粗锐锯齿。轮伞花序腋生，花小，花冠白色，钟形，上唇直立，下唇3裂，裂片几相等。小坚果扁平，暗褐色。花期7～9月。果期9～10月。分布于黑龙江、吉林、辽宁、河北、陕西、贵州、云南、四川等地。

碎米桠 唇形科

茎直立灰褐色或褐色。叶对生，卵圆形或菱状卵圆形，基部宽楔形，骤然渐狭下延成假翅，边缘具粗圆齿状锯齿，膜质至坚纸质；叶柄向茎、枝顶部渐变短。聚伞花序3～5花，苞叶菱形或菱状卵圆形至披针形，向上渐变小。花萼钟形，紫红色，萼齿5。花唇形。小坚果倒卵状三棱形，淡褐色。花期7～10月，果期8～11月。生于山坡、灌木丛、林地、砾石地及路边等向阳处。分布于湖北，四川，贵州，广西，陕西，甘肃，山西，河南，河北，浙江，安徽，江西及湖南。

风轮菜 唇形科

多年生直立草本，高0.5～1m。茎四棱形，具细条纹，密被短柔毛。叶卵形，边缘具大小均匀的圆齿状锯齿，两面密被短硬毛。轮伞花序多花密集，半球状，沿茎及分枝形成宽而多头的圆锥花序；花冠紫红色，冠筒伸出花萼，外面被微柔毛，冠檐二唇形，上唇直伸，先端微缺，下唇3裂。花期5～8月，果期8～10月。生于山坡、路边、林下、灌丛中。分布于华东、华中、华南及云南。

蓝萼香茶菜 唇形科

多年生草本，茎高达1.5m。单叶对生，卵形或宽卵形，边缘有锯齿。聚伞花序组成疏松、顶生圆锥花序；花冠白色，花冠筒近基部上面浅囊状，上唇4等裂，下唇舟形。小坚果宽倒卵形。生于山谷、林下、草丛中。分布于东北及河北、山西、山东等地。

华鼠尾 唇形科

一年生草本，高20 ~ 70cm。茎四棱形。叶对生；下部叶为三出复叶，顶端小叶较大，两侧小叶较小，卵形或披针形，上部叶为单叶，卵形至披针形，边缘具圆锯齿或全缘，两面均被有短柔毛。轮伞花序，每轮有花6，组成总状花序或总状圆锥花序，顶生或腋生；花冠紫色或蓝紫色，冠檐二唇形，上唇倒心形，先端凹，下唇呈3裂，中裂片倒心形。小坚果椭圆状卵形。花期8 ~ 10月。生于山坡、路旁及田野草丛中。分布于江苏、安徽、江西、湖北、湖南、广东、广西、四川、云南等地。

肾茶 唇形科

多年生草本，高1～1.5m。茎直立，四棱形，被倒向短柔毛。叶对生，叶片卵形、菱状卵形或卵状椭圆形，边缘在基部以上具粗牙齿或疏圆齿，齿端具小突尖。轮伞花序具6朵花，在主茎和侧枝顶端组成间断的总状花序；花冠浅紫色或白色，上唇大，外反，3裂，中裂片较大，先端微缺，下唇直伸，长圆形，微凹。花期5～11月，果期6～12月。生于林下潮湿处或草地上，多为栽培。分布于福建、台湾、海南、广西、云南等地。

荔枝草 唇形科

一年生直立草本，高15～90cm。茎多分枝。基生叶丛生，贴伏地面，叶片长椭圆形至披针形，叶面有明显的深皱折；茎生叶对生，叶片长椭圆形或披针形，边缘具小圆齿或钝齿，纸质。轮伞花序聚集成顶生及腋生的假总状或圆锥花序，花序轴被开展短柔毛和腺毛；花冠唇形，紫色或淡紫色。小坚果倒卵圆形。花期4～5月，果期6～7月。除新疆、甘肃、青海、西藏外，几乎分布于全国各地。

水苏 唇形科

多年生草本。茎高20 ~ 80cm。单叶对生，叶片长圆状宽披针形，边缘具圆齿状锯齿。轮伞花序；小苞片刺状；花萼钟状，5齿，三角状披针形，具刺尖头；花唇形，花冠粉红色或淡红紫色，上唇直立，下唇3裂，中裂片近圆形。小坚果卵球形。花期7 ~ 9月。生于水沟边或河岸湿地。分布于辽宁、内蒙古、河北、山东、江苏、安徽、浙江、江西、福建等地。

一串红 唇形科

亚灌木状草本，高可达90cm。茎钝四棱形。叶卵圆形或三角状卵圆形，边缘具锯齿。轮伞花序2 ~ 6花，组成顶生总状花序；苞片卵圆形，红色，大，在花开前包裹着花蕾，先端尾状渐尖。花萼钟形，红色。花冠红色，冠筒筒状，直伸，在喉部略增大，冠檐二唇形，上唇直伸，略内弯，先端微缺，下唇比上唇短，3裂。小坚果椭圆形，暗褐色。花期3 ~ 10月。我国各地庭园中广泛栽培。

藿香 唇形科

一年生或多年生草本，高40～110cm。茎直立，四棱形，略带红色。叶对生，叶片椭圆状卵形或卵形，边缘具不整齐的钝锯齿，齿圆形。花序聚成顶生的总状花序；花冠唇形，紫色或白色，上唇四方形或卵形先端微凹，下唇3裂，两侧裂片短，中间裂片扇形，边缘有波状细齿。小坚果倒卵状三棱形。花期6～7月，果期10～11月。分布于东北、华东、西南及河北、陕西、河南、湖北、湖南、广东等地。

石香薷 唇形科

直立草本。茎纤细，被白色疏柔毛。叶对生，线状长圆形至线状披针形，边缘具疏而不明显的浅锯齿。总状花序头状，苞片覆瓦状排列。花冠紫红、淡红至白色。花期6～9月，果期7～11月。生于草坡或林下。分布于山东、江苏、浙江、安徽、江西、湖南、湖北、贵州、四川、广西、广东、福建及台湾。

香薷 唇形科

一年生草本，高30 ~ 90cm。茎直立，棱形，紫褐色。叶对生，叶片卵形或椭圆状披针形，边缘具锯齿。轮伞花序多花，密集成假穗状花序，顶生和腋生；花冠淡紫色，外面被毛，上唇直立，先端微缺，下唇3 裂，中裂片半圆形。小坚果长圆形，棕黄色。花期7 ~ 10 月，果期8 ~ 10 月。生于山地、林内、河岸和路旁。除青海、新疆外，全国各地均有分布。

密花香薷 唇形科

直立草本，高20 ~ 60cm。茎直立，自基部分枝，四棱形，具槽，被短柔毛。叶长圆状披针形至椭圆形，边缘在基部以上具锯齿，草质，上面绿色下面较淡，两面被短柔毛。穗状花序长圆形或近圆形，密被紫色串珠状长柔毛，由密集的轮伞花序组成。花冠淡紫色，外面及边缘密被紫色串珠状长柔毛，冠檐二唇形。小坚果卵珠形，暗褐色。花、果期7 ~ 10月。生于林缘、高山草甸、林下、河边及山坡荒地。分布于河北、山西、陕西、甘肃、青海、四川、云南、西藏及新疆。

紫苏 唇形科

一年生直立草本，高30～200cm，具有特殊芳香。叶对生，叶片阔卵形、卵状圆形，边缘具粗锯齿，两面紫色或仅下面紫色。轮伞花序，顶生和腋生，花冠唇形，白色或紫红色。小坚果近球形，灰棕色或褐色。花期6～8月，果期7～9月。全国各地广泛栽培。

三花莸 马鞭草科

直立亚灌木，高15～70cm。常自基部分枝。枝四方形，密生灰白色向下弯曲的柔毛。单叶对生，纸质，卵形，边缘具规则锯齿。聚伞花序腋生，通常3花；花萼钟状，5裂，裂片披针形；花冠紫红色至淡红色，先端5裂，二唇形，裂片全缘。蒴果成熟后四瓣裂，果瓣无翅，倒卵状舟形，表面密被糙毛及凹凸网纹。花、果期6～9月。生于山坡、平地、水沟边及河边。分布于四川、陕西、甘肃、河北、江西、湖北、云南等地。

兰香草 马鞭草科

直立亚灌木，高25～60cm，密被微毛。叶对生，卵形或卵状矩圆形，先端钝，基部浑圆，边缘有粗锯齿，两面密被灰色短柔毛。聚伞花序，花冠蓝色，5裂，有1裂片较大，边缘有睫毛。蒴果球形。花期6月。分布于陕西、甘肃、四川、湖北、湖南、浙江、广东、广西等地。

玄参 玄参科

多年生草本，高60～120cm。茎直立，四棱形。叶对生，卵形或卵状椭圆形，边缘具细锯齿。聚伞花序疏散开展，呈圆锥状；花冠暗紫色，管部斜壶状，先端5裂，不等大。蒴果卵圆形。花期7～8月，果期8～9月。分布于我国长江流域及陕西、福建等地。

北玄参 玄参科

草本，高达1.5米。茎四棱形，具白色髓心。单叶对生，叶片卵形至椭圆状卵形，边缘有锐锯齿。穗状花序，花冠黄绿色，上唇长于下唇，两唇的裂片均圆钝。蒴果卵圆形，长4～6毫米。花期7月，果期8～9月。

草本威灵仙 玄参科

多年生直立草本，高80～150cm。叶4～6枚轮生，无柄，叶片长圆形至宽条形，边缘有三角状锯齿。花序顶生，长尾状；花红紫色、紫色或淡紫色，4裂，花冠筒内面被毛。蒴果卵形，4瓣裂；种子椭圆形。花期7～9月。生于路边、山坡草地及山坡灌丛内。分布于东北、华北、陕西省北部、甘肃东部及山东半岛。

桔梗 桔梗科

多年生草本，高30～120cm。茎通常不分枝或上部稍分枝。叶3～4片轮生、对生或互生，叶片卵形至披针形，边缘有尖锯齿，下面被白粉。花1朵至数朵单生茎顶或集成疏总状花序，花冠阔钟状，蓝色或蓝紫色，裂片5，三角形。蒴果倒卵圆形。花期7～9月，果期8～10月。分布于我国各地区。

罗布麻 夹竹桃科

多年生草本，高1～2m，全株含有乳汁。茎直立，紫红色或淡红色。叶对生，椭圆形或长圆状披针形，叶缘具细牙齿。聚伞花序生于茎端或分枝上，花冠粉红色或浅紫色，钟形，下部筒状，上端5裂。蓇葖果长角状，熟时黄褐色，带紫晕，成熟后沿粗脉开裂。种子顶端簇生白色细长毛。花期6～7月，果期8～9月。分布于辽宁、吉林、内蒙古、甘肃、新疆、陕西、山西、山东、河南、河北、江苏及安徽北部等地。

马蓝 爵床科

多年生草本，高30～100cm。地上茎基部稍木质化，稍分枝，节膨大。叶对生；叶柄长1～4cm；叶片倒卵状椭圆形或卵状椭圆形；先端急尖，基部渐狭细，边缘有浅锯齿或波状齿或全缘。花无梗，成疏生的穗状花序，顶生或腋生；花冠漏斗状，淡紫色，5裂近相等，先端微凹。蒴果为稍狭的匙形。花期6～10月，果期7～11月。分布于华南、西南等地。

轮叶沙参 桔梗科

一年生直立草本，高可达1.5m，茎不分枝。茎生叶3～6枚轮生，叶片卵圆形至条状披针形，边缘有锯齿。狭圆锥状花序，花序分枝（聚伞花序）大多轮生，生数朵花或单花。花冠筒状细钟形，口部稍缢缩，蓝色、蓝紫色，裂片短，三角形。蒴果球状圆锥形或卵圆状圆锥形。花期7～9月。分布于东北、内蒙古、河北、山西、华东、广东、广西、云南、四川、贵州。

牛膝菊 菊科

一年生直立草本，高10～80cm。茎圆形，有细条纹，节膨大。单叶对生，叶片卵圆形至披针形，边缘有浅圆齿或近全缘，基出3脉。头状花序小，舌状花白色，1层；筒状花黄色。瘦果有棱角，先端具睫毛状鳞片。花、果期7～10月。生于田边、路旁、庭园空地及荒坡上。分布于浙江、江西、四川、贵州、云南及西藏等地。

华泽兰 菊科

多年生草本，高可达1.5m。单叶对生，卵形、长卵形或宽卵形，边缘有不规则的圆锯齿。头状花序多数，在茎顶或分枝顶端排成伞房或复伞房花序；总苞狭钟状；头状花序含5～6小花，筒状，白色，或有时粉红色。瘦果圆柱形，有5纵肋。花期6～9月。生于山坡、路旁、林缘、林下及灌丛中。分布于陕西、甘肃、山东、安徽、浙江、江西、福建、河南、湖北、湖南、广东、海南、广西、四川、贵州、云南等地。

豨莶 菊科

一年生直立草本，高50～100cm。枝上部密被短柔毛。叶对生，叶片阔卵状三角形至披针形，边缘有不规则的浅裂或粗齿。头状花序排列成圆锥状；总花梗密被短柔毛；花黄色，边缘为舌状花，中央为管状花。瘦果倒卵形，有4棱，黑色，无冠毛。花期8～10月。果期9～12月。分布于陕西、甘肃、江苏、安徽、浙江、江西、福建、湖南、广东、海南、广西、四川、贵州、云南等地。

腺梗豨莶 菊科

一年生草本。茎被开展的灰白色长柔毛和糙毛。叶卵圆形或卵形，基部宽楔形，下延成具翼的柄，先端渐尖，边缘有尖头状规则或不规则的粗齿，基出三脉。头状花序排列成松散的圆锥花序；花梗密生紫褐色头状具柄腺毛和长柔毛；总苞片2层，背面密生紫褐色头状具柄腺毛。舌状花舌片先端2～3齿裂，黄色。瘦果倒卵圆形，4棱，顶端有灰褐色环状突起。花期5～8月，果期6～10月。分布于吉林、辽宁、河北、山西、河南、甘肃、陕西、江苏、浙江、安徽、江西、湖北、四川、贵州、云南及西藏等地。

菊芋 菊科

多年生直立草本，高1～3m。茎被短糙毛或刚毛。基部叶对生，上部叶互生；有叶柄，叶柄上部有狭翅；叶片卵形至卵状椭圆形，边缘有锯齿。头状花序数个，生于枝端；舌状花淡黄色。瘦果楔形。花期8～10月。我国大多数地区有栽培。

白花败酱 败酱科

多年生直立草本，高50～100cm，根茎有腐败的酱味。叶对生；叶片卵形，边缘具粗锯齿，或3裂而基部裂片很小。聚伞花序多分枝，呈伞房状的圆锥花丛；花冠5裂，白色；果实倒卵形，背部有一小苞所成的圆翼。花期9月。生长于山坡草地及路旁。全国大部分地区均有分布。

狭叶荨麻 荨麻科

多年生草本，高达150cm。茎直立，有四棱，被螯毛。单叶对生，叶片长圆状披针形或披针形，边缘有粗锯齿。雌雄异株，花序长达4cm，多分枝；雄花花被4；雌花较雄花小，花被片4。瘦果卵形，包于宿存的花被内。花期7～8月，果期8～10月。分布于东北、华北等地。

通奶草 大戟科

一年生草本。茎直立，自基部分枝或不分枝，高15～30cm。叶对生，狭长圆形或倒卵形，通常偏斜，不对称，边缘全缘或基部以上具细锯齿。花序数个簇生于叶腋或枝顶，每个花序基部具纤细的柄；总苞陀螺状。雄花数枚，微伸出总苞外；雌花1枚，子房柄长于总苞。蒴果三棱状，成熟时分裂为3个分果爿。花果期8～12月。生于旷野荒地、路旁、灌丛及田间。分布于长江以南的江西、台湾、湖南、广东、广西、海南、四川、贵州和云南。

2.单叶、叶长条形

（1）叶互生

地肤 藜科

一年生草本，高约50～150cm，茎直立，多分枝，淡绿色或浅红色。叶互生，无柄；叶片狭披针形或线状披针形，全缘，通常有3条主脉；茎上部叶较小，有一中脉。穗状花序，花黄绿色，花被片5，近球形；花期6～9月。胞果扁球形，果期8～10月。全国大部分地区有分布。

碱蓬 藜科

一年生草本，高30～150cm。茎直立，有条棱，上部多分枝。叶互生，叶片线形，半圆柱状，肉质，灰绿色。聚伞花序，生于叶腋的短柄上，花期6～8月。胞果扁球形，包于花被内，种子双凸镜形，黑色，表面有颗粒状点纹，果期9～10月。生于盐碱地上。分布于东北、西北、华北和河南、山东、江苏、浙江等地。

猪毛菜 藜科

一年生草本，高30～100cm。茎自基部分枝，枝互生，淡绿色，有红紫色条纹。叶片丝状圆柱形，先端有硬针刺。穗状花序，生枝条上部，花期7～9月。胞果倒卵形，种子横生或斜生，先端平，果期9～10月。生荒地戈壁滩和含盐碱的沙质土壤上。分布于东北、华北、西北、西南及山东、江苏、安徽、河南等地。

石刁柏 百合科

多年生直立草本，高可达1m。茎上部在后期常俯垂，分枝较柔弱。叶状枝每3～6枚成簇，近圆柱形，纤细，稍压扁，多少弧曲，叶鳞片状，基部具刺状短距或近无距。花1～4朵腋生，绿黄色。浆果球形，成熟时红色，具种子2～3颗。花期5月，果期7月。我国新疆北部塔城地区有野生，其他地区多为栽培，少数地区也有变为野生的。

草龙 柳叶菜科

一年生直立草本，高60～200cm。单叶互生，叶披针形至线形，全缘。花腋生，花瓣4，黄色，倒卵形或近椭圆形。蒴果圆柱状，具棱。花果期几乎四季。生于田边、水沟、河滩、塘边、湿草地等湿润向阳处，产台湾、广东、香港、海南、广西、云南南部。

虎尾草 报春花科

多年生草本，高40～100cm。叶互生或近对生，叶片线状长圆形至披针形，边缘多少向外卷折。总状花序顶生，花密集，常弯向一侧呈狼尾状；花冠白色，5深裂，裂片长圆状披针形。蒴果球形，包于宿存的花萼内。种子多数，红棕色。花期5～8月，果期8～10月。生于山坡、草地、路旁灌丛或海边、田埂。分布于华北、西北以及山东、江苏、安徽、浙江、河南、湖北、四川、贵州、云南等地。

瓦松 景天科

二年生草本。一年生莲座叶短，线形，先端增大，为白色软骨质，半圆形；二年生花茎一般高10 ~ 20cm；叶互生，疏生，有刺，线形至披针形。花序总状，花瓣5，红色，披针状椭圆形。花期8 ~ 9月，果期9 ~ 10月。生于山坡石上或屋瓦上。分布于湖北、安徽、江苏、浙江、青海、宁夏、甘肃、陕西、河南、山东、山西、河北、内蒙古、辽宁、黑龙江。

狭叶红景天 景天科

多年生草本，高25 ~ 50cm。茎直立，淡绿白色。叶互生，无柄；叶片条形至条状披针形，边缘有疏锯齿。聚伞花序伞房状；花瓣5或4，绿黄色，条状披针形至倒披针形。蓇葖果上部开展，有短而向外弯曲的喙。种子长圆状披针形，褐色，具翅。花期6 ~ 8月，果期8 ~ 10月。生于高山灌丛、多石草地上或石坡上。分布于河北、山西、陕西、甘肃、青海、新疆、四川、云南、西藏等地。

大花马齿苋 马齿苋科

一年生草本，高10 ~ 30cm。茎平卧或斜升，紫红色，多分枝。叶密集枝端，较下的叶互生，叶片细圆柱形。花单生或数朵簇生枝端，日开夜闭；萼片2，淡黄绿色，卵状三角形；花瓣5或重瓣，倒卵形，顶端微凹，红色、紫色或黄白色。蒴果近椭圆形，盖裂。花期6 ~ 9月，果期8 ~ 11月。我国公园、花圃常有栽培。

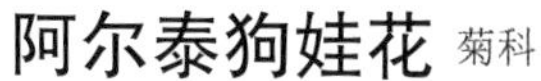

阿尔泰狗娃花 菊科

多年生直立草本，高20 ~ 60cm。叶互生，下部叶条形或长圆状披针形、倒披针形或近匙形，全缘或有疏浅齿，上部叶渐小，条形。头状花序生于枝端排成伞房状；总苞半球形，舌状花浅蓝紫色，长条形。瘦果扁，倒卵状长圆形，灰绿色或褐色，被绢毛，冠毛污白色或红褐色。花、果期5 ~ 9月。生于草原、荒漠地、沙地及干旱山地。分布于东北、华北、内蒙古、陕西、甘肃、青海、新疆、湖北和四川等地。

小蓬草 菊科

一年生草本，高50～100cm。茎直立，有细条纹及粗糙毛，上部多分枝，呈圆锥状，小枝柔弱。单叶互生；基部叶近匙形，全缘或具微锯齿，边缘有长睫毛，无明显的叶柄；上部叶条形或条状披针形。头状花序密集成圆锥状或伞房圆锥状；舌状花直立，白色微紫，条形至披针形，5齿裂。瘦果矩圆形。花期5～9月。生于山坡、草地或田野、路旁。分布于东北及内蒙古、山西、陕西、山东、浙江、江西、福建、河南、湖北、广西、四川及云南等地。

百合 百合科

多年生草本，高60～100cm。鳞茎球状，白色，肉质。茎直立，圆柱形，常有褐紫色斑点。叶4～5列互生；无柄；叶片线状披针形至长椭圆状披针形，全缘或微波状。花大，单生于茎顶，花被6片，乳白色或带淡棕色，倒卵形。蒴果长卵圆形，室间开裂。花期6～8月。果期9月。分布几遍全国，大部地区有栽培。

细叶百合 百合科

多年生草本，高20～60cm。茎细，圆柱形。叶3～5列互生，至茎顶渐少而小；无柄；叶片窄线形。花单生于茎顶，或在茎顶叶腋间各生一花，成总状花序状，俯垂；花被6片，红色，向外反卷。蒴果椭圆形。花期6～8月。果期8～9月。分布于黑龙江、吉林、辽宁、河北、河南、山东、山西、陕西、甘肃、青海、内蒙古等地。

卷丹 百合科

多年生草本，高1～1.5m。茎直立，淡紫色，被白色绵毛。叶互生，无柄；叶片披针形或长圆状披针形，上部叶腋内常有紫黑色珠芽。花3～6朵或更多，生于近顶端处，下垂，橘红色，花被片披针形向外反卷，内面密被紫黑色斑点。蒴果长圆形至倒卵形。花期6～7月，果期8～10月。分布于河北、陕西、甘肃、山东、江苏、安徽、浙江、江西、河南、湖北、湖南、广东、四川、贵州、云南、西藏等地。

金钗石斛 兰科

茎黄绿色，多节。叶常3～5片生于茎的上端。总状花序自茎节生出，花萼及花瓣白色，末端呈淡红色；花瓣卵状长圆形或椭圆形，唇瓣近圆卵形，下半部向上反卷包围蕊柱，近基部的中央有一块深紫色的斑点。花期5～6月。

鼓槌石斛 兰科

茎纺锤形，具多数圆钝的条棱。近顶端具2～5枚叶。总状花序近茎顶端发出；花瓣倒卵形，黄色。分布于四川、贵州、云南、湖北、广西、台湾等地。

远志 远志科

多年生草本，高25 ~ 40cm。茎直立或斜生，多数，由基部丛生，细柱形，上部多分枝。单叶互生，叶柄短或近于无柄；叶片线形，全缘。总状花序顶生，花小，稀疏；萼片5，其中2枚呈花瓣状，绿白色；花瓣3，淡紫色，其中1枚较大，呈龙骨瓣状，先端着生流苏状附属物。蒴果扁平，圆状倒心形，边缘狭翅状。花期5 ~ 7月，果期6 ~ 8月。分布于东北、华北、西北及山东、安徽、江西、江苏等地。

柴胡 伞形科

多年生草本，高40 ~ 85cm。茎直立，丛生，上部多分枝，并略作“之”字形弯曲。叶互生，茎生叶线状披针形，全缘，基部收缩成叶鞘，抱茎。复伞形花序顶生或侧生，花瓣鲜黄色。双悬果广椭圆形，棱狭翼状。花期7 ~ 9月，果期9 ~ 11月。分布于东北、华北及陕西、甘肃、山东、江苏、安徽、广西等地。

亚麻 亚麻科

一年生直立草本，高30 ~ 100cm。茎圆柱形，表面具纵条纹，基部稍木质化，上部多分枝。叶互生；无柄或近无柄；叶片披针形或线状披针形，全缘，叶脉通常三出。花多数，生于枝顶或上部叶腋，每叶腋生一花；花萼5，绿色，分离，卵形；花瓣5，蓝色或白色，分离，广倒卵形，边缘稍呈波状。蒴果近球形或稍扁。花期6 ~ 7月，果期7 ~ 9月。我国大部分地区有栽培。

甘遂 大戟科

多年生肉质草本，高25 ~ 40cm。茎直立，淡紫红色。单叶互生，狭披针形或线状披针形，全缘。杯状聚伞花序，5 ~ 9枝簇生于茎端，基部轮生叶状苞片多枚；有时从茎上部叶腋抽生1花枝，每枝顶端再生出1 ~ 2回聚伞式3分枝；苞叶对生；萼状总苞先端4裂，腺体4枚；雄花多数和雌花1枚生于同一总苞中；雄花仅有雄蕊1；雌花位于花序中央，雌蕊1，子房三角卵形，花柱3，柱头2裂。蒴果圆形。花期6 ~ 9月。生于山沟荒地。分布于陕西、河南、山西、甘肃、河北等地。

乳浆大戟 大戟科

多年生草本。茎单生或丛生，单生时自基部多分枝，高30～60cm。叶线形至卵形，无叶柄；不育枝叶常为松针状；总苞叶3～5枚，与茎生叶同形；伞幅3～5，苞叶2枚，常为肾形。花序单生于二歧分枝的顶端，基部无柄；总苞钟状，边缘5裂，裂片半圆形至三角形；腺体4，新月形，两端具角，褐色。雄花多枚，苞片宽线形；雌花1枚，子房柄明显伸出总苞之外。蒴果三棱状球形，具3个纵沟。花果期4～10月。分布于全国。

糖芥 十字花科

一年生生草本，高30～60cm。茎直立，不分枝或上部分枝，具棱角。叶对生，基生叶和下部叶披针形或长圆状线形，全缘，上部叶有短柄或无柄，边缘有波状齿或近全缘。总状花序顶生，花瓣黄色，倒披针形。长角果线形。花期6～8月，果期7～9月。生于田边、荒地。分布于东北、华北及陕西、江苏、四川等地。

小花糖芥 十字花科

一年生草本，高15～50cm。茎枝有棱角。基生叶莲座状，无柄，平铺地面；茎生叶互生，披针形或线形，边缘具深波状疏齿或近全缘。总状花序顶生，花瓣浅黄色，长圆形，先端圆形或截形。长角果圆柱形，侧扁，稍有棱。花期5月，果期6月。生山坡、山谷、路旁及村旁荒地。分布于东北、华北、西北及山东、江苏、安徽、河南、四川、云南等地。

雀麦 禾本科

一年生草本，高30～100cm。叶鞘包茎，被白色柔毛；叶舌透明膜质，顶端具裂齿；叶片长5～30cm，宽2～8mm，两面皆生白色柔毛。圆锥花序，下垂，长达20cm，每节具3～7分枝；每枝近上部着生1～4个小穗。颖果线状长圆形。5～7月抽穗。生长于山坡、荒野、道旁。分布于长江、黄河流域。

燕麦 禾本科

一年生草本。秆直立，光滑无毛。叶片扁平，长10～30cm，宽4～12mm。圆锥花序开展，金字塔形；小穗长18～25mm，小穗含1～2小花。颖果被淡棕色柔毛，腹面具纵沟。花果期4～9月。我国东北、华北、西北、西南及广东、广西和华中等省区多有栽培。

小麦 禾本科

秆直立，丛生，具6～7节，高60～100cm。叶片长披针形。穗状花序直立，长5～10cm；颖卵圆形，长6～8mm，主脉于背面上部具脊；外稃长圆状披针形，顶端具芒或无芒；内稃与外稃几等长。我国南北各地广为栽培。

大麦 禾本科

一年生。秆粗壮，光滑无毛，直立，高50 ~ 100cm。叶鞘松弛抱茎，两侧有两披针形叶耳；叶片长9 ~ 20cm，宽6 ~ 20mm，扁平。穗状花序长3 ~ 8cm（芒除外），小穗稠密，每节着生三枚发育的小穗；小穗均无柄；颖线状披针形，先端常延伸为8 ~ 14mm的芒；外稃具5脉，先端延伸成芒，芒长8 ~ 15cm。颖果熟时粘着于稃内，不脱出。我国南北各地有栽培。

稻 禾本科

一年生栽培植物。秆直立，丛生，高约1m左右。叶片扁平，披针形至条状披针形。圆锥花序疏松，成熟时向下弯曲；小穗长圆形，两侧压扁。颖果平滑。花、果期6 ~ 10月。我国南北各地均有栽培。

粟 禾本科

一年生草本，秆圆柱形，高60～150cm。叶片条状披针形，有明显的中脉。穗状圆锥花序。颖果。我国各地广泛种植。

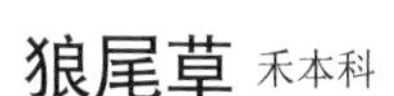

狼尾草 禾本科

一年生草本。秆直立，丛生，高达30～120cm。叶鞘两侧压扁；叶片线形。圆锥花序圆柱形，直立，长5～25cm；主轴短，密被柔毛；总梗刚毛粗糙，淡绿色或紫色，长1.5～3.5cm；小穗披针形，成熟后通常呈黑紫色，每小穗有2小花。颖果长圆形。花、果期夏秋季。生于田岸、荒地、道旁及小山坡上。分布几遍全国。

狗尾草 禾本科

一年生草本。秆直立或基部膝曲，高10～100cm。叶鞘松弛，边缘具密绵毛状纤毛；叶舌极短，边缘有纤毛；叶片扁平，长三角状狭披针形或线状披针形。圆锥花序紧密呈圆柱状或基部稍疏离，直方或稍弯垂，主轴被较长柔毛，长2～15cm，刚毛长4～12mm，粗糙，直或稍扭曲，通常绿色或褐黄到紫红或紫色；小穗2～5个簇生于主轴上或更多的小穗着生在短小枝上，椭圆形。颖果灰白色。花、果期5～10月。生于荒野、道旁。分布于全国各地。

荩草 禾本科

一年生草本。秆细弱无毛，基部倾斜，高30～45cm。叶鞘短于节间，有短硬疣毛；叶舌膜质，边缘具纤毛；叶片卵状披针形。总状花序细弱，2～10个成指状排列或簇生于秆顶。颖果长圆形。花、果期8～11月。生长于山坡、草地和阴湿处。全国各地均有分布。

金丝草 禾本科

多年生草本，高10～30cm。秆直立，纤细。叶片扁平，线状披针形。穗状花序单生于主秆和分枝的顶端，柔软而微曲，穗轴纤细，节间甚短，被睫毛，节的顶端粗大成截头状；小穗成对，一具柄，一无柄。花、果期5～9月。生于河边、墙隙、山坡和潮湿田圩。分布于浙江、江西、福建、台湾、湖南、广东、广西、四川、云南等地。

看麦娘 禾本科

一年生草本。秆少数丛生，细瘦，光滑，节处常膝曲，高15～40cm。叶鞘光滑，短于节间；叶舌膜质；叶片扁平，长3～10cm，宽2～6mm。圆锥花序圆柱状，灰绿色；小穗椭圆形或卵状长圆形。颖果长约1mm。花果期4～8月。生于海拔较低之田边及潮湿之地。分布于我国大部分地区。

荻 禾本科

多年生草本，高1～1.5m。叶鞘无毛；叶舌短，具纤毛；叶片扁平，宽线形，边缘锯齿状粗糙。圆锥花序疏展成伞房状，主轴无毛，具10～20枚较细弱的分枝，腋间生柔毛，直立而后开展；小穗线状披针形，成熟后带褐色，基盘具长为小穗2倍的丝状柔毛。颖果长圆形。花果期8～10月。生于山坡草地和平原岗地、河岸湿地。分布于黑龙江、吉林、辽宁、河北、山西、河南、山东、甘肃及陕西等省。

芒 禾本科

多年生草本，高1～2m。叶鞘均长于节间，除鞘口有长柔毛外，余均无毛；叶舌钝圆；叶片线形。圆锥花序扇形，主轴无毛或被短毛；分枝较强壮而直立；小穗披针形，基盘具白色至黄褐色之丝状毛；第1颖先端渐尖，具2脊；第2颖舟形；第2外稃较狭，较颖短1/3，在先端1/3处以上具2齿，齿间具1芒，芒长8～10mm。花、果期7～11月。生于山坡草地或河边湿地。广布南北各地。

芦竹 禾本科

多年生草本。秆直立，高2～6m。叶鞘较节间为长，叶舌膜质，截平，先端具短细毛。叶片扁平，长30～60cm，宽2～5cm。圆锥花序较紧密，长30～60cm，分枝稠密，斜向上升，小穗含2～4花；颖披针形。花期10～12月。生于溪旁及屋边较潮湿的深厚的土壤处。分布于西南、华南及江苏、浙江、湖南等地。

甘蔗 禾本科

多年生草本。秆高约3m，绿色或棕红色。叶鞘长于节间；叶舌膜质，截平；叶片扁平，长40～80cm，宽约20mm。花序大型，长达60cm，主轴具白色丝状毛；穗轴节间长7～12mm，边缘疏生长纤毛；无柄小穗披针形。花、果期秋季。为我国南方各地常见有栽培植物。

玉蜀黍 禾本科

高大的一年生栽培植物。秆粗壮，直立，高1 ~ 4m，不分枝，基部节处常有气生根。叶片宽大，线状披针形，边缘呈波状皱折，具强壮之中脉。雄花序为顶生圆锥花序；雌花序在叶腋内抽出，呈圆柱状，外包有多数鞘状苞片，雌小穗密集成纵行排列于粗壮的穗轴上，颖片宽阔，先端圆形或微凹，外稃膜质透明。花、果期7 ~ 9月。全国各地广泛栽培。

高粱 禾本科

一年生栽培作物。秆高随栽培条件及品种而异。叶舌硬纸质，先端圆，边缘有纤毛；叶片狭长披针形，长达50cm，宽约4cm。圆锥花序有轮生、互生或对生的分枝；无柄小穗卵状椭圆形，长5 ~ 6mm。颖果倒卵形，成熟后露出颖外，花、果期秋季。我国北方普遍栽培。

淡竹叶 禾本科

多年生草本。秆直立，疏丛生，高40 ~ 80cm，具5 ~ 6节。叶鞘平滑或外侧边缘具纤毛；叶舌质硬，长0.5 ~ 1mm，褐色，背有糙毛；叶片披针形，长6 ~ 20cm，宽1.5 ~ 2.5cm，具横脉，有时被柔毛或疣基小刺毛，基部收窄成柄状。圆锥花序长12 ~ 25cm，分枝斜升或开展，长5 ~ 10cm；小穗线状披针形。颖果长椭圆形。花果期6 ~ 10月。分布于长江流域以南和西南等地。

薏苡 禾本科

一年或多年生草本，高1 ~ 1.5m。秆直立。叶片线状披针形，边缘粗糙，中脉粗厚，于背面凸起。总状花序腋生成束。颖果外包坚硬的总苞，卵形或卵状球形。花期7 ~ 9月，果期9 ~ 10月。我国大部分地区有栽培。

益智 姜科

多年生草本，高1～3m。叶柄短；叶片披针形。总状花序顶生，花冠管与萼管几等长，裂片3，长圆形，上方1片稍大，先端略呈兜状，白色，外被短柔毛；唇瓣倒卵形，粉红色，并有红色条纹，先端边缘皱波状。蒴果球形或椭圆形。花期2～4月，果期5～8月。生于林下阴湿处。分布于广东和海南，福建、广西、云南亦有栽培。

草豆蔻 姜科

多年生草本，株高1.5～3m。叶片狭椭圆形或线状披针形。总状花序顶生，直立；花萼钟状，白色，先端有不规则3钝齿；花冠白色，裂片3，长圆形，上方裂片较大，先端2浅裂，边缘具缺刻，前部具红色或红黑色条纹，后部具淡紫红色斑点。蒴果近圆形，外被粗毛，熟时黄色。花期4～6月，果期6～8月。生于山地疏或密林中。分布于广东、海南、广西等地。

高良姜 姜科

多年生草本，高30 ~ 110cm。茎丛生，直立。叶片线状披针形，叶鞘抱茎。总状花序顶生，直立；花冠管漏斗状，花冠裂片3，长圆形，唇瓣卵形，白色而有红色条纹。蒴果球形，不开裂，熟时橙红色。花期4 ~ 9月，果期8 ~ 11月。分布于台湾、海南、广东、广西、云南等地。

大高良姜 姜科

多年生丛生草本，高1.5 ~ 2.5m。叶2列，无叶柄或极短；叶片长圆形或宽披针形。圆锥花序顶生，直立；花绿白色；花冠管与萼管略等长，裂片3，长圆形，唇瓣倒卵形至长圆形，基部成爪状，有红色条纹。蒴果长圆形，不开裂，熟时橙红色。花期6 ~ 7月，果期7 ~ 10月。生于山坡、旷野的草地或灌丛中。分布于广东、海南、广西、云南。

艳山姜 姜科

多年生常绿草本，高1.5 ~ 3m。叶大，互生；叶片披针形，边缘具短柔毛。圆锥花序呈总状花序式，下垂，花序轴紫红色；小苞片椭圆形，白色，先端粉红色，蕾时包裹住花；小花萼近钟形，白色；花冠管较花萼短，裂片长圆形，乳白色，先端粉红色；唇瓣匙状宽卵形，黄色而有紫红色彩纹。蒴果卵圆形，熟时朱红色。花期4 ~ 6月，果期7 ~ 10月。常栽培于房前屋后及庭园供观赏。分布于我国东南至西南各地。

（2）叶对生或轮生

蝇子草 石竹科

多年生草木，高50 ~ 150cm。根圆柱形，粗而长。茎簇生，直立，基部带木质，具粗糙短毛。基生叶匙状披针形，稠密；茎生叶线状披针形，先端锐尖，基部窄狭成细柄。聚伞花序顶生，花蔷薇色或白色；萼长管形，光滑，脉多条，先端5裂；花瓣5，基部成爪，瓣片2裂，每裂片再细裂成窄条。蒴果长圆形，呈棍棒状，成熟时顶端6齿裂。种子有瘤状突起。花期7 ~ 10月。生于林下及山坡草丛中。分布于我国北部、中部以至长江以南各地。

瞿麦 石竹科

多年生草本，高达1m。丛生，直立，上部二歧分枝，节明显。叶对生，线形或线状披针形，基部成短鞘状包茎，全缘。花单生或数朵集成圆锥花序；花瓣5，淡红色、白色或淡紫红色，先端深裂成细线状；花期8～9月。蒴果长圆形，果期9～11月。全国大部分地区有分布。

石竹 石竹科

多年生草本，高达1m。茎丛生，直立，上部二歧分枝，节明显。叶对生，线形或线状披针形，基部成短鞘状包茎，全缘。花单生或数朵集成圆锥花序；花瓣倒卵状三角形，紫红色、粉红色、鲜红色或白色，顶缘不整齐齿裂，喉部有斑纹。蒴果圆筒形，包于宿存萼内，顶端4裂。花期5～6月，果期7～9月。生于草原和山坡草地。全国大部分地区有分布。

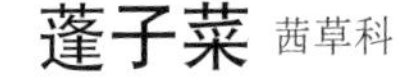

蓬子菜 茜草科

多年生直立草本。茎丛生，四棱形。叶6～10片轮生，无柄，叶片线形。聚伞花序集成顶生的圆锥花序状，花冠辐状，淡黄色，花冠筒极短，裂片4，卵形。双悬果2，扁球形。花期6～7月，果期8～9月。生于山坡灌丛及旷野草地。分布于东北、西北至长江流域。

白花蛇舌草 茜草科

一年生纤细披散草本，高15～50cm。茎纤弱稍扁。叶对生，具短柄或无柄；叶片线形至线状披针形，叶膜质，中脉在上面下陷，侧脉不明显。花单生或2朵生于叶腋，花梗略粗壮；花冠漏斗形，白色，先端4深裂，裂片卵状长圆形。蒴果扁球形，成熟时顶部室背开裂。花期7～9月，果期8～10月。分布于云南、广东、广西、福建、浙江、江苏、安徽等地。

徐长卿 萝藦科

多年生直立草本，高达1m。根细呈须状，形如马尾，具特殊香气。茎细而刚直，不分枝。叶对生，无柄，叶片披针形至线形。圆锥聚伞花序，生近顶端叶腋，花冠黄绿色，5深裂，广卵形，平展或向外反卷；副花冠5，黄色，肉质，肾形。蓇葖果呈角状；种子多数，卵形而扁，先端有一簇白色细长毛。花期5～7月，果期9～12月。生于阳坡草丛中。分布于东北、华东、中南、西南及内蒙古、河北、陕西、甘肃。

柳叶白前 萝藦科

多年生草本，高30～60cm。茎圆柱形，表面灰绿色。单叶对生，具短柄；叶片披针形或线状披针形，全缘，边缘反卷。伞形聚伞花序腋生，有3～8朵，花冠辐状，5深裂，裂片线形，紫红色。蓇葖果单生，窄长披针形。种子披针形，先端具白色丝状绢毛。花期5～8月，果期9～10月。分布于浙江、江苏、安徽、江西、湖南、湖北、广西、广东、贵州、云南、四川等地。

平贝母 百合科

草本，高40～60cm。叶轮生或对生，中部以上兼有少数散生；叶条形，先端不卷曲或稍卷曲。花1～3朵，顶生，俯垂，紫色而具黄色小方格；顶端的花具4～6枚叶状苞片，条状苞片先端极卷曲；花被钟状；花被片6，长圆状倒卵形，钝头。蒴果宽倒卵形，具圆棱。花期5～6月。生于林中肥沃土壤上。分布于我国东北地区。

浙贝母 百合科

多年生草本，高50～80cm。鳞茎半球形。茎单一，直立，圆柱形。叶无柄；茎下部的叶对生，狭披针形至线形；中上部叶常3～5片轮生，叶片较短，先端卷须状。花单生于茎顶或叶腋，花钟形，俯垂；花被6片，2轮排列，长椭圆形，先端短尖或钝，淡黄色或黄绿色，具细微平行脉，内面并有淡紫色方格状斑纹。蒴果卵圆形，有6条较宽的纵翅。花期3～4月。果期4～5月。分布于浙江、江苏、安徽、湖南等地。

黄精 百合科

多年生草本。茎直立，圆柱形，单一，高50～80cm。叶无柄；通常4～5枚轮生；叶片线状披针形至线形，先端渐尖并卷曲。花腋生，花梗先端2歧，着生花2朵；花被筒状，白色，先端6齿裂，带绿白色。浆果球形，成熟时黑色。花期5～6月，果期6～7月。生于荒山坡及山地杂木林或灌木丛的边缘。分布于黑龙江、吉林、辽宁、河北、山东、江苏、河南、山西、陕西、内蒙古等地。

3.单叶、叶分裂

（1）羽状裂叶、叶互生

诸葛菜 十字花科

一年生直立草本，高30～50cm。基生叶和下部茎生叶羽状深裂，叶缘有钝齿；上部茎生叶长圆形或窄卵形，叶基抱茎呈耳状，叶缘有不整齐的锯齿状结构。总状花序顶生，花为蓝紫色或淡红色，随着花期的延续，花色逐渐转淡，最终变为白色；花期4～5月份。长角果圆柱形，具有四条棱，内有大量细小的黑褐色卵圆形种子；果期5～6月份。分布于我国东北、华北及华东地区。

蔊菜 十字花科

直立草本植物，高20 ~ 50cm。叶形多变化，基生叶和茎下部叶片通常大头羽状分裂，顶裂片大，边缘具不规则牙齿，上部叶片宽披针形或匙形，具短柄或耳状抱茎，边缘具疏齿。总状花序顶生或侧生，花小，花瓣4，鲜黄色，宽匙形或长倒卵形。长角果线状圆柱形。生于潮湿处。分布于陕西、甘肃、江苏、浙江、福建、湖北、广东、广西等地。

萝卜 十字花科

一年生草本。直根，肉质，长圆形。基生叶和下部茎生叶大头羽状半裂，顶裂片卵形，侧裂片4 ~ 6对，长圆形，有钝齿，疏生粗毛；上部叶长圆形，有锯齿或近全缘。总状花序顶生或腋生；花瓣4，白色、紫色或粉红色，倒卵形。长角果圆柱形。花期4 ~ 5月，果期5 ~ 6月。全国各地均有栽培。

荠菜 十字花科

一年生直立草本，高20 ~ 50cm。基生叶丛生，呈莲座状，具长叶柄，叶片大头羽状分裂，顶生裂片较大，卵形至长卵形；茎生叶狭披针形，基部箭形抱茎，边缘有缺刻或锯齿。总状花序顶生或腋生，花瓣倒卵形，4片，白色，十字形开放。短角果呈倒三角形，扁平，先端微凹。花、果期4 ~ 6月。全国各地均有分布或栽培。

黄鹌菜 菊科

一年生或二年生草本，高15 ~ 80cm。植物体有乳汁，须根肥嫩，白色。茎直立，由基部抽出一至数枝。基生叶丛生，倒披针形，琴状或羽状半裂，顶裂片较侧裂片稍大，侧裂片向下渐小，有深波状齿，叶柄具翅或有不明显的翅；茎生叶互生，少数，通常1 ~ 2片，叶形同基生叶，等样分裂或不裂；上部叶小，线形，苞片状；叶质薄。头状花序小而窄，具长梗，排列成聚伞状圆锥花丛；舌状花黄色，花冠先端5齿。瘦果红棕色或褐色；冠毛白色。花果期6 ~ 7月。分布于华东、中南、西南及河北、陕西、台湾、西藏等地。

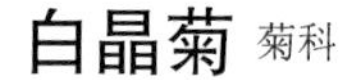

白晶菊 菊科

二年生草本花卉，高15 ~ 25cm。叶互生，一至两回羽裂。头状花序顶生，盘状，边缘舌状花银白色，中央筒状花金黄色。花期从冬末至初夏，3至5月是其盛花期。花后结瘦果，5月下旬成熟。多地有盆栽及庭院绿化栽培。

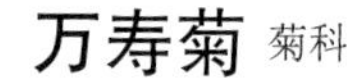

万寿菊 菊科

一年生草本，高50 ~ 150cm。茎直立，粗壮，具纵细条棱。叶羽状分裂，裂片长椭圆形或披针形，边缘具锐锯齿。头状花序单生，花序梗顶端棍棒状膨大；舌状花黄色或暗橙色；舌片倒卵形；管状花花冠黄色。瘦果线形。花期7 ~ 9月。我国各地均有栽培。

漏芦 菊科

多年生直立草本，高25 ~ 65cm。茎不分枝，具白色绵毛或短毛。基生叶有长柄，被厚绵毛；基生叶及下部茎叶羽状全裂呈琴形，裂片常再羽状深裂或深裂，两面均被蛛丝状毛或粗糙毛茸；中部及上部叶较小。头状花序单生茎顶；总苞宽钟状，总苞片多层；花冠淡紫色。瘦果倒圆锥形，棕褐色，有宿存之羽状冠毛。花期5 ~ 7月，果期6 ~ 8月。分布于黑龙江、吉林、辽宁、内蒙古、河北、山东、山西、陕西、甘肃等地。

丝毛飞廉 菊科

二年生草本，高50 ~ 120cm。茎直立，具纵棱，棱有绿色间歇的三角形刺齿状翼。叶互生；通常无柄而抱茎；下部叶椭圆状披针形，羽状深裂，边缘有刺；上部叶渐小。头状花序2 ~ 3个簇生枝端；花紫红色。瘦果长椭圆形；冠毛白色或灰白色。花期5 ~ 7月。生于田野、路旁或山地草丛中。我国大部分省区有分布。

顶羽菊 菊科

多年生草本，高约60cm。茎直立，多分枝，有纵棱。叶互生，无柄，叶片披针形至条形，边缘有稀锐齿或裂片，或全缘，两面生灰色绒毛。头状花序单生枝端，苞片覆瓦状排列；花冠淡红紫色。瘦果宽卵圆形，略扁平，冠毛灰色。生于干燥山坡、路旁、田野等处。分布于华北及陕西、宁夏、甘肃、新疆等地。

菊苣 菊科

多年生草本，高20～150cm。茎直立，有棱，中空。基生叶倒向羽状分裂至不分裂，有齿，基部渐狭成有翅的叶柄；茎生叶渐小，披针状卵形至披针形，全缘。头状花序单生茎和枝端，花全部舌状，花冠蓝色。瘦果先端细齿裂。花期夏季。生于山坡疏林下、草丛中或为栽培。分布于贵州、云南及西藏等地。

菊 菊科

多年生直立草本，高50～140cm。叶互生，卵形或卵状披针形，羽状浅裂或半裂，两面密被白绒毛。头状花序顶生或腋生，单个或数个集生于茎枝顶端；舌状花位于边缘，白色、黄色、淡红色或淡紫色；管状花位于中央，黄色。瘦果矩圆形。花期9～11月。我国大部分地区有栽培。

野菊 菊科

多年生草本，高25～100cm。茎直立或基部铺展。茎生叶卵形或长圆状卵形，羽状分裂或分裂不明显；顶裂片大；侧裂片常2对，卵形或长圆形，全部裂片边缘浅裂或有锯齿。头状花序，在茎枝顶端排成伞房状圆锥花序或不规则的伞房花序；舌状花黄色。花期9～10月。全国各地均有分布。

野茼蒿 菊科

直立草本，高20～120cm。叶膜质，椭圆形或长圆状椭圆形，边缘有不规则锯齿或重锯齿，或有时基部羽状裂。头状花序数个在茎端排成伞房状，花冠红褐色或橙红色。瘦果狭圆柱形，赤红色，有肋，被毛；冠毛极多数，白色，绢毛状，易脱落。花期7～12月。分布于江西、福建、湖南、湖北、广东、广西、贵州、云南、四川、西藏。

艾蒿 菊科

多年生直立草本，高45～120cm，茎被灰白色软毛，从中部以上分枝。单叶互生，叶片卵状椭圆形，羽状深裂，裂片椭圆状披针形，边缘具粗锯齿，上面密布腺点，下面密被灰白色绒毛。头状花序多数，排列成复总状；花红色，多数。瘦果长圆形。花期7～10月。分布于全国大部分地区。

泥胡菜 菊科

二年生直立草本，高30～80cm。基生叶莲座状，倒披针形或倒披针状椭圆形，提琴状羽状分裂，顶裂片三角形，较大，侧裂片长椭圆状披针形，下面被白色蛛丝状毛；中部叶椭圆形，无柄，羽状分裂；上部叶条状披针形至条形。头状花序多数，有长梗，花紫色。瘦果椭圆形，具纵肋，冠毛白色，羽毛状。花期5～6月。生于路旁、荒草丛中或水沟边。我国各地大都有分布。

续断菊 菊科

一年生草本，高30～70cm。根纺锤状或圆锥状。叶互生，下部叶叶柄有翅，中上部叶无柄，基部有扩大的圆耳，叶片长椭圆形或倒圆形，不分裂或缺刻状半裂或羽状全裂，边缘有不等的刺状尖齿。头状花序在茎顶密集成伞房状，舌状花黄色。瘦果长椭圆状倒卵形，压扁，两面各有3条纵肋，冠毛白色。生于路边、田野。分布于全国各地。

苦苣菜 菊科

多年生草本，全株有乳汁。茎直立，高30～80cm。叶互生，披针形或长圆状披针形，基部耳状抱茎，边缘有疏缺刻或浅裂，缺刻及裂片都具尖齿。头状花序顶生，总苞钟形；花全为舌状花，黄色。瘦果长椭圆形，具纵肋，冠毛细软。花期7月至翌年3月。果期8～10月至翌年4月。我国大部分地区有分布。

抱茎苦荬菜 菊科

多年生直立草本，高30～80cm。基生叶多数，长圆形，基部下延成柄，边缘具锯齿或不整齐的羽状深裂；茎生叶较小，卵状长圆形，基部耳形或戟形抱茎，全缘或羽状分裂。头状花序密集成伞房状，舌状花黄色。瘦果黑色，纺锤形，冠毛白色。花、果期4～7月。生于荒野、山坡、路旁及疏林下。分布于东北、华北和华东。

莨菪 茄科

一年生或二年生草本，有特殊臭味。茎高40～80cm，上部具分枝，全体被白色腺毛。基生叶大，叶柄扁宽而短，叶片长卵形，呈不整齐的羽状浅裂，裂片三角形或窄三角形；茎生叶互生，无柄，卵状披针形，每侧有2～5个疏大齿牙或浅裂。花腋生，花冠漏斗状，5浅裂，浅黄色，具紫色网状脉纹，外被短柔毛。萼管基部膨大，宿存，内包壶形蒴果。花期5月，果期6月。分布于东北、河北、河南、浙江、江西、山东、江苏、山西、陕西、甘肃、内蒙古、青海、新疆、宁夏、西藏等地。

大蓟 菊科

多年生宿根草本。茎高100～150cm，有纵条纹，密被白软毛。叶互生，羽状分裂，裂片5～6对，先端尖，边缘具不等长浅裂和斜刺，基部渐狭，形成两侧有翼的扁叶柄，茎生叶向上逐渐变小。头状花序，单生在枝端；总苞球形，苞片6～7列，披针形，锐头，有刺；全部为管状花，紫红色。瘦果扁椭圆形。花期5～6月；果期6～8月。全国大部分地区有分布。

北苍术 菊科

多年生草本，高30～50cm。叶无柄；茎下部叶匙形，多为3～5羽状深缺刻，先端钝，基部楔形而略抱茎；茎上部叶卵状披针形至椭圆形，3～5羽状浅裂至不裂，叶缘具硬刺齿。头状花序，基部叶状苞披针形，边缘长栉齿状；花冠管状，白色，先端5裂，裂片长卵形。瘦果密生向上的银白色毛。花期7～8月。果期8～10月。生长于山坡灌木丛及较干旱处。分布于吉林、辽宁、河北、山东、山西、陕西、内蒙古等地。

白术 菊科

多年生草本，高30～80cm。茎下部叶有长柄，叶片3裂或羽状5深裂，裂片卵状披针形至披针形，叶缘有刺状齿，先端裂片较大；茎上部叶柄渐短，狭披针形，分裂或不分裂。总苞钟状，覆瓦状排列；花多数，着生于平坦的花托上；花冠管状，淡黄色，上部稍膨大，紫色，先端5裂，裂片披针形，外展或反卷。瘦果长圆状椭圆形，密被黄白色绒毛。花期9～10月，果期10～12月。安徽、江苏、浙江、福建、江西、湖南、湖北、四川、贵州等地均有分布。

虞美人 罂粟科

一年或二年生植物，高30～90cm。全体被伸展刚毛。茎直立，有分枝。叶互生；下部的叶具柄，上部者无柄；叶片披针形，羽状分裂，下部全裂，边缘有粗锯齿，两面被淡黄色刚毛。花单朵顶生，颜色鲜艳，未开放前下垂；花瓣4，近圆形，紫红色，边缘带白色，基部具深紫色的小紫斑。蒴果阔倒卵形，花盘平扁，边缘圆齿状。花期4～5月，果期5～7月。我国各地庭园有栽培。

虞美人

蓍草 菊科

多年生草本，高50～100cm。茎直立，有棱条，上部有分枝。叶互生，无柄，叶片长线状披针形，栉齿状羽状深裂或浅裂，裂片线形。头状花序多数，集生成伞房状；总苞钟状，总苞片卵形，3层，覆瓦状排列；边缘舌状花，白色，花冠长圆形，先端3浅裂；中心管状花，两性，白色，花药黄色，伸出花冠外面。瘦果扁平。花期7～9月，果期9～10月。分布于东北、华北及宁夏、甘肃、河南等地。各地广泛栽培。

蓍草

（2）羽状裂叶、叶对生

马鞭草 马鞭草科

多年生直立草本，高达1m，茎四棱形。叶对生，叶片倒卵形或长椭圆形，羽状深裂，裂片上疏生粗锯齿，两面均有硬毛。穗状花序顶生或腋生；花冠唇形，上唇2裂，下唇3裂，喉部有白色长毛，花紫蓝色。蒴果长方形，成热时分裂为4个小坚果。花期6～8月。果期7～10月。生于河岸草地、荒地、路边、田边及草坡等处。分布于全国各地。

裂叶荆芥 唇形科

一年生直立草本，高60～100cm，具强烈香气。叶对生，羽状深裂，裂片3～5，裂片披针形，全缘。轮伞花序，密集于枝端成穗状，花冠浅红紫色，二唇形。小坚果长圆状三棱形，棕褐色，表面光滑。花期7～9月，果期9～11月。全国大部分地区有分布。

黄花败酱 败酱科

多年生直立草本，高50～100cm。基生叶丛生，茎生叶对生，叶片2～3对羽状深裂，中央裂片最大，椭圆形或卵形，叶缘有粗锯齿。聚伞状圆锥花序集成疏而大的伞房状花序，花冠黄色，上部5裂。果椭圆形。花期7～9月，果期9～10月。生长于山坡草地及路旁。全国大部地区均有分布。

缬草 败酱科

多年生草本，高100～150cm。茎直立，有纵条纹。基生叶丛出，单数羽状复叶或不规则深裂，小叶片9～15，顶端裂片较大，全缘或具少数锯齿；茎生叶对生，无柄抱茎，单数羽状全裂，裂片每边4～10，披针形，全缘或具不规则粗齿；向上叶渐小。伞房花序顶生，花小，花冠管状，花冠淡紫红或白色，5裂，裂片长圆形。瘦果长卵形。花期6～7月。果期7～8月。分布于我国东北至西南。

狼杷草 菊科

一年生直立草本，高30 ~ 80cm，茎由基部分枝。叶对生，茎中、下部的叶片羽状分裂或深裂，裂片3 ~ 5，卵状披针形至狭披针形，边缘疏生不整齐大锯齿，顶端裂片通常比下方者大；茎顶部的叶小，有时不分裂。头状花序顶生，球形或扁球形，花皆为管状，黄色。瘦果扁平，边缘有倒生小刺。花期8 ~ 9月。果期10月。生于水边湿地、沟渠及浅水滩。全国大部分地区有分布。

棉团铁线莲 毛茛科

直立草本，高30 ~ 100cm。叶对生，一至二回羽状深裂，裂片线状披针形、长椭圆状披针形、椭圆形或线形，全缘。聚伞花序顶生或腋生，萼片通常6，长椭圆形或狭倒卵形，白色，开展，外面密生白色细毛，花蕾时像棉花球。瘦果倒卵形，宿存花柱羽毛状。花期6 ~ 8月，果期7 ~ 10月。分布于黑龙江、吉林、辽宁、内蒙古、河北、山西、陕西、甘肃东部、山东及中南地区。

日本续断 川续断科

多年生草本，高1m以上。茎中空，具4～6棱，棱上具钩刺。茎生叶对生，3～5羽状深裂，顶端裂片最大，两侧裂片较小，裂片基部下延成窄翅，边缘具粗齿或近全缘。头状花序顶生，圆球形；花小，紫红色；花萼盘状，具4极浅的齿；花冠漏斗状，4裂。瘦果长圆楔形。花期8～9月，果期9～11月。生于山坡、路旁和草坡。分布于我国南北各省区。

（3）掌状裂叶

草棉 锦葵科

一年生直立草本。叶掌状至浅裂，裂片宽三角形至卵圆形；小苞片3、基部离生，心形，先端具7～9齿，齿裂的长约为宽的3～4倍；雄蕊柱长1～2cm，花丝排列疏松；蒴果卵圆形，种子除被长棉毛外，还有不易剥离的短棉毛。花期夏、秋季。广泛栽培于我国各棉区。

咖啡黄葵 锦葵科

一年生草本，高1～2m。茎圆柱形，疏生散刺。叶互生，掌状3～7裂，裂片阔至狭，两面均被疏硬毛，边缘具粗齿及凹缺。花单生于叶腋间；花萼钟形，密被星状短绒毛；花黄色，内面基部紫色，花瓣倒卵形，长4～5cm。蒴果筒状尖塔形，先端具长喙，疏被糙硬毛。花期5～9月。我国河北、山东、江苏、浙江、福建、台湾、湖北、湖南、广东、海南、广西和云南等地引入栽培。

黄秋葵 锦葵科

多年生草本，高1～2m，全株密被黄色长刚毛。单叶互生，纸质，叶形有变异，卵形至近圆形，掌状深裂，有5～9大小不等的裂片，边缘具齿，两面被毛。花单生于叶腋，或数朵顶生，排成总状花序；花冠淡黄色，中央紫色，钟状。蒴果长圆形，先端尖，被粗毛，内含种子多数。花期9～10月。生于山坡灌木丛中、溪边。分布于云南、贵州、四川、广东、湖北等地。

蜀葵 锦葵科

二年生直立草本，高达2米，茎枝密被刺毛。叶互生，叶近圆心形，掌状5～7浅裂，裂片三角形或圆形。花腋生，排列成总状花序。花大，有红、紫、白、粉红、黄和黑紫等色；单瓣或重瓣，花瓣倒卵状三角形，先端凹缺。果盘状，分果爿近圆形，多数。花期2～8月。我国各地广泛栽培。

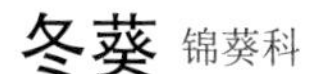

冬葵 锦葵科

一年生草本，高30～90cm，茎直立。叶互生，掌状5～7浅裂，圆肾形或近圆形，边缘具钝锯齿，有长柄。花丛生于叶腋，淡红色，花冠5瓣，倒卵形，先端凹。果实扁圆形，由10～12心皮组成，果熟时各心皮彼此分离。分布于全国各地。

锦葵 锦葵科

多年生直立草本，高50 ~ 90cm。叶圆心形或肾形，具5 ~ 7圆齿状钝裂片。花3 ~ 11朵簇生，花紫红色或白色，花瓣5，匙形，先端微缺。果扁圆形，分果爿9 ~ 11，肾形；种子黑褐色，肾形。花期5 ~ 10月。我国各地多有栽培。

野西瓜苗 锦葵科

一年生直立草本，高25 ~ 70cm，茎被白色星状粗毛。叶2型；下部的叶圆形，不分裂，上部的叶掌状3 ~ 5深裂，中裂片较长，两侧裂片较短，裂片倒卵形至长圆形，通常羽状全裂。花单生于叶腋，花淡黄色，内面基部紫色，花瓣5，倒卵形。蒴果长圆状球形，果爿5，种子肾形，黑色。花期7 ~ 10月。生于平原、山野、丘陵或田埂。分布于全国各地。

大麻 桑科

一年生草本，高1～3m。茎直立，表面有纵沟，密被短柔毛，基部木质化。掌状叶互生，全裂，裂片3～11枚，披针形至条状披针形，边缘具粗锯齿。雄花序为疏散的圆锥花序，顶生或腋生，黄绿色；雌花簇生于叶腋，黄绿色。瘦果卵圆形。花期5～6月，果期7～8月。全国各地均有栽培。分布于东北、华北、华东、中南等地。

箭叶秋葵 锦葵科

多年生草本，高40～10cm。小枝被糙硬毛。下部的叶卵形，中部以上的叶卵状戟形、箭形至掌状3～5浅裂或深裂，裂片阔卵形至阔披针形，边缘具锯齿或缺刻。花单生于叶腋，花红色或黄色，花瓣倒卵状长圆形。蒴果椭圆形。种子肾形，具腺状条纹。花期5～9月。生于低丘、草坡、旷地、稀疏松林或干燥的瘠地。分布于华南及贵州、云南等地。

玫瑰茄 锦葵科

一年生直立草本，高达2m。茎淡紫色。叶互生，下部的叶卵形，不分裂，上部的叶掌状3深裂，裂片披针形，具锯齿，主脉3～5条。花单生于叶腋，近无梗；小苞片红色，肉质，披针形；花萼杯状，淡紫色；花黄色，内面基部深红色。蒴果卵球形，密被粗毛。花期夏、秋季。我国福建、台湾、广东、海南、广西和云南南部有栽培。

八角莲 小檗科

多年生草本，茎直立，高20～30cm。茎生叶1片，有时2片，盾状着生；叶片圆形，掌状深裂几达叶中部，边缘4～9浅裂或深裂，先端锐尖，边缘具针刺状锯齿。伞形花序，着生于近叶柄基处的上方近叶片处；花梗细，花下垂，花冠深红色，花瓣6，勺状倒卵形。浆果椭圆形或卵形。花期4～6月，果期8～10月。分布于浙江、江西、河南、湖北、湖南、广东、广西、四川、贵州、云南等地。

野老鹳草 牻牛儿苗科

一年生直立草本，高20 ~ 60cm。茎，具棱角，密被倒向短柔毛。基生叶早枯，茎生叶互生或最上部对生；茎下部叶具长柄；叶片圆肾形，基部心形，掌状5 ~ 7裂近基部。花序腋生和顶生；顶生总花梗常数个集生，花序呈伞形状；花瓣淡紫红色，倒卵形。蒴果被短糙毛。花期4 ~ 7月，果期5 ~ 9月。分布于山东、安徽、江苏、浙江、江西、湖南、湖北、四川和云南。

蓖麻 大戟科

一年生草本高2 ~ 3m，茎直立，无毛，绿色或稍紫色，具白粉。单叶互生，具长柄；叶片盾状圆形，掌状分裂至叶片的一半以下，7 ~ 9裂。边缘有不规则锯齿，主脉掌状。总状或圆锥花序顶生，下部生雄花，上部生雌花。蒴果球形，有刺，成熟时开裂。种子长圆形，光滑有斑纹。花期5 ~ 8月。果期7 ~ 10月。全国大部分地区有栽培。

木薯 大戟科

灌木，高达3米；块根圆柱状。叶纸质，近圆形掌状深裂近基部，裂片3～7，倒披针形，先端渐尖，全缘；叶柄长8～22cm，稍盾状着生。圆锥花序,萼带紫红色，有白霜；雄花花萼内面被毛，花药顶部被白毛。蒴果椭圆形，具6条波状纵翅。种子稍具3棱，种皮硬壳质，具斑纹，光滑。花期9～11月。我国福建、台湾、广东、海南、广西、贵州及云南等地有栽培。

（4）三裂叶

地桃花 锦葵科

直立亚灌木状草本，高达1m。小枝被星状绒毛。叶互生，茎下部的叶近圆形，先端浅3裂，边缘具锯齿；中部的叶卵形；上部的叶长圆形至披针形；叶上面被柔毛，下面被灰白色星状绒毛。花腋生，淡红色，花瓣5，倒卵形。果扁球形。花期7～10月。生于干热的空旷地、草坡或疏林下。我国长江以南地区均有分布。

佩兰 菊科

多年生草本，高40 ~ 100cm。茎直立，绿色或红紫色。全部茎枝被稀疏的短柔毛，花序分枝及花序梗上的毛较密。中部茎叶较大，叶对生，常3全裂或3深裂，中裂片较大，长椭圆形或长椭圆状披针形；上部的叶较小，常不分裂，或全部茎叶不分裂，边缘有粗齿或不规则细齿。头状花序，总苞钟状，总苞片2 ~ 3层，覆瓦状排列，紫红色；花白色或带微红色，全部为管状花，先端5齿裂。瘦果圆柱形。花、果期7 ~ 11月。分布于河北，山东、江苏、广东、广西、四川等地。

林泽兰 菊科

多年生草本，高30 ~ 150cm。茎直立，下部及中部红色或淡紫红色。下部茎叶花期脱落；中部茎生叶长椭圆状披针形或线状披针形，不分裂或三全裂，质厚，三出基脉。头状花序多数在茎顶或枝端排成紧密的伞房花序，总苞钟状，总苞片覆瓦状排列；花白色、粉红色或淡紫红色，花冠长4.5mm，外面散生黄色腺点。瘦果黑褐色，椭圆状，5棱。花果期5 ~ 12月。生山谷阴处水湿地、林下湿地或草原上。除新疆外，遍布全国各地。

南苍术 菊科

多年生草本，高30～80cm。叶互生，革质，茎下部的叶多为3裂，顶端1裂片较大，卵形，无柄而略抱茎；茎上部叶卵状披针形至椭圆形，无柄，叶缘均有刺状齿。头状花序顶生，总苞片6～8层，披针形；花冠管状，白色，有时稍带红紫色，先端5裂，裂片线形。瘦果长圆形。花期8～10月，果期9～10月。多生于山坡较干燥处。分布于江苏、浙江、安徽、江西、湖北、河北、山东等地。

香叶天竺葵 菊科

多年生草本，高可达1m。茎密被具光泽的柔毛，有香味。叶互生，叶片近圆形，掌状5～7裂达中部或近基部，裂片矩圆形或披针形，小裂片边缘为不规则的齿裂或锯齿，两面被长糙毛。伞形花序与叶对生，花瓣玫瑰色或粉红色。花期5～7月。我国各地庭园有栽培。

乌头 毛茛科

多年生草本，高60 ~ 120cm。块根通常2个连生，纺锤形至倒卵形。茎直立。叶互生，有柄；叶片卵圆形，3裂几达基部，两侧裂片再2裂，中央裂片菱状楔形，先端再3浅裂，裂片边缘有粗齿或缺刻。总状圆锥花序，萼片5，蓝紫色，上萼片盔形，侧萼片近圆形；花瓣2。蓇葖果长圆形。花期6 ~ 7月，果期7 ~ 8月。分布于四川、云南、陕西、湖南等地。

乌头

草乌 毛茛科

多年生草本，高70 ~ 150cm。块根常2 ~ 5块连生，倒圆锥形。茎直立，光滑。叶互生，有柄，3全裂，裂片菱形，再作深浅不等的羽状缺刻状分裂，最终裂片线状披针形或披针形。总状花序；花萼5，紫蓝色，上萼片盔形；花瓣2。蓇葖果。花期7 ~ 8月。果期8 ~ 9月。分布于黑龙江、吉林、辽宁、内蒙古、河北、山西等地。

草乌

牛扁 毛茛科

多年生草本，茎高60 ~ 110cm。基生叶1 ~ 5，与下部茎生叶具长柄；叶片圆肾形，3裂，中央裂片菱形，在中部3裂，2回裂片具狭卵形小裂片。总状花序，萼片黄色。蓇葖果3，长约8mm。分布于内蒙古、河北、山西、陕西、新疆东部。

毛茛 毛茛科

多年生草本，高30 ~ 70cm。茎直立，具分枝，中空，有开展或贴伏的柔毛。基生叶为单叶，叶柄长达15cm，叶片轮廓圆心形或五角形，通常3深裂不达基部，中央裂片倒卵状楔形或宽卵形或菱形，3浅裂，边缘有粗齿或缺刻，侧裂片不等2裂；茎下部叶与基生叶相同，茎上部叶较小，3深裂，裂片披针形，有尖齿牙；最上部叶为宽线形，全缘，无柄。聚伞花序有多数花，疏散，花瓣5，倒卵状圆形，黄色。瘦果斜卵形。花、果期4 ~ 9月。分布于全国各地（西藏除外）。

金莲花 毛茛科

多年生草本，高30～70cm。茎直立，不分枝，疏生2～4叶。基生叶1～4，有长柄，叶片五角形，3全裂，中央全裂片菱形；茎生叶互生，叶形与基生叶相似，生于茎下部的叶具长柄，上部叶较小。花单朵顶生或2～3朵排列成稀疏的聚伞花序；花瓣（蜜叶）18～21，狭线形。蓇葖果，具脉网。花期6～7月，果期8～9月。分布于吉林西部、辽宁、内蒙古东部、河北、山西和河南北部。

翠雀 毛茛科

多年生草本，高35～65cm。茎具疏分枝。基生叶和茎下部叶具长柄；叶片圆五角形，3全裂，裂片细裂，小裂片条形。总状花序具3～15花，花左右对称；小苞片条形或钻形；萼片5，花瓣状，蓝色或紫蓝色。蓇葖果3个聚生。花期8～9月，果期9～10月。分布于云南、山西、河北、宁夏、四川、甘肃、黑龙江、吉林、辽宁、新疆、西藏等地。

老鹳草 牻牛儿苗科

草本，高30～80cm。茎直立或下部稍蔓生。叶对生，叶片3深裂，中央裂片稍大，卵状菱形，上部有缺刻或粗牙齿。花单生叶腋，或2～3花成聚伞花序，花瓣5，淡红色或粉红色，具5条紫红色纵脉。蒴果喙较短。花期7～8月，果期8～10月。生于山地阔叶林林缘、灌丛、荒山草坡。分布于东北、华北、华东、华中、陕西、甘肃和四川。

夏至草 唇形科

多年生草本，高15～35cm。茎直立，方柱形，分枝，被倒生细毛。叶对生，叶片近圆形，掌状3深裂，裂片再2深裂或有钝裂齿，两面均密生细毛。轮伞花序；花冠白色，稀粉红色，稍伸出于萼筒。小坚果褐色，长圆状三棱形。花期3～4月，果期5～6月。分布于黑龙江、吉林、辽宁、内蒙古、湖北、山西、陕西、甘肃、青海、新疆、山东、江苏、安徽、浙江、河南、湖北、四川、贵州、云南等地。

益母草 唇形科

一年生直立草本，高60～100cm。根生叶有长柄，叶片5～9浅裂，裂片具2～3钝齿；茎中部叶3全裂，裂片近披针形，中央裂片常再3裂，两侧裂片再1～2裂；最上部叶不分裂，线形，近无柄。轮伞花序腋生，花冠唇形，淡红色或紫红色，上唇与下唇几等长，上唇长圆形，全缘，边缘具纤毛，下唇3裂，中央裂片较大，倒心形。小坚果褐色，三棱形。花期6～9月，果期7～10月。我国大部分地区有分布。

白花益母草 唇形科

形态与益母草相似，但花为白色。分布于全国各地。

（5）其他形裂叶

宝盖草 唇形科

一年生草本，高10～50cm。茎丛生，基部稍斜升，细弱，四棱形。叶对生，向上渐无柄，抱茎；叶片肾形或近圆形，边有极深圆齿或浅裂，两面均被细毛。轮伞花序，花冠紫红色或粉红色，上唇近直立，长圆形，稍盔状，下唇平展，有3裂片，中裂片倒心形，先端有深凹。小坚果长圆形，具3棱，褐黑色。花期3～5月，果期7～8月。分布于东北、西北、华东、华中和西南等地。

独行菜 十字花科

一年生草本，高10～30cm。叶互生，茎下部叶狭长椭圆形，边缘浅裂或深裂；茎上部叶线形，较小。总状花序顶生，花小；花期5～6月。短角果卵状椭圆形，扁平，顶端微凹；果期6～7月。生于田野、荒地、路旁。分布于东北、河北、内蒙古、山东、山西、甘肃、青海、云南、四川等地。

猩猩草 大戟科

一年生草本，高约1m。茎下部及中部的叶互生，花序下部的叶对生；叶柄长2～3cm；叶形多变化，卵形、椭圆形、披针形或线形，呈琴状分裂或不裂，边缘有波状浅齿或尖齿或全缘；花序下部的叶通常基部或全部红色。杯状聚伞花序多数在茎及分枝顶端排成密集的伞房状；总苞钟状，绿色，先端5裂；腺体1～2杯状，无花瓣状附属物。蒴果卵圆状三棱形；种子卵形，灰褐色，表面有疣状突起。花果期8月。我国各地都有栽培。

小藜 藜科

一年生草本，高20～50cm。茎直立，具条棱及绿色条纹。叶互生，叶片椭圆形或狭卵形，通常3浅裂，侧裂片位于中部以下，通常各具2浅裂齿；上部的叶片渐小，狭长。圆锥状花序；花被近球形，5片，浅绿色，边缘白色，花期4～5月。胞果全体包于花被内，果期5～7月。野生于荒地或田间。我国除西藏外，其他地区均有分布。

杂配藜 藜科

一年生草本，高30～120cm。茎直立，粗壮，具淡黄色或紫色条纹。单叶互生，叶片卵形、宽卵形或三角状卵形，边缘有不规则波状浅裂，裂片2～3对，不等大；上部叶较小，叶片多呈三角状戟形。疏散的大圆锥花序顶生或腋生；花被5裂，裂片卵形，先端钝圆，边缘膜质，背部有纵隆脊。胞果薄膜质，双凸镜形。种子扁圆形，黑色，无光泽，有明显的凹点。花期7～8月，果期8～9月。生于村边、菜地及林缘草丛中。分布于东北、华北、西北、西南及江苏、浙江、山东等地。

金光菊 菊科

多年生草本，高50～200cm。叶互生，无毛或被疏短毛。下部叶具叶柄，不分裂或羽状5～7深裂，裂片长圆状披针形，顶端尖，边缘具不等的疏锯齿或浅裂；中部叶3～5深裂，上部叶不分裂，卵形，顶端尖，全缘或有少数粗齿，背面边缘被短糙毛。头状花序单生于枝端，具长花序梗。总苞半球形；总苞片2层，长圆形。舌状花金黄色，舌片倒披针形；管状花黄色或黄绿色。瘦果无毛，压扁，稍有4棱。花期7～10月。我国各地庭园常见栽培。

苣荬菜 菊科

多年生草本，全株有乳汁。茎直立，高30 ~ 80cm。叶互生，披针形或长圆状披针形，基部耳状抱茎，边缘有疏缺刻或浅裂，缺刻及裂片都具尖齿。头状花序顶生，花全为舌状花，黄色。瘦果长椭圆形，具纵肋，冠毛细软。花期7月至翌年3月。果期8 ~ 10月至翌年4月。生于路边、田野。我国大部分地区有分布。

一点红 菊科

一年生或多年生草本，高10 ~ 40cm，茎直立或基部倾斜。叶互生，叶片稍肉质，生于茎下部的叶卵形，琴状分裂，边缘具钝齿，茎上部叶小，通常全缘或有细齿，上面深绿色，下面常为紫红色，基部耳状抱茎。头状花序具长梗，花枝常2歧分枝；花冠紫红色。瘦果狭矩圆形，有棱，冠毛白色。花期7 ~ 11月；果期9 ~ 12月。生于村旁、路边、田园和旷野草丛中。分布于陕西、江苏、浙江、江西、福建、湖北、湖南、广东、广西、四川、贵州及云南等地。

牧蒿 菊科

多年生草本，高50～150cm。茎直立，常丛生。下部叶倒卵形或宽匙形，下部渐狭，有条形假托叶，上部有齿或浅裂；中部叶匙形，上端有3～5枚浅裂片或深裂片，每裂片上端有2～3枚小锯齿或无；上部叶近条形，三裂或不裂。头状花序卵球形，于分枝端排成复总状；总苞球形或长圆形。瘦果小，倒卵形。花、果期7～10月。生于林缘、林下、旷野、山坡、丘陵、路旁及灌丛下。广布于我国南北各地。

苍耳 菊科

一年生草本，高20～90cm。茎直立，下部圆柱形，上部有纵沟。叶互生；有长柄，叶片三角状卵形或心形，近全缘或有3～5不明显浅裂，基出三脉。头状花序，雄花序球形，雌花序卵形。瘦果倒卵形，包藏在有刺的总苞内。花期5～6月，果期6～8月。分布于全国各地。

山尖子 菊科

多年生草本，高60～150cm。茎粗壮，上部被腺状短柔毛。下部叶花期枯萎，中部叶三角状戟形，基部截形或微心形，楔状下延成上部有狭翅的叶柄，边缘有不规则的尖齿，上面有疏柔毛，下面毛较密，上部叶渐小，三角形或椭圆形。头状花序多数，下垂，密集成塔形的圆锥花序；总苞筒状，总苞片8个，狭长圆形或披针形，密生腺状短毛；花13～19个，筒状，淡白色。瘦果淡黄褐色，冠毛白色。生于林缘、灌丛或草地。分布于东北、华北等地。

茄子 茄科

一年生草本，高60～100cm。茎直立、粗壮，上部分枝，绿色或紫色。单叶互生，叶片卵状椭圆形，叶缘常波状浅裂，表面暗绿色，两面具星状柔毛。花冠紫蓝色，裂片三角形。浆果长椭圆形或长柱形，紫色、淡绿色或黄白色，光滑，基部有宿存萼。花期6～8月，花后结实。我国各地均有栽培。

黄果茄 茄科

直立草本，高50～70cm。有时基部木质化，植株各部均被星状绒毛和细长的针状皮刺。单叶互生，叶片卵状长圆形，边缘深波状或深裂。聚伞花序腋外生，花冠辐状，蓝紫色，5裂，裂瓣卵状三角形。浆果球形，初时绿色并具深绿色条纹，成熟后则变为淡黄色。花期冬至夏季，果熟期夏、秋季。生长于村边、路旁、荒地及干旱河谷沙滩上。分布于福建、台湾、湖北、海南、四川、云南等地。

乳茄 茄科

直立草本，高约1m。茎、小枝被柔毛及扁刺，刺蜡黄色，光亮。叶互生；叶柄上面具槽，被具节的长柔毛、腺毛及皮刺；叶片卵形，常5裂，裂片浅波状。蝎尾状花序；花冠紫堇色。浆果倒梨形，外面土黄色，具5个乳头状凸起。南方园林及北方温室有栽培供观赏。

水茄 茄科

灌木。小枝、叶下面、叶柄及花序柄被尘土色星状柔毛。茎直立，枝和叶柄散生短刺。叶互生，叶片卵形至椭圆形，基部心脏形或楔形，两边不相等，全缘或浅裂。伞房花序腋外生；萼杯状，外面被星状毛及腺毛，先端5裂，裂片卵状长圆形；花冠辐形，白色，5裂，裂片卵状披针形。浆果圆球形，黄色，光滑无毛。全年均开花、结果。生长于热带地方的路旁、荒地、沟谷及村庄附近等潮湿地方。分布于台湾、广东、广西、云南。

曼陀罗 茄科

一年草本，高30 ~ 100cm。茎直立，圆柱形，上部呈叉状分枝。叶互生，上部叶近对生，叶片宽卵形、长卵形或心脏形，边缘具不规则短齿或全缘而波状。花单生于枝叉间或叶腋；花冠管漏斗状，下部直径渐小，向上扩呈喇叭，白色，具5棱，裂片5，三角形。蒴果圆球形或扁球状，外被疏短刺，熟时淡褐色，不规则4瓣裂。花期3 ~ 11月，果期4 ~ 11月。分布于江苏、浙江、福建、湖北、广东、广西、四川、贵州、云南，上海、南京等地有栽培。

博落回 罂粟科

多年生大型草本，基部灌木状，高1～4m。具乳黄色浆汁。茎绿色或红紫色，中空。单叶互生，叶片宽卵形或近圆形，上面绿色，无毛，下面具易落的细绒毛，多白粉，基出脉通常5，边缘波状或波状牙齿。大型圆锥花序多花，生于茎或分枝顶端；萼片狭倒卵状长圆形、船形，黄白色；花瓣无。果倒披针形，扁平，外被白粉。花期6～8月，果期7～10月。分布于江苏、安徽、浙江、江西、福建、台湾、湖北、湖南、广东、海南、广西、四川、贵州、云南等地。

蝎子草 荨麻科

一年生草本，高达1m。茎直立，有棱，伏生硬毛及螫毛；螫毛直立而开展。叶互生；叶柄长2～10cm；叶片圆卵形，先端渐尖或尾状尖，基部圆形或近平截，叶缘有粗锯齿，两面伏生粗硬毛和螫毛。花序腋生，单一或分枝，雌花序生于茎上部；雄花被4深裂；雌花被2裂，上方一片椭圆形，先端有不明显的3齿裂，下方一片线形而小，花序轴上有长螫毛。瘦果宽卵形，表面光滑或有小疣状突起。花期7～8月，果期8～10月。分布于东北、华北及陕西、河南等地。

天竺葵 牻牛儿苗科

多年生草本，高30 ~ 60cm。茎直立，具明显的节，密被短柔毛，具浓裂鱼腥味。叶互生，叶片圆形或肾形，边缘波状浅裂，具圆形齿，两面被透明短柔毛，表面叶缘以内有暗红色马蹄形环纹。伞形花序腋生，花瓣红色、橙红、粉红或白色，宽倒卵形。蒴果长约3cm，被柔毛。花期5 ~ 7月，果期6 ~ 9月。我国各地普遍栽培。

4.复叶

（1）羽状复叶、小叶不裂

委陵菜 蔷薇科

多年生草本，高20 ~ 70cm。基生叶为羽状复叶，小叶5 ~ 15对，上部小叶较长，向下渐变短，无柄；小叶边缘羽状中裂；茎生叶与基生叶相似，叶片对数较少，边缘通常呈齿牙状分裂。伞房状聚伞花序，花瓣5，宽倒卵形，先端微凹，黄色。瘦果卵球形。花、果期4 ~ 10月。我国大部地区有分布。

龙芽草 蔷薇科

多年生草木，高30 ~ 120cm。奇数羽状复叶互生，小叶有大小2种，相间生于叶轴上，小叶几无柄，倒卵形至倒卵状披针形，边缘有急尖至圆钝锯齿。总状花序生于茎顶，花瓣5，长圆形，黄色。瘦果倒卵圆锥形，外面有10条肋，先端有数层钩刺。花果期5 ~ 12月。我国大部分地区有分布。

地榆 蔷薇科

多年生草本，高1 ~ 2m，茎直立，有棱。单数羽状复叶互生，茎生叶有半圆形环抱状托叶，托叶边缘具三角状齿；小叶5 ~ 19片，椭圆形至长卵圆形，边缘具尖圆锯齿。穗状花序顶生，花小，暗紫色，花被4裂，裂片椭圆形或广卵形。瘦果椭圆形或卵形，有4纵棱，呈狭翅状。花、果期6 ~ 9月。我国大部分地区有分布。

长叶地榆 蔷薇科

本种形态，似地榆，小叶带状长圆形至带状披针形。花、果期6～9月。全国大部地区均有分布。

白鲜 芸香科

多年生草本，高达1m。全株有特异的香味。奇数羽状复叶互生；叶轴有狭翼，无叶柄；小叶9～13，叶片卵形至椭圆形，边缘具细锯齿。总状花序顶生，花瓣5，色淡红而有紫红色线条。蒴果，密被腺毛，成熟时5裂，每瓣片先端有一针尖。花期4～5月，果期6月。主产于辽宁、河北、四川、江苏等地。

丹参 唇形科

多年生草本，高30 ~ 100cm。全株密被淡黄色柔毛及腺毛。叶对生，奇数羽状复叶，小叶通常5，顶端小叶最大，侧生小叶较小，小叶片卵圆形至宽卵圆形，边具圆锯齿，两面密被白色柔毛。轮伞花序组成顶生或腋生的总状花序，花冠二唇形，蓝紫色，上唇直立，呈镰刀状，先端微裂，下唇较上唇短，先端3裂，中央裂片较两侧裂片长且大。小坚果长圆形，熟时棕色或黑色。花期5 ~ 9月，果期8 ~ 10月。分布于辽宁、河北、山西、陕西、宁夏、甘肃、山东、江苏、安徽、浙江、福建、江西、河南、湖北、湖南、四川、贵州等地。

南丹参 唇形科

多年生草本，高约1m。茎粗壮，呈钝四棱形，具沟槽，被下向长柔毛。羽状复叶对生有小叶5 ~ 7片，顶生小叶卵圆状披针形，边缘具圆齿状锯齿。轮伞花序组成顶生总状花序或总状圆锥花序；花冠淡紫色、紫色至蓝紫色，冠檐二唇形，上唇略呈镰刀状，下唇稍呈长方形。小坚果椭圆形。花期3 ~ 7月。生于山地、林间、路旁及水边。分布于浙江、江西、福建、湖南、广东及广西等地。

猫尾草 豆科

亚灌木状草本，高1～1.5m。奇数羽状复叶，托叶长三角形；小叶3～5，长椭圆形或卵状披针形，顶端1片较大。总状花序顶生，长15～30cm或更长，粗壮，密被灰白色长硬毛；花冠紫色。荚果3～7节，荚节膨胀，被极短的毛。花期5～6月，果期7～10月。生于山坡、荒地、灌木林边或杂草丛中。分布于福建、广东、海南、广西、云南。

含羞草 豆科

披散状草本，高可达1m。有散生、下弯的钩刺及倒生刚毛。叶对生，羽片通常4，指状排列于总叶柄之顶端；小叶10～20对，触之即闭合而下垂；小叶片线状长圆形。头状花序具长梗，单生或2～3个生于叶腋，直径约1cm；花小，淡红色；花冠钟形，上部4裂，裂片三角形，外面有短柔毛。荚果扁平弯曲，有3～4节，荚缘波状，具刺毛。花期3～4月，果期5～11月。生于旷野、山溪边、草丛或灌木丛中。分布于西南及福建、台湾、广东、海南、广西等地。

膜荚黄芪 豆科

多年生草本，高0.5～1.5m，茎直立，具分枝。单数羽状复叶互生，叶柄基部有披针形托叶；小叶13～31片，卵状披针形或椭圆形，全缘。夏季叶腋抽出总状花序，蝶形花冠淡黄色；花期6～7月。荚果膜质，卵状长圆形；果期7～9月。分布于黑龙江、吉林、辽宁、河北、山西、内蒙古、陕西、甘肃、宁夏、青海、山东、四川和西藏等省区。

蒙古黄芪 豆科

形似膜荚黄芪，惟托叶呈三角状卵形，小叶较多，25～37片。花冠黄色。荚果无毛，有显著网纹。分布于黑龙江、吉林、内蒙古、河北、山西和西藏等省区。

甘草 豆科

多年生草本，高约30～70cm。茎直立，被白色短毛及腺鳞或腺状毛。单数羽状复叶，小叶9～17，小叶片卵圆形、卵状椭圆形或偶近于圆形。总状花序腋生，花冠淡紫堇色，旗瓣大，长方椭圆形，先端圆或微缺，下部有短爪，龙骨瓣直，较翼瓣短，均有长爪。荚果线状长圆形，镰刀状或弯曲呈环状，密被褐色的刺状腺毛。花期6～7月。果期7～9月。分布东北、西北、华北等地。

斜茎黄芪 豆科

多年生草本，高20～100cm。茎多数或数个丛生，直立或斜上。奇数羽状复叶有9～25片小叶，小叶长圆形、近椭圆形或狭长圆形，托叶三角形。总状花序长圆柱状、穗状，花排列密集；花冠近蓝色或红紫色，旗瓣倒卵圆形，先端微凹。荚果长圆形，被黑色、褐色或白色混生毛。花期6～8月，果期8～10月。生于向阳山坡灌丛及林缘地带。分布于东北、华北、西北、西南地区。

华黄芪 豆科

多年生草本，高20 ~ 100cm。茎直立，有条棱。单数羽状复叶互生，小叶21 ~ 31，椭圆形或卵状椭圆形，全缘。总状花序腋生；花多数，花冠黄色。荚果椭圆形，革质，膨胀，密生横纹，成熟后开裂。花期5 ~ 6月。生于山坡、路旁、砂地、河边。分布于河北、河南、山东、内蒙古及东北等地。

达乌里黄芪 豆科

一年生或二年生草本。茎直立，高达80cm。奇数羽状复叶，有11 ~ 19片小叶，小叶长圆形、倒卵状长圆形或长圆状椭圆形。总状花序；花冠紫色，旗瓣近倒卵形。荚果线形。种子淡褐色或褐色，肾形，有斑点，平滑。花期7 ~ 9月，果期8 ~ 10月。生于山坡和河滩草地。分布于东北、华北、西北及山东、河南、四川北部。

小叶野决明 豆科

多年生草本，高达50 ~ 90cm。三出复叶，小叶片倒卵形或长圆状倒披针形，全缘；托叶2，呈叶状，披针形或条形。总状花序顶生，花冠蝶形，黄色，旗瓣圆形，翼瓣长椭圆形，龙骨瓣倒卵状长椭圆形。荚果线状披针形至线形，扁平，茶褐色。花期4月，果期7 ~ 8月。生于田边、路旁、园地内及空旷杂草中。分布于河北、陕西、江苏、安徽、浙江、湖南。

小叶野决明

决明 豆科

一年生半灌木状草本，高0.5 ~ 2m。叶互生，羽状复叶，小叶3对，叶片倒卵形或倒卵状长圆形。成对腋生，最上部的聚生；花冠黄色，花瓣5，倒卵形；花期6 ~ 8月。荚果细长，近四棱形，种子多数，菱柱形或菱形略扁，淡褐色，光亮，两侧各有1条线形斜凹纹；果期8 ~ 10月。分布于我国华东、中南、西南及吉林、辽宁、河北、山西等地。

决明

望江南 豆科

灌木或半灌木，高1～2m。叶互生，偶数羽状复叶，小叶4～5对，叶片卵形至椭圆状披针形，全缘。伞房状总状花序顶生或腋生；花黄色，花瓣5，倒卵形，先端圆形，基部具短狭的爪。荚果扁平，线形，褐色。花期4～8月，果期6～10月。生于河边滩地、旷野或丘陵的灌木林或疏林中。分布于长江以南各地。

茳芒决明 豆科

灌木或半灌木，高1～2m。分枝多，通常被毛。偶数羽状复叶互生，小叶5～10对，叶片卵形、长卵形至椭圆状披针形，边缘有刺毛，上面绿色，下面被白粉，有臭气。伞房状总状花序有少数花，顶生或腋生；花黄色；花瓣5，倒卵形。荚果近圆筒形，膨胀，边缘棕黄色，中间棕色。花期7～9月，果期10～11月。生于山坡路旁或栽培。分布于华东、中南、西南及河北等地。

苦豆子 豆科

直立草本。枝密被灰色绢状毛。叶互生，单数羽状复叶；小叶15～25，灰绿色，矩形，两面被绢毛。总状花序顶生，长12～15cm；花密生；萼密被灰绢毛，顶端有短三角状萼齿；花冠蝶形，黄色。荚果串珠状，长3～7cm，密被细绢状毛，种子淡黄色，卵形。分布于宁夏、甘肃、内蒙古、新疆、西藏等地。

苦参 豆科

落叶半灌木，高1.5～3m。茎直立，多分枝，具纵沟。奇数羽状复叶，互生；小叶15～29，叶片披针形至线状披针形，全缘。总状花序顶生，花冠蝶形，淡黄白色。荚果线形，呈不明显的串珠状。种子近球形，黑色。花期5～7月，果期7～9月。生于沙地或向阳山坡草丛中及溪沟边。分布于全国各地。

落花生 豆科

一年生草本。茎高30 ~ 70cm，匍匐或直立，有棱，被棕黄色长毛。偶数羽状复叶互生，小叶通常4枚，椭圆形至倒卵形。花黄色，花冠蝶形。荚果长椭圆形，种子间常缢缩，果皮厚，革质，具突起网脉。花期6 ~ 7月，果期9 ~ 10月。全国各地均有栽培。

蚕豆 豆科

一年生草本，高30 ~ 180cm。茎直立，不分枝。偶数羽状复叶；托叶大，半箭头状，边缘白色膜质，具疏锯齿，叶轴顶端具退化卷须；小叶2 ~ 6枚，叶片椭圆形或广椭圆形至长形，全缘。总状花序腋生或单生，花冠蝶形，白色，具红紫色斑纹。荚果长圆形，肥厚。种子椭圆形。花期3 ~ 4月，果期6 ~ 8月。全国各地广为栽培。

接骨草 忍冬科

高大草本或半灌木，高达2m。茎有棱条，髓部白色。奇数羽状复叶对生，小叶5～9，小叶片披针形，边缘具细锯齿。大型复伞房花序顶生，具由不孕花变成的黄色杯状腺体；花冠辐状，花冠裂片卵形，反曲。浆果红色，近球形。花期4～5月，果期8～9月。生于林下、沟边或山坡草丛，也有栽种。分布于河北、陕西、甘肃、青海、江苏、安徽、浙江、江西、福建、台湾、湖北、湖南、广东、广西、四川、贵州、云南等地。

东北土当归 五加科

多年生草本，高约1m。叶互生；二至三回羽状复叶，有小叶3～7，叶片顶生者倒卵形或椭圆状倒卵形，侧生者长圆形、椭圆形至卵形，边缘有不整齐的锯齿。伞形花序集成大形圆锥花序；花瓣5，三角状卵形。花期7～8月，果期8～9月。分布于东北、华北及陕西、河南、四川、西藏等地。

歪头菜 豆科

多年生草本，高可达1m。幼枝被淡黄色柔毛。羽状复叶，互生，小叶2枚，卵形至菱形，边缘粗糙；卷须不发达而变为针状。总状花序腋生，花冠紫色或紫红色。荚果狭矩形，两侧扁。花期6～8月。果期9月。生于草地、山沟、林缘或向阳的灌丛中。我国大部分地区有分布。

（2）三复叶、小叶不裂

大叶铁线莲 毛茛科

直立草本或半灌木。高0.3～1米。茎粗壮，有明显的纵条纹，密生白色糙绒毛。三出复叶；小叶片亚革质或厚纸质，卵圆形，宽卵圆形至近于圆形，边缘有不整齐的粗锯齿。聚伞花序顶生或腋生，每花下有一枚线状披针形的苞片；花直径2～3cm，花萼下半部呈管状，顶端常反卷；萼片4枚，蓝紫色，长椭圆形至宽线形，常在反卷部分增宽。瘦果卵圆形。花期8月至9月，果期10月。常生于山坡沟谷、林边及路旁的灌丛中。分布于湖南、湖北、陕西、河南、安徽、浙江、江苏、山东、河北、山西、辽宁、吉林东部。

淫羊藿 小檗科

多年生草本，高30～40cm。茎直立，有棱。无基生叶。茎生叶2，生于茎顶；有长柄；二回三出复叶，小叶9，宽卵形或近圆形，边缘有刺齿；顶生小叶基部裂片圆形，均等，两侧小叶基部裂片不对称，内侧圆形，外侧急尖。圆锥花序顶生，花白色，花瓣4，近圆形，具长距。蓇葖果纺锤形，成熟时2裂。花期4～5月，果期5～6月。分布黑龙江、吉林、辽宁、山东、江苏、江西、湖南、广西、四川、贵州、陕西、甘肃。

箭叶淫羊藿 小檗科

多年生草本，高30～50cm。根茎匍行呈结节状。根出叶1～3枚，3出复叶，小叶卵圆形至卵状披针形，先端尖或渐尖，边缘有细刺毛，基部心形，侧生小叶基部不对称，外侧裂片形斜而较大，三角形，内侧裂片较小而近于圆形；茎生叶常对生于顶端，形与根出叶相似，基部呈歪箭状心形，外侧裂片特大而先端渐尖。花多数，聚成总状或下部分枝而成圆锥花序，花小，花瓣有短距或近于无距。花期2～3月。果期4～5月。生于山坡竹林下或路旁岩石缝中。分布于浙江、安徽、江西、湖北、四川、台湾、福建、广东、广西等地。

三叶委陵菜 蔷薇科

多年生草本，高约30cm。茎细长柔软，有时呈匍匐状。3出复叶；基生叶的小叶椭圆形、矩圆形，边缘有钝锯齿，连叶柄长4 ~ 30cm；茎生叶小叶片较小。总状聚伞花序顶生，花黄色，花瓣5，倒卵形，顶端微凹；花期4 ~ 5月。分布于四川、湖南、河北、江苏、浙江、福建等地。

朝天委陵菜 蔷薇科

一年生或二年生草本，茎平展，上升或直立。基生叶羽状复叶，有小叶2 ~ 5对，小叶片长圆形或倒卵状长圆形，边缘有圆钝或缺刻状锯齿；茎生叶与基生叶相似。伞房状聚伞花序，花瓣5，黄色，倒卵形，顶端微凹。花、果期3 ~ 10月。生于田边、路旁、沟边或沙滩等湿润草地。分布于东北、华北、西南、西北及河南、山东、江西等省区。

白花鬼针草 菊科

一年生直立草本，高30～100cm。茎钝四棱形。叶对生，茎下部叶较小，3裂或不分裂；中部叶具无翅的柄，三出，小叶常为3枚，两侧小叶椭圆形或卵状椭圆形，边缘有锯齿，顶生小叶较大，长椭圆形或卵状长圆形。头状花序；舌状花5～7枚，舌片椭圆状倒卵形，白色，先端钝或有缺刻；盘花筒状，冠檐5齿裂。瘦果黑色，条形，先端芒刺3～4枚，具倒刺毛。生于村旁、路边及旷野。分布于华东、中南、西南及西藏等地。

白花鬼针草

羽扇豆 豆科

一年生草本，高20～70cm。茎上升或直立，基部分枝，全株被棕色或锈色硬毛。掌状复叶，小叶5～8枚，小叶倒卵形、倒披针形至匙形。总状花序顶生，花冠蓝色，旗瓣和龙骨瓣具白色斑纹。荚果长圆状线形，密被棕色硬毛。种子卵形，扁平，黄色，具棕色或红色斑纹，光滑。花期3～5月，果期4～7月。我国多地有栽培。

羽扇豆

大叶千斤拔 豆科

自立半灌木，高1～3m。嫩枝密生黄色短柔毛。三出复叶互生，顶生小叶宽披针形，基出脉3条，侧生小叶较小，偏斜，基出脉2条。总状花序腋生，花多而密，花序轴及花梗均密生淡黄色短柔毛；花冠紫红色。荚果椭圆形，褐色，有短柔毛。种子1～2颗，球形，黑色。花期6～8月，果期7～9月。生于空旷山坡上或山溪水边。分布于江西、福建、广东、海南、广西、贵州、云南等地。

猪屎豆 豆科

直立草本。叶互生，三出复叶，小叶片倒卵状长圆形或窄椭圆形。总状花序顶生及腋生，有花20～50朵；萼筒杯状，先端5裂，裂片三角形。蝶形花冠，黄色，旗瓣嵌以紫色条纹。荚果长圆形，下垂，果瓣开裂时扭转。花、果期6～10月。分布于山东、浙江、福建、台湾、湖南、广东、广西、四川、云南等地。

草木犀 豆科

二年生或一年生草本。茎直立，多分枝，高50～120cm。羽状三出复叶，小叶椭圆形或倒披针形，叶缘有疏齿。总状花序腋生或顶生，长而纤细，花小，花萼钟状，具5齿，花冠蝶形，黄色，旗瓣长于翼瓣。荚果卵形或近球形，成熟时近黑色，具网纹，含种子1粒。分布于内蒙古、黑龙江、吉林、辽宁、河北、河南、山东、山西、陕西、甘肃、青海、西藏、江苏、安徽、江西、浙江、四川和云南等省区。

草木犀

白花草木犀 豆科

一年生草本，高70～200cm。茎直立，圆柱形，多分枝。三出复叶，小叶长圆形或倒披针状长圆形，边缘疏生浅锯齿，顶生小叶稍大，具较长小叶柄，侧小叶叶柄短。总状花序腋生，花冠白色。荚果椭圆形至长圆形，表面脉纹网状。花期5～7月，果期7～9月。分布于东北、华北、西北及西南各地。

白花草木犀

苜蓿 豆科

多年生草本，茎高30～100cm，直立或匍匐。3出复叶，小叶片倒卵状长圆形，仅上部尖端有锯齿，叶柄长而平滑，托叶大。花梗由叶腋抽出，花有短柄；8～25朵形成簇状的总状花序；花冠紫色；花期5～6月。荚果螺旋形，2～3绕不等，黑褐色，不开裂；种子肾形，黄褐色，很小。生于旷野和田间。我国大部分地区有分布。

红车轴草 豆科

多年生草本。茎粗壮，具纵棱。掌状三出复叶，小叶卵状椭圆形至倒卵形，先端钝，有时微凹，叶面上常有"V"字形白斑。花序球状或卵状，顶生；花密集，花冠紫红色至淡红色。荚果卵形。花果期5～9月。我国南北各省区均有种植。

(3) 复叶、小叶裂

多裂委陵菜 蔷薇科

多年生草本。基生叶羽状复叶，有小叶3～5对，小叶片对生，羽状深裂，裂片带形或带状披针形；茎生叶与基生叶形状相似，惟小叶对数向上逐渐减少。伞房状聚伞花序，花瓣黄色，倒卵形，顶端微凹。瘦果平滑或具皱纹。花期5～8月。生山坡草地，沟谷及林缘。分布于黑龙江、吉林、辽宁、内蒙古、河北、陕西、甘肃、青海、新疆、四川、云南、西藏。

二裂委陵菜 蔷薇科

多年生草本或亚灌木，高5～20cm。羽状复叶，小叶5～8对，常对生，最上面2～3对小叶基部下延与叶轴汇合；叶柄被疏柔毛或微硬毛，小叶片无柄；小叶片椭圆形或倒卵椭圆形，先端常2裂，基部楔形或宽楔形，两面被伏生疏柔毛。聚伞花序近伞房状，顶生；花瓣5，倒卵形，先端圆钝，黄色。瘦果表面光滑。花、果期5～9月。生于道旁、沙滩、山坡草地、黄土坡、半干旱荒漠草原及疏林下。分布于东北、华北、西北及四川等地。

路边青 蔷薇科

多年生草本。茎直立，高30～100cm。基生叶为大头羽状复叶，通常有小叶2～6对，小叶大小极不相等，顶生小叶最大，菱状广卵形或宽扁圆形，边缘常浅裂，有不规则粗大锯齿，两面疏生粗硬毛；茎生叶羽状复叶，向上小叶逐渐减少，顶生小叶披针形或倒卵披针形。花序顶生，疏散排列；花瓣黄色，几圆形。聚合果倒卵球形。花果期7～10月。生山坡草地、沟边、河滩、地边、林间隙地及林缘。分布于黑龙江、吉林、辽宁、内蒙古、山西、陕西、甘肃、新疆、山东、河南、湖北、四川、贵州、云南、西藏。

牻牛儿苗 牻牛儿苗

草本，高10～50cm，茎平铺地面或斜升。叶对生，二回羽状深裂，羽片5～9对，基部下延，小羽片条形。伞形花序；花瓣5，倒卵形，淡紫色或蓝紫色。蒴果先端具长喙。花期4～8月，果期6～9月。生于山地阔叶林林缘、灌丛、荒山草坡。分布长江中下游以北的华北、东北、西北、四川西北和西藏。

天葵 毛茛科

基生叶多数，为掌状三出复叶；叶片轮廓卵圆形至肾形；小叶扇状菱形或倒卵状菱形，三深裂，深裂片又有2～3个小裂片。茎生叶与基生叶相似，较小。花梗纤细；萼片白色，常带淡紫色，狭椭圆形；花瓣匙形，顶端近截形。蓇葖果卵状长椭圆形，表面具凸起的横向脉纹。3～4月开花，4～5月结果。生于疏林下、路旁或山谷地的阴处。分布于四川、贵州、湖北、湖南、广西北部、江西、福建、浙江、江苏、安徽、陕西南部。

东亚唐松草 毛茛科

多年生草本，高1～1.5m。茎直立，有分枝。叶互生；叶柄基部有狭鞘；茎中部叶为三至四回三出羽状复叶；小叶纸质或薄革质，倒卵形、宽倒卵形或近圆形，先端3浅裂，或5裂齿，上面暗绿色，下面有白粉，呈粉绿色。圆锥花序黄绿色，花瓣无。花期6～7月，果期7～9月。生于丘陵、山地林边或山谷沟边。分布于东北、华北及陕西、山东、江苏、安徽、河南、湖北、湖南、广东、四川、贵州。

箭头唐松草 毛茛科

直立草本，茎高54～100cm。茎生叶为二回羽状复叶，小叶圆菱形、菱状宽卵形或倒卵形，三裂，裂片顶端钝或圆形，有圆齿。圆锥花序；萼片4，早落，狭椭圆形。瘦果狭椭圆球形或狭卵球形，有8条纵肋。7月开花。分布于我国新疆、内蒙等地区。

贝加尔唐松草 毛茛科

多年生草本，茎高50～120cm。3回3出复叶，小叶草质，顶生小叶宽菱形、扁菱形或菱状宽倒卵形，基部宽楔形或近圆形，3浅裂，裂片有圆齿；叶轴基部扩大呈耳状，抱茎。复单歧聚伞花序近圆锥状，萼片4，绿白色，早落，椭圆形或卵形。瘦果卵球形或宽椭圆球形，有8条纵肋。5～6月开花。生于山地林下或湿润草坡。分布在甘肃、青海、陕西、河南、山西、河北、内蒙古和东北。

打破碗碗花 毛茛科

一年生草本，高20～120cm。三出复叶，中央小叶较大，小叶片卵形或宽卵形，不分裂或3～5浅裂，边缘有粗锯齿，侧生小叶较小，斜卵形，2浅裂或不裂，边缘具粗锯齿。聚伞花序，二至三回分枝；萼片5，花瓣状，紫红色，倒卵形；花瓣无。聚合果球形。花期7～9月，果期9～11月。生于低山、丘陵草坡或沟边。分布于陕西南部、甘肃、浙江、江西、湖北北部、广东北部、广西北部、四川、贵州、云南东部。

大火草 毛茛科

多年生草本，高40～150cm，全株被白色茸毛。3出复叶；基生叶具长柄，中央小叶卵圆形或为不规则卵圆形，2裂，各裂片又具浅裂，边缘有锯齿；两侧小叶较小，基部斜；茎生叶每节2～3，对生或轮生，似基生叶。花梗细长，被白色茸毛；花被片5，倒卵形，先端圆、凹或凸，白色或带粉红色。瘦果长约3mm，密生长绵毛。花期7～10月。分布于山西、河北、陕西、河南、甘肃、四川、云南等地。

耧斗菜 毛茛科

多年生直立草本，高15～50cm。基生叶二回三出复叶，中央小叶楔状倒卵形，宽与长几相等或更宽，上部3裂，裂片具2～3圆齿，侧生小叶与中央小叶相近；茎生叶数枚，一至二回三出复叶，上部叶较小。单歧聚伞花序，3～7朵花，微下垂；苞片3全裂；花两性，萼片5，花瓣状，黄绿色，长椭圆状卵形。蓇葖果长1.5cm，种子狭倒卵形，黑色，具微凸起的纵棱。花期5～7月，果期6～8月。分布于东北、华北及陕西、宁夏、甘肃、青海等地。

紫花耧斗菜 毛茛科

形态与耧斗菜相似，仅萼片暗紫色或紫色。分布于青海东部、山西、山东东部、河北、内蒙古、辽宁南部。生山谷林中或沟边多石处。

华北耧斗菜 毛茛科

茎高40 ~ 60cm。基生叶为一或二回三出复叶，小叶菱状倒卵形或宽菱形，三裂，边缘有圆齿。茎中部叶通常为二回三出复叶；上部叶为一回三出复叶。花瓣紫色，瓣片顶端圆截形。蓇葖果。5 ~ 6月开花。生山地草坡或林边。分布于四川、陕西、河南、山西、山东、河北和辽宁西部。

荷包牡丹 毛茛科

多年生草本，高30 ~ 60cm。叶对生，具长柄，叶片二回三出全裂，一回裂片具长柄；二回裂片2或3裂，裂片卵形或楔形，全缘或具1 ~ 3裂。总状花序顶生或腋生，花生于一侧，弯垂；花瓣4枚，外侧2枚蔷薇色，下部心形，囊状，上部变狭，向外反曲。蒴果细长。花期5月，果期5 ~ 6月。东北及内蒙古、河北及西北各地有栽培。

兴安升麻 毛茛科

多年生草本，高达1m余。茎直立，单一。2回3出复叶，小叶片卵形至卵圆形，中央小叶片再3深裂或浅裂，边缘有深锯齿。圆锥状复总状花序，萼片花瓣状，白色，宽椭圆形或宽倒卵形。蓇葖果5，种子多数。花期7～8月。果期9月。分布于黑龙江、吉林、辽宁、河北、湖北、四川、山西、内蒙古等地。

白头翁 毛茛科

多年生草本，高15～35cm，全株密被白色长柔毛。叶基生，3出复叶，小叶再分裂，裂片倒卵形，先端有1～3个不规则浅裂。花单一，顶生；花茎根出；花被6，排列为内外2轮，紫色，瓣状，卵状长圆形或圆形，外被白色柔毛。瘦果密集成头状，花柱宿存，长羽毛状。花期3～5月，果期5～6月。分布于东北、华北及陕西、甘肃、山东、江苏、安徽、河南、湖北、四川。

芍药 毛茛科

多年生草本，高40～70cm。茎直立，上部分枝。叶互生，茎下部叶为二回三出复叶，上部叶为三出复叶；小叶狭卵形、椭圆形或披针形，边缘具白色软骨质细齿。花数朵生茎顶和叶腋，花瓣9～13，倒卵形，白色，栽培品花瓣各色并具重瓣。蓇葖果卵形或卵圆形。花期5～6月，果期6～8月。全国大部分地区有分布。

牡丹 毛茛科

落叶小灌木，高1～2m。茎直立。叶互生，纸质；叶通常为二回三出复叶，近枝顶的叶为三小叶，顶生小叶常深3裂。花单生枝顶，花瓣5，或为重瓣，紫色、红色、粉红色、玫瑰色或白色。蓇葖果长圆形。花期4～5月，果期6～7月。全国各地均有栽培。

紫堇 罂粟科

一年生草本，高10～30cm。茎直立，自下部起分枝。基生叶，有长柄；叶片轮廓卵形至三角形，二至三回羽状全裂，一回裂片5～7枚，有短柄，二或三回裂片轮廓倒卵形，近无柄，末回裂片狭卵形。总状花序顶生或与叶对生，疏着花5～8朵；花冠淡粉紫红色。蒴果条形。种子扁球形，黑色，有光泽，密生小凹点。花期3～4月，果期4～5月。分布于华东及河北、山西、陕西、甘肃、河南、湖北、四川、贵州等地。

地丁紫堇 罂粟科

多年生草本，高10～30cm。茎3～4条，丛生。茎生叶互生，二至三回羽状全裂，末裂片倒卵形，上部常2浅裂成3齿。总状花序顶生；苞片叶状，羽状深裂；花淡紫色，长10～12mm；花瓣4，外轮2瓣先端兜状，中下部狭细成距，内轮2瓣形小。蒴果狭扁椭圆形。种子扁球形，黑色。花期4～5月，果期5～6月。生于旷野、宅旁草丛中或丘陵、山坡疏林下。分布于内蒙古、宁夏、甘肃、陕西、山西、山东、河北、辽宁、河南等地。

小花黄堇 罂粟科

一年生草本，高10～55cm，具恶臭。茎直立，多分枝。叶互生，2～3回羽状全裂，末回裂片卵形，先端钝圆，边缘羽状深裂。总状花序顶生或腋生，花冠黄色，外轮上花瓣不具鸡冠状突起。蒴果条形。花期3～4月，果期4～5月。生于旷野山坡、墙根沟畔。广泛分布于长江流域中、下游和珠江流域等地。

白屈菜 罂粟科

多年生草本，高30～100cm，含橘黄色乳汁。茎直立，多分枝，有白粉，具白色细长柔毛。叶互生，一至二回奇数羽状分裂；基生叶裂片5～8对，裂片先端钝，边缘具不整齐缺刻；茎生叶裂片2～4对，边缘具不整齐缺刻。花数朵，排列成伞形聚伞花序；花瓣4枚，卵圆形或长卵状倒卵形，黄色。蒴果长角形，成熟时由下向上2瓣。花期5～8月，果期6～9月。生于山谷湿润地、水沟边、绿林草地或草丛中。分布于东北、华北、西北及江苏、江西、四川等地。

麻叶荨麻 荨麻科

多年生草本。茎高达150cm，有棱，生螯毛和紧贴的微柔毛。叶对生，叶片轮廓五角形，3深裂或3全裂，1回裂片再羽状深裂，两面疏生短柔毛，下面疏生螯毛。雌雄同株或异株，同株者雄花序生于下方。花序长达12cm，雄花序多分枝；雄花花被片4；雌花花被片4，深裂，花后增大，包着果实。瘦果卵形，灰褐色，光滑。花期7～8月，果期8～9月。分布于东北、华北、西北等地。

胡萝卜 伞形科

一年生草本。根肉质，长圆锥形，呈橙红色或黄色。基生叶二至三回羽状全裂，末回裂片线形或披针形；茎生叶末回裂片小或细长。复伞形花序；总苞片多数，呈叶状，羽状分裂，裂片线形；花白色，有时带淡红色。果实卵圆形，棱上有白色刺毛。花期5～7月。全国各地均有栽培。

野胡萝卜 伞形科

一年生草本，高20 ~ 120cm。全株被白色粗硬毛。基生叶薄膜质，长圆形，二至三回羽状全裂，末回裂片线形或披针形；茎生叶近无柄，有叶鞘，末回裂片小而细长。复伞形花序顶生，总苞片多数，叶状，羽状分裂，裂片线形；花通常白色，有时带淡红色。双悬果长卵形具棱，棱上有翅，棱上有短钩刺或白色刺毛。花期5 ~ 7月，果期6 ~ 8月。分布于江苏、安徽、浙江、江西、湖北、四川、贵州等地。

拐芹 伞形科

多年生草本，高0.5 ~ 1.5cm。茎单一，有浅沟纹，节处常为紫色。叶二至三回三出分裂，第一回和第二回裂片有长叶柄；末回裂片卵形或菱状长圆形，3裂，两侧裂片又多为不等的2深裂，边缘有大小不等的缺刻状深齿，齿端有锐尖头。复伞形花序，花瓣匙形至倒卵形，白色。果实长圆形，基部凹入。花期8 ~ 9月，果期9 ~ 10月。生于山沟溪流旁、杂木林下。分布于东北及河北、山东、江苏等地。

鸭儿芹 伞形科

多年生直立草本，高30～100cm。茎光滑，具叉状分枝。基生叶及茎下部叶有长叶柄，通常为3小叶，小叶片边缘均有不规则的尖锐重锯齿；最上部的叶近无柄；小叶片卵状披针形至窄披针形，边缘有锯齿。复伞形花序呈疏松的圆锥状；花瓣白色，倒卵形。分生果线状长圆形。花期4～5月，果期6～10月。分布于河北、山西、陕西、甘肃、安徽、江苏、浙江、福建、江西、广东、广西、湖北、湖南、四川、贵州、云南等地。

隔山香 伞形科

多年生草本，高50～130cm。全株光滑无毛。茎单生，上部分枝。基生叶及茎生叶均为二至三回羽状分裂，末回裂片长圆披针形至长披针形，叶柄基部膨大为短三角形的鞘。复伞形花序顶生或侧生，花白色，花瓣倒卵形。双悬果广卵圆形，背棱有狭翅。花期6～8月，果期8～10月。生于山坡、灌木林下、林缘、草丛中。分布于浙江、江西、福建、湖南、广东、广西等地。

防风 伞形科

多年生草本，高30 ~ 80cm。茎单生，2歧分枝。基生叶丛生，有扁长的叶柄，三角状卵形，2 ~ 3回羽状分裂，最终裂片条形至披针形；顶生叶简化，具扩展叶鞘。复伞形花序顶生；花瓣5，白色。双悬果卵形。花期8 ~ 9月；果期9 ~ 10月。生于草原、丘陵和多石砾山坡上。分布于东北、华北及陕西、甘肃、宁夏、山东等地。

蛇床 伞形科

一年生直立草本，高20 ~ 80cm，茎表面具深纵条纹。根生叶二至三回三出式羽状全裂；末回裂片线形至线状披针形，茎上部的叶和根生叶相似，但叶柄较短。复伞形花序顶生或侧生，花瓣5，白色，倒卵形，先端凹。双悬果椭圆形，果棱成翅状。花期4 ~ 6月，果期5 ~ 7月。生于低山坡、田野、路旁、沟边、河边湿地。分布几遍全国各地。

白花前胡 伞形科

多年生直立草本，高30～120cm。基生叶有长柄，基部扩大成鞘状，抱茎；叶片三出或二至三回羽状分裂，第一回羽片2～3对，最下方的1对有长柄，其他有短柄或无柄；末回裂片菱状倒卵形，边缘具不整齐的3～4粗或圆锯齿；茎生叶和基生叶相似，较小；茎上部叶无柄，叶片三出分裂，裂片狭窄，基部楔形，中间一枚基部下延。复伞形花序顶生或侧生；花瓣5，白色，广卵形至近圆形。双悬果卵圆形，背棱线形稍突起，侧棱呈翅状。花期7～9月，果期10～11月。野生于向阳山坡草丛中。分布于山东、陕西、安徽、江苏、浙江、福建、广西、江西、湖南、湖北、四川等地。

紫花前胡 伞形科

多年生草本，高1～2m。茎直立，圆柱形，紫色。根生叶和茎生叶有长柄基部膨大成圆形的紫色叶鞘，叶片1～2回羽状全裂，1回裂片3～5片，再3～5裂，叶轴翅状，顶生裂片和侧生裂片基部连合，基部下延成翅状，最终裂片狭卵形或长椭圆形，有尖齿；茎上部叶简化成叶鞘。复伞形花序顶生，总苞卵形，紫色；花瓣深紫色，长卵形。双悬果椭圆形，背棱和中棱较尖锐，呈丝线状，侧棱发展成狭翅。花期8～9月。果期9～10月。分布于山东、河南、安徽、江苏、浙江、广西、江西、湖南、湖北、四川、台湾等地。

藁本 伞形科

多年生直立草本。茎表面有纵直沟纹。叶互生，三角形，2回羽状全裂，最终裂片3～4对，卵形，边缘具不整齐的羽状深裂，茎上部的叶具扩展叶鞘。复伞形花序；花小，花瓣5，白色。双悬果广卵形，分果具5条果棱。花期7～8月，果期9～10月。野生于向阳山坡草丛中或润湿的水滩边。分布河南、陕西、甘肃、江西、湖北、湖南、四川、山东、云南等地。

辽藁本 伞形科

多年生草本，高15～60cm。根茎短。茎直立，通常单一，中空，表面具纵棱，常带紫色。基生叶在花期时凋落；茎生叶互生，在下部和中部的叶有长柄；叶片全形为广三角形，通常为3回3出羽状全裂，最终裂片卵形或广卵形，先端短渐尖，基部楔形，或近圆形，边缘有少数缺刻状牙齿；茎上部的叶较小，叶柄鞘状，2回3出羽状全裂。复伞形花序顶生；伞梗6～19个；花瓣5，白色，椭圆形。双悬果椭圆形。花期7～9月。果期9～10月。生于山地林缘以及多石砾的山坡林下。分布吉林、辽宁、河北、山东、山西等地。

川芎 伞形科

多年生直立草本，高40 ~ 70cm，全株有浓烈香气。茎下部的节膨大成盘状，中部以上的节不膨大。茎下部叶具柄，基部扩大成鞘；叶片三至四回三出式羽状全裂，羽片4 ~ 5对，卵状披针形，末回裂片线状披针形至长卵形，顶端有小尖头，茎上部叶渐简化。复伞形花序顶生或侧生，花瓣白色，倒卵形至椭圆形。幼果两侧扁压。花期7 ~ 8月，幼果期9 ~ 10月。分布四川、贵州、云南一带，多为栽培。

母菊 菊科

一年生草本，高30 ~ 40cm。下部叶矩圆形或倒披针形，二回羽状全裂，无柄，基部稍扩大，裂片条形，顶端具短尖头。上部叶卵形或长卵形。头状花序异型，在茎枝顶端排成伞房状；花托长圆锥状，中空。舌状花1列，舌片白色，反折；管状花多数，花冠黄色。瘦果小，淡绿褐色。花果期5 ~ 7月。新疆北部和西部有野生。北京和上海等地庭园有栽培。

秋英 菊科

一年生或多年生草本，高1 ~ 2m。叶二回羽状深裂，裂片线形或丝状线形。头状花序单生；舌状花紫红色、粉红色或白色；舌片椭圆状倒卵形；管状花黄色。瘦果黑紫色。花期6 ~ 8月，果期9 ~ 10月。我国多地广泛栽培，在路旁、田埂、溪岸也常自生。

菊蒿 菊科

多年生草本，高30 ~ 150cm。茎直立，仅上部有分枝。茎生叶二回羽状分裂。一回为全裂，侧裂片达12对；二回为深裂，二回裂片卵形、线状披针形、斜三角形或长椭圆形。头状花序多数在茎枝顶端排成稠密的伞房或复伞房花序。全部小花管状，边缘雌花比两性花小。花果期6 ~ 8月。分布于黑龙江及新疆。

小花鬼针草 菊科

一年生草本，高20～90cm。茎下部圆柱形，有条纹，中上部常为钝四方形。叶对生，叶二至三回羽状分裂，第1次分裂深达中肋，裂片再次羽状分裂，小裂片具1～2个粗齿或再作第三回羽裂，最后一次裂片线形或线状披针形；上部叶互生，二回或一回羽状分裂。头状花序单生，无舌状花，花冠筒状。瘦果线形，略具4棱，两端渐狭，有小刚毛，顶端芒刺2枚，有倒刺毛。分布于东北、华北、华东、西南及陕西、甘肃、河南。

蓝刺头 菊科

多年生草本，高约1m。茎直立，不分枝或少分枝，上部密生白绵毛。叶互生，二回羽状分裂或深裂，边缘短刺；基生叶有长柄，上部叶渐小，长椭圆形至卵形，基部抱茎。复头状花序，集合成圆球形，外总苞片刚毛状；花冠筒状，裂片5，条形，淡蓝色，筒部白色。花期7～9月，果期10月。

白苞蒿 菊科

多年生草本，高60 ~ 150cm。茎直立，有纵棱，上部多分枝。叶互生，下部叶花期枯萎；中部叶二回或一至二回羽状全裂，裂片卵形、长卵形、倒卵形或椭圆形；上部叶羽状深裂或全裂。头状花序长圆形，在分枝的小枝上排成密穗状花序，在分枝上排成复穗状花序，而在茎上端组成圆锥花序；花杂性，外层雌花3 ~ 6朵，中央两性花，均为管状。瘦果椭圆形。花、果期8 ~ 11月。生于林下、林缘、路旁、山坡草地及灌丛下。分布于华东、中南、西南等地。

茵陈蒿 菊科

多年生直立草本，高0.5 ~ 1m，幼时全体有褐色丝状毛。营养枝上的叶2 ~ 3回羽状裂或掌状裂，小裂片线形或卵形，密被白色绢毛；花枝上的叶无柄，羽状全裂，裂片呈线形或毛管状，基部抱茎，绿色，无毛。头状花序多数，密集成圆锥状；花淡紫色。瘦果长圆形。花期9 ~ 10月。果期11 ~ 12月。全国各地均有分布。

青蒿 菊科

一年生直立草本，高40～150cm，全株具较强挥发油气味。茎生叶互生，为三回羽状全裂，裂片短细。头状花序细小，球形，多数组成圆锥状；管状花，黄色。瘦果椭圆形。花期8～10月，果期10～11月。全国大部地区均有分布。

芸香 芸香科

多年生木质草本，高可达1m。全株无毛但多腺点。叶互生，二至三回羽状全裂至深裂；裂片倒卵状长圆形、倒卵形或匙形，全缘或微有钝齿。聚伞花序顶生或腋生；花两性，金黄色花瓣4～5，边缘细撕裂状。蒴果4～5室；种子有棱，种皮有瘤状突起。花期4～5月，果期6～7月。我国南部多有栽培。

播娘蒿 十字花科

一年生直立草本，高30～70cm，全体被柔毛，茎上部多分枝，较柔细。叶互生，2～3回羽状分裂，最终的裂片狭线形。总状花序顶生，花瓣4，黄色，匙形；花期4～6月。长角果线形；果期5～7月。生于田野间。分布于东北、华北、西北、华东、西南等地。

（二）无明显地上茎或茎生叶较小不明显

1. 卵圆形单叶

紫花地丁 堇菜科

多年生草本，无地上茎，高4～14cm。根状茎短，垂直，有数条淡褐色或近白色的细根。叶多数，基生，莲座状；叶片下部者通常较小，呈三角状卵形或狭卵形，上部者较长，呈长圆形、狭卵状披针形或长圆状卵形。花紫堇色或淡紫色，喉部色较淡并带有紫色条纹，花瓣倒卵形或长圆状倒卵形。蒴果长圆形，种子卵球形，淡黄色。花果期4～9月。生于田间、荒地、山坡草丛、林缘或灌丛中。分布于全国大部分地区。

犁头草 堇菜科

多年生草本。主根粗短，白色。叶丛生，长卵形至三角状卵形，先端钝，基部心形，边缘具钝锯齿，下面稍带紫色。花梗长6～12cm，中部有线状小苞片2枚。花两性，花萼5，披针形，附属物上常有钝齿；花瓣5，紫色，倒卵状椭圆形。蒴果长圆形，裂瓣有棱沟。花期4月。果期5～8月。生长于山野、路旁向阳或半阴处。分布江苏、浙江、安徽、江西、湖南、福建、台湾等地。

北点地梅 报春花科

一年生草本。莲座状叶丛生，叶片倒披针形或长圆状披针形，通常中部以上叶缘具稀疏锯齿。花葶1至多数，直立；伞形花序，花冠白色，高脚碟状，5裂，裂片倒卵状长圆形。蒴果倒卵状球形，先端5瓣裂。花期6月，果期7月。生于草原、山地阳坡和沟谷中。分布于黑龙江、内蒙古、河北、甘肃、青海、新疆、西藏等地。

瓦韦 水龙骨科

植株高6 ~ 20cm。根茎粗而横生，密被黑色鳞片，下部卵形，顶部长钻形，边缘有齿。叶远生，有短柄或几无柄；叶片革质，条状披针形，叶脉不明显。生于林中树干、石上或瓦缝中。分布于华东、西南及陕西、台湾、广东、广西等地。

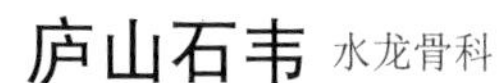

庐山石韦 水龙骨科

植株高20 ~ 50cm。根状茎粗壮，横卧，密被线状棕色鳞片。叶近生，一型；叶柄粗壮，基部密被鳞片；叶片椭圆状披针形，近基部处为最宽，向上渐狭，渐尖头，顶端钝圆，基部近圆截形或心形，全缘，上面淡灰绿色或淡棕色，布满洼点，下面棕色，被厚层星状毛。主脉粗壮，两面均隆起，侧脉可见。孢子囊群呈不规则的点状，排列于侧脉间，布满基部以上的叶片下面。生于石上、树干上。分布于长江以南各省区。

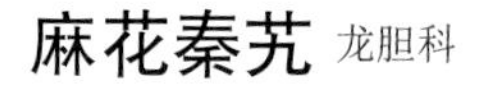

麻花秦艽 龙胆科

多年生草本，高10～20cm。基生叶多丛生，无柄，叶片较大，披针形，先端尖，全缘，主脉5条；茎生叶对生，较小。聚伞花序，花冠管状，黄色，漏斗形，先端5裂，裂片卵圆形。蒴果，开裂为2个果瓣，椭圆状披针形。花期7～9月，果期8～10月。分布于陕西、甘肃、内蒙古、四川等地。

鸭舌草 雨久花科

多年生草本，高10～30cm。近直立。叶互生；叶柄10～20cm，基部扩大成开裂的鞘；叶片卵状至卵状披针形，先端短尖，基部圆形或略呈心形。总状花序从叶鞘中抽出，花3～6朵；花被钟状，6深裂，蓝紫色。蒴果长卵形，室背开裂，种子多数。花果期8～9月。生于潮湿地或稻田中。分布于全国各地。

车前 车前科

多年生草本，具须根。叶根生，具长柄；叶片卵形或椭圆形，全缘或呈不规则波状浅齿，通常有5～7条弧形脉。花茎数个，高12～50cm；穗状花序，花淡绿色，花冠小。蒴果卵状圆锥形。花期6～9月。果期7～10月。分布全国各地。

平车前 车前科

与车前相似，主要区别为植株具圆柱形直根。叶片椭圆形、椭圆状披针形或卵状披针形，基部狭窄。

地黄 玄参科

多年生草本，高10～40cm。全株被灰白色长柔毛及腺毛。茎直立。基生叶成丛，叶片倒卵状披针形，叶面多皱，边缘有不整齐锯齿；茎生叶较小。花茎直立，总状花序；花冠筒状，紫红色或淡紫红色，有明显紫纹，先端5浅裂，略呈二唇形。蒴果卵形或长卵形。花期4～5月，果期5～6月。分布于河南、河北、内蒙古及东北。

通泉草 玄参科

一年生草本，高3～30cm。本种在体态上变化幅度很大，茎1～5支或有时更多，直立，上升或倾卧状上升。基生叶倒卵状匙形至卵状倒披针形，基部下延成带翅的叶柄，边缘具不规则的粗齿或基部有1～2片浅羽裂；茎生叶对生或互生，少数。总状花序生于茎、枝顶端；花冠白色、紫色或蓝色，上唇裂片卵状三角形，下唇中裂片较小，稍突出，倒卵圆形。蒴果球形。花果期4～10月。湿润的草坡、沟边、路旁及林缘。除内蒙古、宁夏、青海及新疆外，我国各地均有分布。

三色堇 堇菜科

一年生草本，高10～40cm。基生叶长卵形或披针形，茎生叶卵形、长圆状圆形或长圆状披针形，边缘具稀疏的圆锯齿或钝锯齿；托叶大型，叶状，羽状深裂。花大，有紫、白、黄三色；上方花瓣紫堇色，侧方及下方花瓣均为三色。花期4～7月，果期5～8月。我国各地均有栽培。

雏菊 菊科

多年生或一年生葶状草本，高10cm左右。叶基生，匙形，顶端圆钝，基部渐狭成柄，上半部边缘有疏钝齿或波状齿。头状花序单生，总苞半球形或宽钟形；总苞片近2层，长椭圆形，顶端钝，外面被柔毛。舌状花一层，舌片白色带粉红色，开展，全缘或有2～3齿，管状花多数。瘦果倒卵形，扁平，有边脉，被细毛，无冠毛。我国各地庭园有栽培。

剪刀股 菊科

多年生草本，高10～30cm。全株无毛，具匍茎。基生叶莲座状，叶基部下延成叶柄，叶片匙状倒披针形至倒卵形，全缘或具疏锯齿或下部羽状分裂；花茎上的叶仅1～2枚，全缘，无叶柄。头状花序1～6，舌状花黄色。瘦果成熟后红棕色，冠毛白色。花期4～5月。分布于东北、华东及中南。

款冬花 菊科

多年生草本。基生叶广心脏形或卵形，长7～15cm，宽8～10cm，边缘呈波状，边缘有顶端增厚的黑褐色疏齿。掌状网脉，主脉5～9条；叶柄长8～20cm；近基部的叶脉和叶柄带红色。冬春之间抽出花葶数条。头状花序顶生；舌状花在周围一轮，鲜黄色，花冠先端凹。花期2～3月，果期4月。分布于华北、西北及江西、湖北、湖南等地。

地胆草 菊科

多年生草本，高30～60cm。茎直立，粗壮，二歧分枝，茎枝叶被白色粗硬毛。单叶，大都为基生；叶片匙形、长圆状匙形或长圆状披针形。头状花序约有小花4个；多数头状花序密集成复头状花序，被长圆状卵形的叶状苞片所包围；花冠筒状，淡紫色。瘦果有棱，被白色柔毛，先端具长硬刺毛。花期7～11月，果期11月至次年2月。生于山坡、路旁、山谷疏林中。分布于江西、福建、广东、广西、贵州及云南等地。

大吴风草 菊科

常绿多年生草本，高30～70cm。基生叶有长柄，丛生，叶片肾形，边缘波状，具凸头状细齿。花葶直立，苞叶长椭圆形或长椭圆状披针形，基部多抱茎。头状花序呈疏生的伞房状。花黄色。瘦果圆筒形。花期10～12月。生于深山、溪谷、石崖下等处。我国东南部各省有分布，也有栽培。

补血草 白花丹科

多年生草本，高20 ~ 60cm。基生叶簇生呈莲座状，叶片倒卵状长圆形、长圆状披针形，基部渐狭成具翅的柄。伞房状花序顶生，花瓣5，淡黄色。花期北方7月上旬和11月中旬，南方4 ~ 12月。生于沿海潮湿盐土或土地。分布于我国南北沿海地区及台湾等地。

二色补血草 白花丹科

多年生草本，高30 ~ 60cm。茎丛生，直立或倾斜。叶多基生，莲座状，叶片匙形或长倒卵形，全缘，基部渐窄成扁平的柄。花茎直立，多分枝，花序着生于枝端而位于一侧；萼筒全部或下半部沿脉密被长毛，萼檐初时淡紫红或粉红色，而后变为白色；花瓣5，匙形至椭圆形，黄色。蒴果具5棱。花、果期7 ~ 10月。生于平原、丘陵和海滨的盐碱地或沙地。分布于辽宁、内蒙古、河北、山西、陕西、宁夏、甘肃、新疆、山东、江苏、河南等地。

拳参 蓼科

多年生草本，高35 ~ 90cm。茎直立，单一或数茎丛生，不分枝。根生叶丛生，有长柄，叶片椭圆形至卵状披针形；茎生叶互生，向上叶柄渐短至抱茎，托叶鞘筒状。总状花序呈穗状顶生，小花密集，花淡红色或白色。瘦果三棱状椭圆形。花期6 ~ 9月，果期9 ~ 11月。分布华北、西北及河南、湖北、山东、江苏、浙江。

草血竭 蓼科

多年生草本，高约40cm。根茎块状，棕黑色。茎纤细，绿色，有棱。根生叶披针形至矩圆状披针形，先端尖或锐尖，基部阔楔形或近圆形，全缘略反卷。茎生叶披针形，较小，具短柄，最上部的叶为线形。穗状花序，花淡红色，花被5裂，覆瓦状排列。小坚果三棱形，黑褐色有光泽。花期夏季。生山石间或草坡。分布云南，四川、贵州等地。产云南、四川等地。

酸模 蓼科

多年生草本，高达1m。茎直立，通常不分枝，具沟槽，中空。单叶互生，卵状长圆形，先端钝或尖，基部箭形或近戟形，全缘；茎上部叶较窄小，披针形，无柄且抱茎。圆锥状花序顶生，花数朵簇生。瘦果圆形，具三棱，黑色，有光泽。花期5～6月。果期7～8月。全国大部分地区有分布。

波叶大黄 蓼科

多年生草本，高可达1m以上。根茎肥厚，表面黄褐色。茎粗壮，直立，具细纵沟纹，通常不分枝，中空。基生叶有长柄，卵形至卵状圆形，边缘波状；茎生叶较小，具短柄或几无柄，托叶鞘长卵形，暗褐色，抱茎。圆锥花序顶生，花小，多数，白绿色。瘦果具3棱，有翅。花期夏季。生于山坡、石隙、草原。分布河北、山西、内蒙古等地。

华北大黄 蓼科

直立草本，高50 ~ 90cm，直根粗壮。基生叶较大，叶片心状卵形至宽卵形，边缘具皱波；叶柄半圆柱状，常暗紫红色；茎生叶较小，叶片三角状卵形。大型圆锥花序，具2次以上分枝；花黄白色，3 ~ 6朵簇生，花被片6，外轮3片稍小，宽椭圆形，内轮3片稍大，极宽椭圆形至近圆形。果实宽椭圆形至矩圆状椭圆形，两端微凹，翅宽1.5 ~ 2mm，纵脉在翅的中间部分。花期6月，果期6 ~ 7月。分布于山西、河北、内蒙古南部及河南北部。

犁头尖 天南星科

多年生草本。幼株叶1 ~ 2，叶片深心形、卵状心形至戟形，长3 ~ 5cm，宽2 ~ 4cm；多年生植株叶4 ~ 8枚，叶柄长20 ~ 24cm，基部鞘状，淡绿色，上部圆柱形，绿色；叶片戟状三角形，绿色，长约13cm，宽约8cm。花序柄从叶腋抽出，长9 ~ 11cm，淡绿色，圆柱形，直立；佛焰苞管部绿色，卵形，檐部绿紫色，卷成长角状；肉穗花序无柄；附属器具强烈的粪臭，鼠尾状。浆果卵圆形。种子球形。花期5 ~ 7月。生于地边、田头、草坡。分布于西南及浙江、江西、福建、广东、海南、广西等地。

独角莲 天南星科

多年生草本。地下块茎卵形至卵状椭圆形。叶1～7块茎生；叶柄肥大肉质，下部常呈淡粉红色或具紫色条斑；叶片三角状卵形、戟状箭形或卵状宽椭圆形，初发时向内卷曲如角状，后即开展，先端渐尖。花梗自块茎抽出，佛焰苞紫红色，管部圆筒形或长圆状卵形，顶端渐尖而弯曲，檐部卵形；肉穗花序位于佛焰苞内，附属器圆柱形，紫色，不伸出佛焰苞外。浆果熟时红色。花期6～8月，果期7～10月。分布于河北、河南、山东、山西、陕西、甘肃、江西、福建等地。

野芋 天南星科

湿生草本。叶基生，叶柄肥厚，直立，长可达1.2m；叶片盾状，卵状，薄革质，表面略发亮，长达50cm以上，先端较尖，基部耳形，2裂，前裂片宽卵形，锐尖，后裂片卵形，钝，全缘，呈波状。花序柄比叶柄短；佛焰苞苍黄色，管部淡绿色，长圆形，为檐部长的1/5～1/2；檐部狭长线状披针形，先端渐尖；肉穗花序短于佛焰苞；雌花序与不育雄花序等长。花期8月。生于林下阴湿处。分布于我国长江流域以南各地。

杜衡 马兜铃科

多年生草本。叶柄长3 ~ 15cm，叶片阔心形至肾状心形，长和宽各为3 ~ 8cm，先端钝或圆，基部心形，上面深绿色，中脉两旁有白色云斑，脉上及其近缘有短毛，下面浅绿色。花暗紫色，花被管钟状或圆筒状，喉都不缢缩，内壁具明显格状网眼，花被裂片直立，卵形，平滑，无乳突皱褶。花期4 ~ 5月。生于林下或沟边阴湿地。分布于江苏、安徽、浙江、江西、河南、湖北、四川等地。

杜衡

细辛 马兜铃科

多年生草本。根茎直立或横走。叶通常2枚，叶片心形或卵状心形，先端渐尖或急尖，基部深心形，上面疏生短毛，脉上较密，下面仅脉上被毛。花紫黑色，花被管钟状。蒴果近球状。花期4 ~ 5月。生于林下阴湿腐殖土中。分布于陕西、山东、安徽、浙江、江西、河南、湖北、四川等地。

细辛

铃兰 百合科

多年生草本，高达30cm。叶2枚；叶柄长约16cm，呈鞘状互相抱着，基部有数枚鞘状的膜质鳞片。叶片椭圆形。花葶高15 ~ 30cm，稍外弯；总状花序偏向一侧；苞片披针形，膜质，短于花梗；花乳白色，阔钟形，下垂，花被先端6裂，裂片卵状三角形。浆果球形，熟后红色。种子椭圆形，扁平。花期5 ~ 6月，果期6 ~ 7月。生于潮湿处或沟边。分布于东北、华北、陕西、甘肃、宁夏、山东、江苏、浙江、河南、湖南等地。

玉簪 百合科

多年生草本。叶根生，叶柄长20 ~ 40cm；叶片卵形至心状卵形。花葶于夏秋两季从叶丛中抽出，具1枚膜质的苞片状叶；总状花序，花白色，芳香，花被筒下部细小，花被裂片6，长椭圆形。蒴果圆柱形。花期7 ~ 8月，果期8 ~ 9月。生于阴湿地区。我国各地均有栽培。

紫萼 百合科

多年生草本。叶卵状心形、卵形至卵圆形，先端通常近短尾状或骤尖，基部心形或近截形。花葶高60～100cm，具10～30朵花；苞片矩圆状披针形，白色，膜质；花单生，盛开时从花被管向上骤然作近漏斗状扩大，紫红色。蒴果圆柱状，有三棱。花期6～7月，果期7～9月。各地常见栽培，供观赏。

万年青 百合科

多年生常绿草本。叶基生；叶片3～6枚，长圆形、披针形或倒披针形，绿色，厚纸质，纵脉明显突出；鞘叶披针形，花葶短于叶；穗状花序具几十朵密集的花；苞片卵形，膜质；花被合生，球状钟形，裂片6，厚肉质，淡黄色或褐色。浆果直径约8mm，熟时红色。花期5～6月，果期9～11月。分布于山东、江苏、浙江、江西、湖北、湖南、广西、四川、贵州等地，各地常有盆栽。

山柰 姜科

多年生宿根草本。无地上茎。叶2枚，几无柄，平卧地面上；圆形或阔卵形，先端急尖或近钝形，基部阔楔形或圆形，质薄，绿色。穗状花序自叶鞘中生出，具花4～12朵，芳香；花冠裂片狭披针形，白色，唇瓣阔大，中部深裂，2裂瓣顶端微凹白色，喉部紫红色；侧生的退化雄蕊花瓣状，倒卵形，白色。果实为蒴果。花期8～9月。分布于福建、台湾、广东、海南、广西、云南等地。

温郁金 姜科

多年生草本。叶基生，叶片宽椭圆形。穗状花序圆柱状，先叶于根茎处抽出，上部无花的苞片长椭圆形，蔷薇红色，中下部有花的苞片长椭圆形，绿白色；花萼筒白色；花冠管漏斗状，白色。花期4～6月。分布江苏、浙江、福建、广东、广西、江西、四川、云南等地。

姜黄 姜科

多年生草本。叶5～7片基生，叶片长圆形或窄椭圆形。花葶由叶鞘中抽出，穗状花序圆柱状，上部无花的苞片粉红色或淡红紫色，中下部有花的苞片嫩绿色或绿白色；花萼筒绿白色；花冠管漏斗形，淡黄色，喉部密生柔毛。蒴果球形，3瓣裂。花期8月。分布福建、广东、广西、云南、四川、湖北、陕西、江西、台湾等地。

蓬莪术 姜科

多年生草本。叶基生，4～7片，叶片长圆状椭圆形，上面沿中脉两侧有1～2cm宽的紫色晕。穗状花序圆柱状，从根茎中抽出，上部苞片长椭圆形，粉红色；中下部苞片近圆形，淡绿色至白色。花冠黄色。花期4～6月。分布于广东、广西、四川、云南等地。2.广西莪术：叶片长椭圆形，两面密被粗柔毛，有的类型沿中脉两侧有紫晕。花序下的苞片淡绿色，上部的苞片淡红色；花萼白色，花冠近漏斗状，粉红色。分布福建、广东、广西、浙江、台湾、云南、四川等地。

2. 条形单叶

风信子 风信子科

多年生球根类草本植物。叶基生，4～9枚，狭披针形，肉质，带状披针形。花茎肉质，花葶高15～45cm；总状花序；花冠漏斗状，裂片5，向外侧下方反卷，蓝色、粉红色、白色、鹅黄、紫色、黄色、绯红色、红色等。蒴果。花期早春，自然花期3～4月。各地有栽培。

白及 兰科

多年生草本。茎直立。叶片披针形或宽披针形，全缘。总状花序顶生，花紫色或淡红色，唇瓣倒卵形，白色或具紫纹，上部3裂，中裂片边缘有波状齿，先端内凹，中央具5条褶片。蒴果圆柱形，具6纵肋。花期4～5月。果期7～9月。分布华东、中南、西南及河北、山西、陕西、甘肃、台湾等地。

蝴蝶花 鸢尾科

多年生草本，高40 ~ 60cm。叶基生，套褶成2列；叶片剑形，全缘。花茎高出于叶，花多排成疏散的总状聚伞花序；花淡紫色或蓝紫色，外轮花被裂片3，倒卵形或椭圆形，中脉上有隆起的黄色鸡冠状附属物，内轮花被裂片先端微凹，边缘有细裂齿。蒴果椭圆形。花期3 ~ 4月，果期5 ~ 6月。生于山坡较荫蔽而湿润的草地、疏林下或林缘草地。分布于陕西、甘肃、江苏、安徽、浙江、福建、湖北、湖南、广东、广西、四川、贵州、云南等地。

鸢尾 鸢尾科

多年生草本。叶基生，黄绿色，稍弯曲，中部略宽，宽剑形，有数条不明显的纵脉。花茎光滑，高20 ~ 40cm，中、下部有1 ~ 2枚茎生叶；花蓝紫色，花被管细长，上端膨大成喇叭形，外花被裂片圆形或宽卵形，顶端微凹，爪部狭楔形，中脉上有不规则的鸡冠状附属物，内花被裂片椭圆形，花盛开时向外平展，爪部突然变细。蒴果长椭圆形或倒卵形；种子黑褐色，梨形。花期4 ~ 5月，果期6 ~ 8月。生于林缘、水边湿地及向阳坡地。分布于西南及山西、陕西、甘肃、江苏、安徽、浙江、江西、福建、湖北、湖南、广西等地。

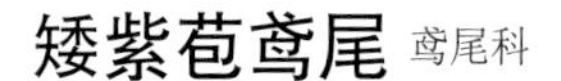

矮紫苞鸢尾 鸢尾科

多年生草本，植株基部围有短的鞘状叶。叶条形，灰绿色。花淡蓝色或蓝紫色，花被管长1～1.5cm，外花被裂片长约2.5cm，具深色条纹及斑点，内花被裂片长约2cm。花期4～5月，果期6～7月。生于向阳砂质地或山坡草地。分布于黑龙江、吉林、辽宁、内蒙古、河北、山西、山东、河南、江苏、浙江、陕西、甘肃、宁夏、四川、云南、西藏。

射干 鸢尾科

多年生草本。茎直立，高50～150cm。叶互生，扁平，宽剑形，排成2列，全缘，叶脉平行。聚伞花序伞房状顶生，2叉状分枝。花被片6，2轮，外轮花被裂片倒卵形或长椭圆形，内轮3片略小，倒卵形或长椭圆形，橘黄色，有暗红色斑点。蒴果椭圆形，具3棱，成熟时3瓣裂。种子黑色，近球形。花期7～9月。果期8～10月。常见栽培。分布于全国各地。

马蔺 鸢尾科

多年生草本，高40～60cm。叶簇生，坚韧，近于直立；叶片条形，长40～50cm，宽4～6mm，先端渐尖，全缘，基部套褶；无中脉，具多数平行脉。花茎先端具苞片2～3片，内有2～4花；花梗长3～6cm；花浅蓝色、蓝色、蓝紫色，花直径5～6cm，花被裂片6，2轮排列，花被上有较深色的条纹。蒴果长圆柱状，有明显的6条纵棱。种子为不规则的多面体，黑褐色。花期5～7月，果期6～9月。分布于东北、华北、西北及山东、江苏、安徽、浙江、河南、湖北、湖南、四川、西藏等地。

马蔺

黄菖蒲 鸢尾科

多年生草本，植株基部围有少量老叶残留的纤维。基生叶灰绿色，宽剑形，中脉较明显。花茎粗壮，高60～70cm，有明显的纵棱，上部分枝，茎生叶比基生叶短而窄；苞片3～4枚，膜质，绿色，披针形；花黄色，花被管长1.5cm，外花被裂片卵圆形或倒卵形，爪部狭楔形，中央下陷呈沟状，有黑褐色的条纹，内花被裂片较小，倒披针形，直立。花期5月、果期6～8月。我国各地常见栽培。

黄菖蒲

鸦葱 菊科

多年生草本，高15～25cm。茎常在头状花序下膨大。基生叶宽披针形至条椭圆状卵形，基部渐狭成有翅的叶柄，边缘平展；茎生叶2～3枚，下部的宽披针形，上部鳞片状。头状花序，单生枝端；舌状花黄色。瘦果有纵肋，冠毛污白色，羽状。花期4～5月，果期6～7月。分布于东北、西北、华北等地。

朱顶兰 石蒜科

多年生草本。叶6～8枚，带形，鲜绿色。花序伞形，常有花3～6朵；佛焰苞状总苞片2枚，披针形；花被漏斗状，红色，中心及边缘有白色条纹，花被裂片6，倒卵形至长圆形。蒴果球形,3瓣开裂；种子扁平。花期春、夏季。我国南北各地庭园常见栽培。

忽地笑 石蒜科

多年生草本。秋季出叶，基生；叶片质厚，宽条形，叶脉及叶片基部带紫红色。先花后叶；花茎高30～60cm，总苞片2枚，披针形；伞形花序有花4～8朵，花较大，黄色或橙色；花被裂片6，倒披针形，背面具淡绿色中肋，反卷和皱缩。蒴果具3棱，室背开裂。花期8～9月，果期10月。分布于西南及江苏、安徽、浙江、江西、福建、台湾、湖北、湖南、广东、广西等地。

石蒜 石蒜科

多年生草本。秋季出叶，叶基生；叶片狭带状，先端钝，全缘；中脉明显，深绿色，被粉。花葶在叶前抽出，实心，高25～60cm；总苞片2，披针形；伞形花序，有花4～7朵；花被裂片6，红色，狭倒披针形，广展而强度反卷，边缘皱波状。花期8～10月。生长于山地阴湿处或林缘、溪边、路旁，庭园亦栽培。分布于华东、中南、西南及陕西等地。

文殊兰 石蒜科

多年生草本。植株粗壮。叶20～30枚，多列，带状披针形，边缘波状。花茎直立，粗壮，几与叶等长；伞形花序通常有花10～24朵；佛焰苞状总苞片2，披针形，外折，白色，膜质；花被高脚碟状，芳香，筒部纤细。花被裂片6，条形，白色，向顶端渐狭。蒴果近球形，浅黄色。花期6～8月，果期11～12月。常生于海滨地区或河旁沙地，亦栽植于庭园。分布于福建、台湾、湖南、广东、海南、广西、四川、贵州、云南等地。

西南文殊兰 石蒜科

多年生粗壮草本。叶带形。伞形花序；花被近漏斗状的高脚碟状；花被裂片披针形或长圆状披针形，顶端短渐尖，白色，有红晕。花期6～8月。生于河床、沙地。分布于广西、贵州、云南。

葱莲 百合科

多年生草本。叶狭线形，肥厚，亮绿色，长20 ~ 30cm，宽2 ~ 4mm。花茎中空；花单生于花茎顶端，下有带褐红色的佛焰苞状总苞，总苞片顶端2裂；花梗长约1cm；花白色，外面常带淡红色，花被片6。蒴果近球形，3瓣开裂；种子黑色，扁平。花期秋季。我国南方多栽培供观赏。

吊兰 百合科

多年生草本。叶基生、丛生，条形至条状披针形，狭长，绿色或有黄色条纹。花葶比叶长，常变为匍枝而在近顶部具叶簇或幼小植株；花白色，常2 ~ 4朵簇生，排成疏散的总状花序或圆锥花序。蒴果三棱状扁球形。花期5月，果期8月。我国各地广泛栽培，供观赏。

蜘蛛抱蛋 百合科

多年生常绿草本，高达90cm。叶单生，叶片革质，从地下根茎上长出，直立；椭圆状披针形或宽披针形；叶片绿色有光泽，常有少数大小不等的淡黄色斑迹。花单个从根茎生出，贴近地面，花葶短；花被钟形，内面紫褐色，外面有紫褐色斑点。浆果卵圆形，含种子1颗。花期3～5月。分布我国长江以南地区。

大苞萱草 百合科

多年生草本。叶基生，二列状，叶片线形。花茎高出叶片，上方有分枝，小花2～4朵，花冠漏斗状或钟状，裂片外弯，花被金黄色或橘黄色。蒴果椭圆形，稍有三钝棱。花期7～8月。分布于黑龙江、吉林和辽宁。多地园林有栽培。

郁金香 百合科

鳞茎皮纸质，内面顶端和基部有少数伏毛。叶3 ~ 5枚，条状披针形至卵状披针形。花单朵顶生，大型而艳丽；花被片红色或杂有白色和黄色，有时为白色或黄色，长5 ~ 7cm，宽2 ~ 4cm。花期4 ~ 5月。各地广泛栽培。

秋水仙 百合科

多年生草本，球根花卉。球茎卵形，埋于地下，叶球茎生，披针形。每葶开花1 ~ 4朵，花蕾纺锤形，开放时漏斗形，淡粉红色，花药黄色。蒴果。8 ~ 10月开花。北京、昆明等地园林有栽培。

韭菜 百合科

多年生草本，全草有异臭。叶基生，扁平，狭线形。花茎长30～50cm，伞形花序顶生，花被6裂，白色，长圆状披针形。蒴果倒卵形，有三棱。花期7～8月，果期8～9月。全国各地有栽培。

山韭 百合科

多年生草本。叶三棱条形，中空或基部中空，背面具1纵棱。花葶中生，圆柱状，中空；伞形花序球状，具多而极密的花，花红紫色，花被片椭圆形至卵状椭圆形。花、果期8～10月。生于山坡、草地或林缘。分布于东北及河北、山西、陕西、山东、江苏、台湾、河南、湖北等地。

葱 百合科

多年生草本，全体具辛臭，折断后有辛味黏液。鳞茎圆柱形，先端稍肥大，鳞叶成层，白色。叶基生，圆柱形，中空，先端尖，绿色。花茎自叶丛抽出，单一，中央部膨大，中空，绿色；伞形花序圆球状。花白色，蒴果三棱形。种子黑色，三角状半圆形。花期7～9月，果期8～10月。我国各地均有栽植。

麦门冬 百合科

多年生草本，高12～40cm，须根中部或先端常膨大形成肉质小块根。叶丛生，叶片窄长线形。花葶较叶短，总状花序穗状，顶生；花小，淡紫色，略下垂，花被片6，不展开，披针形。浆果球形，早期绿色，成熟后暗蓝色。花期5～8月，果期7～9月。全国大部分地区有分布，或为栽培。

湖北麦冬 百合科

根稍粗，近末端处常膨大成矩圆形、椭圆形或纺锤形的肉质小块根；根状茎短质。叶丛生，叶片窄长线形，基部常包以褐色的叶鞘，边缘具细锯齿。总状花序长6～15cm，具多数花；花通常3～5朵簇生于苞片腋内；花被片矩圆形、矩圆状披针形，先端钝圆，淡紫色或淡蓝色。种子近球形。花期5～7月，果期8～10月。除东北、内蒙古、青海、新疆、西藏各省区外，其他地区广泛分布和栽培。

阔叶麦冬 百合科

多年生草本。叶丛生，革质，长20～65cm，宽1～3.5cm，具9～11条脉。花葶通常长于叶，长35～100cm；总状花序长25～40cm，具多数花，3～8朵簇生于苞片腋内；苞片小，刚毛状；花被片矩圆形或矩圆状披针形，紫色；子房近球形，柱头三裂。种子球形，初期绿色，成熟后变黑紫色。花期6月下旬至9月。分布于我国中部及南部。

知母 百合科

多年生草本。叶基生，丛出，线形。花葶直立，不分枝，高50～120cm，下部具披针形退化叶，上部疏生鳞片状小苞片；花2～6朵成一簇，散生在花葶上部呈总状花序；花黄白色，多于夜间开放，具短梗。蒴果卵圆形，种子长卵形，具3棱，黑色。花期5～8月，果期7～9月。分布于东北、华北及陕西、宁夏、甘肃、山东、江苏等地。

黄花菜 百合科

多年生草本，叶基生，排成两列；叶片条形。花葶长短不一，有分枝；蝎尾状聚伞花序复组成圆锥形，多花；花序下部的苞片披针形，自下向上渐短；花柠檬黄色，具淡的清香味，花被裂片6，具平行脉，外轮倒披针形，内轮长圆形。蒴果钝三棱状椭圆形，种子约20颗，黑色，有棱。花、果期5～9月。生于山坡、山谷、荒地或林缘。分布于河北、陕西、甘肃、山东、河南、湖北、湖南、四川等地。

萱草 百合科

叶基生，排成两列；叶片条形。花葶粗壮，高60 ~ 80cm；蝎尾状聚伞花序复组成圆锥状，具花6 ~ 12朵或更多；苞片卵状披针形；花橘红色至橘黄色，无香味，具短花梗；花被下部合生成花被管；外轮花被裂片3，长圆状披针形，内轮裂片3，长圆形，具分枝的脉，中部具褐红色的色带，边缘波状皱褶，盛开的裂片反曲。蒴果长圆形。花、果期为5 ~ 7月。

小根蒜 百合科

多年生草本。鳞茎近球形，外被白色膜质鳞皮。叶基生，叶片线形，长20 ~ 40cm，先端渐尖，基部鞘状，抱茎。花茎由叶丛中抽出，单一，直立；伞形花序密而多花，近球形，顶生；花梗细；花被6，长圆状披针形，淡紫粉红色或淡紫色。蒴果。花期6 ~ 8月，果期7 ~ 9月。分布黑龙江、吉林、辽宁、河北、山东、湖北、贵州、云南、甘肃、江苏等地。

绵枣儿 百合科

多年生草本，鳞茎卵形或近球形，鳞茎皮黑褐色。基生叶通常2～5枚，狭带状，长15～40cm，柔软。花葶通常比叶长；总状花序具多数花；花紫红色、粉红色至白色；花被片近椭圆形、倒卵形或狭椭圆形。果近倒卵形。花果期7～11月。产东北、华北、华中以及四川、云南、广东、江西、江苏、浙江和台湾。

紫露草 鸭跖草科

多年生草本植物，茎直立，簇生，高达25～50cm。叶互生，每株5～7片，线形或披针形。伞形花序顶生，花瓣广卵形，蓝紫色。蒴果近圆形；种子橄榄形。花期为6～10月。我国多地园林有栽培。

紫背万年青 鸭趾草科

多年生草本，高50cm。叶基生，密集覆瓦状，无柄；叶片披针形或舌状披针形，基部扩大成鞘状抱茎，上面暗绿色，下面紫色。聚伞花序生于叶的基部，大部藏于叶内；苞片2，蚌壳状，大而扁，淡紫色；花多而小，白色；萼片3，长圆状披针形，分离，花瓣状；花瓣3，分离，卵圆形。蒴果2～3室，室背开裂。花期5～7月。人工栽培于庭园、花圃。

水菖蒲 天南星科

多年生草本。叶基生，基部两侧膜质，叶鞘宽4～5mm，向上渐狭；叶片剑状线形，草质，中脉在两面均明显隆起，侧脉3～5对，平行。花序柄三棱形，长15～50cm；叶状佛焰苞剑状线形，长30～40cm；肉穗花序斜向上或近直立，狭锥状圆柱形。花黄绿色，花被片长约2.5mm。浆果长圆形，红色。花期2～9月。生于水边、沼泽湿地，也有栽培。分布于全国各地。

石菖蒲 天南星科

多年生草本。叶根生，剑状线形，长30 ~ 50cm，宽2 ~ 6mm，先端渐尖，暗绿色，有光泽，叶脉平行，无中脉。花茎高10 ~ 30cm，扁三棱形；佛焰苞叶状，长7 ~ 20cm；肉穗花序自佛焰苞中部旁侧裸露而出，呈狭圆柱形。浆果肉质，倒卵形。花期6 ~ 7月，果期8月。生长于山涧泉流附近或泉流的水石间。分布长江流域及其以南各地。

莎草 莎草科

多年生草本，茎直立，三棱形；叶丛生于茎基部，叶鞘闭合包于茎上；叶片线形，全缘，具平行脉，主脉于背面隆起。花序复穗状，3 ~ 6个在茎顶排成伞状，每个花序具3 ~ 10个小穗，线形；颖2列，紧密排列，卵形至长圆形，膜质，两侧紫红色，有数脉。小坚果长圆状倒卵形，三棱状。花期5 ~ 8月，果期7 ~ 11月。生于山坡草地、耕地、路旁水边潮湿处。全国大部分地区均有分布。

聚穗莎草 莎草科

多年生草本，高50 ~ 90cm，具须根。秆散生，粗壮，钝三棱形。叶片短于秆，叶鞘长，红棕色。叶状苞片3 ~ 4，长于花序。聚伞花序复出，穗状花序无总花梗，椭圆形或长圆形，有多数小穗；小穗多列，排列极密，线状披针形，稍扁。小坚果长圆状三棱形，灰色，有网纹。花期8 ~ 10月。生于稻田、河岸、沼泽地、路旁阴湿草丛。分布于东北及山西、河北、陕西、甘肃、江苏、河南等地。

碎米莎草 莎草科

一年生草本，高10 ~ 60cm。秆丛生，纤细，扁三棱形。叶基生，短于秆，叶鞘红棕色。叶状苞片2 ~ 5。聚伞花序复出，穗状花序卵形或圆形；小穗直立，排列疏松，斜展，线状披针形。小坚果三棱形或椭圆形，褐色。花、果期6 ~ 10月。生于山坡、田间、路旁阴湿处。分布于东北、华东、中南、西南及河北、陕西、甘肃、新疆、台湾等地。

水蜈蚣 莎草科

多年生草本，高7 ~ 20cm。秆散生，扁三棱形，平滑，具4 ~ 5个圆筒状叶鞘，叶鞘顶端具叶片。叶片与秆近等长，柔弱，平张，上部边缘和背部中肋具细刺。叶状苞片3，极展开。穗状花序单生，球形或卵球形，具密生的小穗；小穗披针形或长圆状披针形，压扁，有1花。小坚果倒卵状长圆形，扁双凸状，淡黄色，表面密具细点。花、果期5 ~ 10月。生于山坡、溪旁、荒地、路边草丛中及海边沙滩上。分布于中南、西南及安徽、江苏、浙江、江西、福建等地。

白茅 禾本科

多年生草本。根茎白色，匍匐横走。秆从生，直立，圆柱形。叶多丛集基部，叶片线形或线状披针形，根生叶长，几与植株相等，茎生叶较短。圆锥花序柱状，分枝短缩密集；小穗披针形或长圆形，每小穗具1花，基部被白色丝状柔毛。颖果椭圆形，暗褐色。花期5 ~ 6月，果期6 ~ 7月。分布于东北、华北、华东、中南、西南及陕西、甘肃等地。

柠檬草 禾本科

多年生草本，有柠檬香味，秆高2m。叶片长条形，顶端长渐尖，平滑或边缘粗糙。总状花序不等长，具3～4或5～6节。无柄小穗线状披针形。花果期夏季。我国华南、西南、福建、台湾地区有栽培。

龙舌兰 龙舌兰科

多年生草本。茎短。叶常约30余片呈莲座状着生茎上；叶片肥厚，匙状倒披针形，灰绿色，具白粉，末端具褐色硬尖刺，边缘有波状锯齿，齿端下弯曲呈钩状。生长10余年，抽出高5～8m的花葶，上端具多分枝的狭长圆锥花序；花淡黄绿色，近漏斗状。蒴果长圆形。花期6～8月。华南及西南各省区常引种栽培。

金边龙舌兰 龙舌兰科

多年生常绿草本。茎短、稍木质。叶丛生，呈莲座状排列；叶片肉质，长椭圆形，质厚，绿色，边缘有黄白色条带，并有紫褐色刺状锯齿。圆锥花序，花黄绿色。花期夏季。我国长江流域及以南地区温室及庭园有栽培。

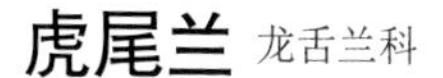

虎尾兰 龙舌兰科

常绿多年生草本。叶1 ~ 6枚基生，挺直，质厚实；叶片条状倒披针形至倒披针形，先端对褶成尖头，基部渐狭成有槽的叶柄，两面均具白色和深绿色相间的横带状斑纹。花葶连同花序高30 ~ 80cm；花3 ~ 8朵1束，1 ~ 3束1簇在花序轴上疏离地散生；花被片6，白色至淡绿色。花期11 ~ 12月。我国各地有栽培。

金边虎尾兰 龙舌兰科

金边虎尾兰形态特征与虎尾兰相似，惟叶边缘为金黄色。我国各地有栽培。

剑麻 龙舌兰科

多年生草本。茎粗短。叶莲座状排列于茎上；叶剑形，挺直，肉质，初被白霜，后渐脱落而呈深蓝绿色，表面凹，背面凸，常全缘，先端有红褐色刺尖。大型圆锥花序，高达6m；花黄绿色。蒴果长圆形。花期夏季，果期秋季。生于山坡、林缘及路旁。分布于华南及西南地区。多栽培。

3.叶分裂

大丁草 菊科

多年生草本。春型植株矮小，高8 ~ 20cm。叶广卵形或椭圆状广卵形，基部心形或有时羽裂；头状花序紫红色。秋型植株高大，高30 ~ 60cm；叶片倒披针状长椭圆形或椭圆状广卵形，通常提琴状羽裂，边缘有不规则同圆齿；头状花序紫红色，全为管状花。春花期4 ~ 5月，秋花期8 ~ 11月。生于山坡路旁、林边、草地、沟边等阴湿处。分布于我国南北等地。

兔儿伞 菊科

多年生草本，高70 ~ 120cm。根生叶1枚，幼时伞形，下垂。茎生叶互生，叶片圆盾形，掌状分裂，直达中心，裂片复作羽状分裂，边缘且不规则的锐齿，直达中心；上部叶较小。头状花序多数，密集成复伞房状，顶生；花冠管状，先端5裂。瘦果圆柱形。花期7 ~ 9月，果期9 ~ 10月。生于山坡荒地、林缘、路旁。分布于全国各地。

珊瑚菜 伞形科

多年生草本，高5～20cm。全株被白色柔毛。基生叶质厚，有长柄，叶片三出式分裂或三出式二回羽状分裂，末回裂片倒卵形至卵圆形，边缘有缺刻状锯齿，茎生叶形状与基生叶相似，叶柄基部渐膨大成鞘状。复伞形花序顶生，密被灰褐色长柔毛，花瓣白色。双悬果圆球形或椭圆形，密被棕色长柔毛及绒毛，有5个棱角，果棱有木栓质翅。花期5～7月，果期6～8月。生于海岸沙地、沙滩，或栽培于肥沃疏松的砂质壤土。分布于辽宁、河北、山东、江苏、浙江、福建、台湾、广东等地。

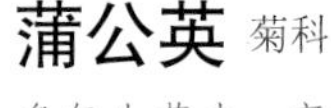

蒲公英 菊科

多年生草本，高10～25cm。叶根生，排列成莲座状；具叶柄，柄基部两侧扩大呈鞘状；叶片线状披针形、倒披针形或倒卵形，边缘浅裂或作不规则羽状分裂，裂片齿牙状或三角状，全缘或具疏齿，裂片间有细小锯齿。头状花序单一，顶生，舌状花，花冠黄色，先端平截。瘦果倒披针形，有多数刺状突起，顶端着生白色冠毛。花期4～5月。果期6～7月。生长于山坡草地、路旁、河岸沙地及田野间。全国各地均有分布。

碱地蒲公英 菊科

其与蒲公英的主要区别是小叶为规则的羽状分裂。

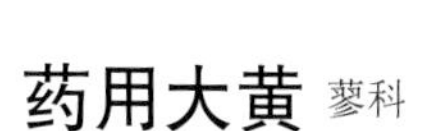

药用大黄 蓼科

多年生高大草本。茎直立，中空。基生叶5浅裂，浅裂片呈大齿形或宽三角；茎生叶向上逐渐变小，上部叶腋具花序分枝。大型圆锥花序，分枝开展，花绿色到黄白色。果实长圆状椭圆形，顶端圆，中央微下凹，基部浅心形，翅宽约3mm。种子宽卵形。花期5～6月，果期8～9月。生于山地林缘或草坡。分布于陕西南部、河南西部、湖北西部、四川、贵州、云南等地。

掌叶大黄 蓼科

多年生高大草本。茎直立，高2m左右，光滑无毛，中空。根生叶大，有肉质粗壮的长柄；叶片宽心形或近圆形，3 ~ 7掌状深裂，裂片全缘或有齿，或浅裂，基部略呈心形，有3 ~ 7条主脉，上面无毛或稀具小乳突；茎生叶较小，互生；叶鞘大，淡褐色，膜质。圆锥花序大形，分枝弯曲，开展；花小，数朵成簇，互生于枝上，幼时呈紫红色；花被6，2轮，内轮稍大，椭圆形。瘦果三角形，有翅。花期6 ~ 7月。果期7 ~ 8月。生于山地林缘半阴湿的地方。分布四川、甘肃、青海、西藏等地。

唐古特大黄 蓼科

多年生高大草本，高2m左右，与上种相似。茎无毛或有毛。根生叶略呈圆形或宽心形，直径40 ~ 70cm，3 ~ 7掌状深裂，裂片狭长，常再作羽状浅裂；茎生叶较小，柄亦较短。圆锥花序大形，幼时多呈浓紫色；花小，具较长花梗；花被6，2轮。瘦果三角形，有翅，顶端圆或微凹，基部心形。花期6 ~ 7月。果期7 ~ 9月。生于山地林缘较阴湿的地方。分布青海、甘肃、四川。西藏等地。

4.复叶

红花酢浆草 酢浆草科

多年生直立草本。无地上茎。叶基生，小叶3，扁圆状倒心形，顶端凹入。总花梗基生，二歧聚伞花序，通常排列成伞形花序式；花瓣5，倒心形，淡紫色至紫红色，基部颜色较深。花、果期3～12月。生于低海拔的山地、路旁、荒地或水田中。分布于河北、陕西、华东、华中、华南、四川和云南等地。

一把伞天南星 天南星科

多年生草本，高40～90cm。叶1片，基生；叶柄肉质，圆柱形，直立，长40～55cm，下部成鞘；叶片放射状分裂，裂片7～23片，披针形至长披针形，先端长渐尖或延长为线尾状。叶脉羽状，全缘。花序柄自叶柄中部分出，短于叶柄；肉穗花序，佛焰苞绿色，先端芒状；花序轴肥厚，先端附属物棍棒状。浆果红色。花期5～6月。果期8月。生长于阴坡较阴湿的树林下。分布于河北，河南、广西、陕西、湖北、四川、贵州、云南、山西等地。

东北天南星 天南星科

多年生草本，高35 ~ 60cm。叶1片，鸟趾状全裂，裂片5枚（一年生裂片3枚），倒卵形或广倒卵形，长11 ~ 15cm，宽6 ~ 8cm，基部楔形，全缘或有不规则牙齿。花序柄长20 ~ 40cm，较叶低；佛焰苞全长11 ~ 14cm，下部筒状，口缘平截，绿色或带紫色；花序轴先端附属物棍棒状。浆果红色。花期7 ~ 8月。生长于阴坡较为阴湿的林下。分布于黑龙江、吉林、辽宁、河北、江西、湖北、四川等地。

异叶天南星 天南星科

多年生草本，高60 ~ 80cm。块茎近球状或扁球状，直径1.5cm左右。叶1片，鸟趾状全裂，裂片9 ~ 17枚，通常13枚左右，长圆形、倒披针形或长圆状倒卵形，长4 ~ 12cm，宽1.3 ~ 3cm，先端渐尖，基部楔形，中央裂片最小。花序柄长50 ~ 80cm；佛焰苞绿色，下部筒状，花序轴先端附属物鼠尾状，延伸于佛焰苞外甚多。浆果红色。花期7 ~ 8月。生长于阴坡或山谷较为阴湿的地方。分布黑龙江、吉林、辽宁、浙江、江苏、江西、湖北、四川、陕西等地。

虎掌 天南星科

多年生草本。叶1年生者心形，2年生者鸟趾状分裂，裂片5 ~ 13；叶柄长达45cm。佛焰苞披针形，绿色，长8 ~ 12cm，肉穗花序下部雌花部分长约1.5cm，贴生于佛焰苞上，上部雄花部分长约7cm；附属体鼠尾状，长约10cm。浆果卵形，绿白色，长约6mm。花期6 ~ 7月，果期9 ~ 11月。生于林下、山谷、河岸或荒地草丛中。主产河北、河南、山东、安徽。

半夏 天南星科

多年生小草本，高15 ~ 30cm。叶出自块茎顶端，叶柄长6 ~ 23cm，在叶柄下部内侧生一白色珠芽；一年生的叶为单叶，卵状心形；2 ~ 3年后，叶为3小叶的复叶，小叶椭圆形至披针形，中间小叶较大，两侧的较小，全缘。花序梗常较叶柄长，肉穗花序顶生，佛焰苞绿色；雄花着生在花序上部，白色，雄蕊密集成圆筒形，雌花着生于雄花的下部，绿色；花序中轴先端附属物延伸呈鼠尾状，伸出在佛焰苞外。浆果卵状椭圆形。果期8 ~ 9月。我国大部分地区有分布。

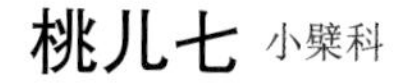

桃儿七 小檗科

多年生草本，高40～70cm。茎单一，基部有2个膜质鞘。叶2～3，生于茎顶，具长叶柄；叶盾状着生，掌状3～5深裂至中下部或几达基部。花单生叶腋，先叶开放，粉红色；花瓣6，排成2轮。浆果卵圆形，被灰粉，熟时红色。种子多数，暗紫色。花期4～6月，果期6～8月。生于山地草丛中或林下。分布于四川、陕西、甘肃、青海、云南、西藏等地。

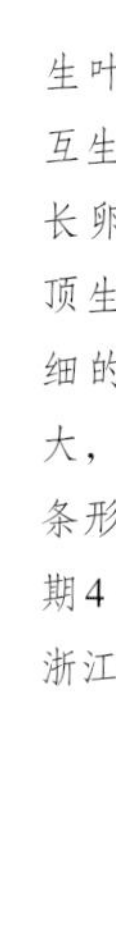

延胡索 罂粟科

多年生草本，高10～20cm。基生叶和茎生叶同形，有柄；茎生叶为互生，2回3出复叶，小叶片长椭圆形、长卵圆形或线形，全缘。总状花序，顶生或对叶生；花红紫色，横生于纤细的小花梗上，花瓣4，外轮2片稍大，边缘粉红色，中央青紫色。蒴果条形，熟时2瓣裂。花期3～4月，果期4～5月。分布河北、山东、江苏、浙江等地。

小药八旦子 罂粟科

瘦弱多年生草本，高约15～20cm。茎基以上具1～2鳞片，鳞片上部具叶，枝条多发自叶腋。叶2回三出，小叶圆形至椭圆形，有时浅裂。总状花序具3～8花，疏离。花蓝色或紫蓝色。上花瓣长约2cm，瓣片较宽展，顶端微凹；距圆筒形，弧形上弯。下花瓣长约1cm，瓣片宽展，微凹，基部具宽大的浅囊。蒴果卵圆形至椭圆形。分布于北京、河北、山西、山东、江苏、安徽、湖北、陕西和甘肃东部。

米口袋 豆科

多年生草本，高5～10cm，全株被白色长柔毛，茎短。叶丛生，单数羽状复叶，有长柄，小叶11～21片，广椭圆形、卵形或长卵形，全缘。花茎自叶丛中生出，花5～7朵，顶生，成伞形花序；花冠蝶形，紫堇色；花期4～5月。荚果圆筒状，果期5～6月。野生于原野及山地。分布东北南部、河北、山东、江苏、山西、陕西等地。

莓叶委陵菜 蔷薇科

多年生草本。茎直立或倾斜，有长柔毛。基生叶为奇数羽状复叶，叶柄被开展疏柔毛；小叶5～9，上部较下部的为大，椭圆形至倒卵形；茎生叶小，有3小叶，叶柄短或无。伞房状聚伞花序顶生，花黄色；花瓣倒卵形，顶端圆钝或微凹。瘦果近肾形，表面有脉纹。花期4～6月，果期6～8月。生于沟边、草地、灌丛及疏林下。分布于江西、江苏、浙江、山东。

翻白草 蔷薇科

多年生草本，高15～30cm。基生叶丛生，单数羽状复叶；茎生叶小，为三出复叶，小叶长椭圆形或狭长椭圆形，边缘具锯齿，上面稍有柔毛，下面密被白色绵毛。聚伞花序，花瓣黄色，倒卵形，先端微凹或圆钝。瘦果近肾形。花、果期5～9月。分布于东北、华北、华东、中南及陕西、四川等地。

肾蕨 肾蕨科

多年生草本，高达70cm。叶簇生，叶片革质，光滑无毛，披针形。基部渐变狭，一回羽状；羽片无柄，互生，以关节着生于叶轴，似镰状而钝、基部下侧呈心形，上侧呈耳形，边缘有浅齿。土生或附生于林下、溪边、树干或石缝中。分布于华南、西南及浙江、江西、福建、台湾、湖南等地。

芒萁 里白科

多年生草本，高30 ~ 60cm。叶柄褐棕色，无毛；叶片重复假两歧分叉，在每一交叉处均有羽片（托叶）着生，在最后一分叉处有羽片两歧着生；羽片披针形或宽披针形，羽片深裂；裂片长线形。生于强酸性的红壤丘陵、荒坡林缘或马列尾松林下。分布于西南及江苏、安徽、浙江、江西、福建、台湾、湖北、湖南、广东、广西等地和甘肃南部。

槲蕨 水龙骨科

附生草本，高20～40cm。叶二型，营养叶厚革质，红棕色或灰褐色，卵形，无柄，边缘羽状浅裂；孢子叶绿色，具短柄，柄有翅，叶片矩圆形或长椭圆形，羽状深裂，羽片6～15对，边缘常有不规则的浅波状齿，基部2～3对羽片缩成耳状。孢子囊群圆形，黄褐色，在中脉两侧各排列成2～4行。分布浙江、福建、台湾、广东、广西、江西、湖北、四川、贵州、云南等地。

半边旗 凤尾蕨科

多年生草本。叶疏生；叶柄粗壮，直立深褐色，光亮；叶近革质，卵状披针形；上部羽状深裂达于叶轴，裂片线形或椭圆形，劲直或呈镰形，全缘；下部约在2/3处有近对生的半羽状羽片4～8对，全缘，上缘不分裂，下缘深裂达于中脉，裂片线形或镰形。孢子囊群线形，连续排列于叶缘。生于林下或石上。分布华南、西南及浙江、江西、福建、台湾、湖南等地。

蕨 蕨科

多年生草本。叶柄疏生，粗壮直立，长30 ~ 100cm，裸净，褐色或秆黄色，叶呈三角形或阔披针形，革质，3回羽状复叶；羽片顶端不分裂，其下羽状分裂，下部羽状复叶，在最下部最大；小羽片线形、披针形或长椭圆状披针形，多数，密集；叶轴裸净。孢子囊群沿叶缘着生，呈连续长线形，囊群盖线形，有变质的叶缘反折而成的假盖。广布全国各地。

金毛狗脊 蚌壳蕨科

多年生草本，高达2.5 ~ 3m。叶柄粗壮，褐色，基部密被金黄色长柔毛和黄色狭长披针形鳞片；叶片卵圆形，3回羽状分裂；下部羽片卵状披针形，上部羽片逐渐短小，至顶部呈狭羽尾状；小羽片线状披针形，渐尖，羽状深裂至全裂，裂片密接，狭矩圆形或近于镰刀形。生于山脚沟边及林下阴处酸性土上。分布于华南、西南及浙江、江西、福建、台湾、湖南。

贯众 鳞毛蕨科

植株高30～70cm。叶簇生；叶柄长10～25cm，禾秆色，向上被疏鳞片；叶片长圆形至披针形，一回羽状；羽片10～20对，镰状披针形，有短柄，基部圆楔形，上侧稍呈尖耳状突起，边缘有细锯齿。孢子囊群散生于羽片背面；囊群盖圆盾形，棕色。生于林缘、山谷和田埂、路旁。分布于华东、中南、西南及河北、山西、陕西、甘肃等地。

荚果蕨 球子蕨科

植株高约90cm。根茎直立，与叶柄基部密被披针形鳞片。叶簇生，二型，有柄；营养叶长圆倒披针形，叶轴和羽轴偶有棕色柔毛，二回深羽裂；下部10多对羽片向下逐渐缩短成小耳形；裂片边缘浅波状或顶端具圆齿。孢子叶较短，直立，有粗硬较长的柄，一回羽状，纸质；羽片向下反卷成有节的荚果状，包围囊群。孢子囊群圆形，着生于侧脉分枝的中部，成熟时汇合成条形；囊群盖膜质，白色，成熟时破裂消失。分布于东北、华北及陕西、甘肃、河南、四川、西藏等地。

粗茎鳞毛蕨 鳞毛蕨科

多年生草本，高50 ~ 100cm。叶簇生于根茎顶端；叶柄长10 ~ 25cm，基部以上直达叶轴密生棕色条形至钻形狭鳞片，叶片倒披针形，二回羽状全裂或深裂；羽片无柄。孢子囊群着生于叶中部以上的羽片上，生于叶背小脉中部以下，囊群盖肾形或圆肾形，棕色。分布于东北及内蒙古、河北等地。

紫萁 紫琪科

多年生草本，高30 ~ 100cm。叶二型，幼时密被绒毛；营养叶有长柄，叶片三角状阔卵形，顶部以下二回羽状，小羽片长圆形或长圆状披针形，先端钝或尖，基部圆形或宽楔形，边缘有匀密的细钝锯齿。孢子叶强度收缩，小羽片条形，沿主脉两侧密生孢子囊，形成长大深棕色的孢子囊穗。生于林下、山脚或溪边的酸性土上。分布于甘肃、山东、江苏、安徽、浙江、江西、福建、河南、湖北、湖南、广东、广西、四川、贵州、云南等地。

蜈蚣草 凤尾蕨科

多年生草本，高1.3 ~ 2m。叶丛生，叶柄长10 ~ 30cm，直立，叶柄、叶轴及羽轴均被线形鳞片；羽状复叶；羽片无柄，线形，中部羽片最长，先端边缘有锐锯齿。孢子囊群线形，囊群盖狭线形，膜质，黄褐色。生于空旷钙质土或石灰岩石上。分布于中南、西南及陕西、甘肃、浙江、江西、福建、台湾等地。

乌毛蕨 乌毛蕨科

高1 ~ 2m。叶簇生，叶柄棕禾秆色；叶片革质，长阔披针形，一回羽状；羽片多数，下部数对缩短，最下部的突然缩小成耳片，中部羽片线状披针形无柄，全缘。生于山坡灌木丛中或溪沟边。分布于西南及浙江、江西、福建、台湾、湖南、广东、海南、广西等地。

纸莎草 莎草科

多年生常绿草本植物。茎秆直立丛生，三棱形，不分枝。叶退化成鞘状，棕色，包裹茎秆基部。总苞叶状，顶生，带状披针形。花小，淡紫色，花期6～7月。瘦果三角形。中国华东、华北地区河湖水田地区有分布。

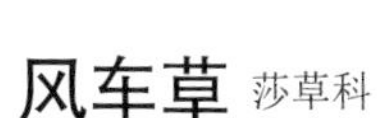

风车草 莎草科

多年生草本，高30～150cm。茎近圆柱状，基部包裹以无叶的鞘，鞘棕色。苞片20枚，长几相等，较花序长约2倍，向四周展开；多次复出长侧枝聚繖花序。小坚果椭圆形，近于三棱形，褐色。我国南北各省均有栽培。

5.叶不明显

灯心草 灯心草科

多年生草本，高40～100cm。茎簇生，直立，细柱形，内充满乳白色髓。叶鞘红褐色或淡黄色，叶片退化呈刺芒状。花序侧生，聚伞状，多花，花淡绿色，花被片6，条状披针形，排列为2轮，外轮稍长，边缘膜质，背面被柔毛。蒴果长圆状。花期6～7月，果期7～10月。生于水旁、田边等潮湿处。分布于长江下游及陕西、福建、四川、贵州等地。

野灯心草 灯心草科

多年生草本，高25～65cm。茎丛生，直立，圆柱形，有较深而明显的纵沟，茎内充满白色髓心。叶呈鞘状或鳞片状，包围在茎的基部。聚伞花序假侧生；花多朵排列紧密或疏散。蒴果卵形，成熟时黄褐色至棕褐色。种子斜倒卵形，棕褐色。花期5～7月，果期6～9月。生于山沟、林下荫湿地、溪旁、道旁的浅水处。分布于山东、江苏、安徽、浙江、江西、福建、河南、湖北、湖南、广东、广西、四川、贵州、云南、西藏。

草麻黄 麻黄科

草本状灌木，高20 ~ 40cm。小枝绿色，长圆柱形，节明显。花成鳞球花序；雌球花成熟时苞片增大，肉质，红色。花期5 ~ 6月，种子成熟期7 ~ 8月。生于干燥山坡、平原、干燥荒地、河床、干燥草原、河滩附近。分布于华北及吉林、辽宁、陕西、新疆、河南西北部等地。

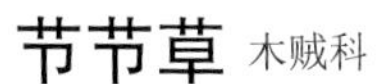

节节草 木贼科

地上枝多年生。枝一型，绿色，主枝多在下部分枝，常形成簇生状；幼枝的轮生分枝明显或不明显；主枝有脊5 ~ 14条，脊的背部弧形，有一行小瘤或有浅色小横纹；鞘筒狭长达1cm，下部灰绿色，上部灰棕色；鞘齿5 ~ 12枚，三角形，灰白色，黑棕色或淡棕色，边缘（有时上部）为膜质，基部扁平或弧形，早落或宿存。侧枝较硬，圆柱状，有脊5 ~ 8条，脊上平滑或有一行小瘤或有浅色小横纹。孢子囊穗短棒状或椭圆形，顶端有小尖突，无柄。我国各地有分布。

木贼 木贼科

多年生草本，高50cm以上。根茎短，黑色，匍匐，节上长出密集成轮生的黑褐色根。茎丛生，坚硬，直立不分枝，圆筒形，有关节状节，节间中空，茎表面有20～30条纵肋棱，每棱有两列小疣状突起。叶退化成鳞片状，基部合生成筒状的鞘，基部有1暗褐色的圈，上部淡灰色，先端有多数棕褐色细齿状裂片，裂片披针状锥形，先端长，锐尖，背部中央有1浅沟。孢子囊穗生于茎顶，长圆形，先端具暗褐色的小尖头。孢子囊穗6～8月间抽出。分布于东北、华北、西北、华中、西南。

笔管草 木贼科

多年生草本，根茎横走，黑褐色。茎一型，不分枝或不规则的分枝，通常高可达1m，中空，表面有脊和沟，脊6～30条，近平滑；小枝1条，或2～3条一组。叶鞘常为管状或漏斗状，紧贴，顶部常为棕色，鞘齿狭三角形，上部膜质，淡棕色，早落，留下截形基部。孢子囊穗顶生。生于河边或山涧旁的卵石缝隙中或湿地上。分布于华南、西南及江南、湖南等地。

问荆 木贼科

多年生草本。根茎匍匐生根，黑色或暗褐色。地上茎直立，2型。营养茎在孢子茎枯萎后生出，高15～60cm，有棱脊6～15条。叶退化，下部联合成鞘，鞘齿披针形，黑色，边缘灰白色，膜质；分枝轮生，中实，有棱脊3～4条，单一或再分枝。孢子囊穗5～6月抽出，顶生，钝头；孢子叶六角形，盾状着生，螺旋排列，边缘着生长形孢子囊。分布东北、华北及陕西、新疆、山东、江苏、安徽、江西、湖北、湖南、四川、贵州和西藏等地。

棒叶落地生根 景天科

多年生草本。茎直立，粉褐色，高约1m。叶圆棒状，上表面具沟槽，有灰色和黑色的条纹，叶端锯齿上有许多已生根的小植株。花序顶生，小花红色。作为室内盆栽，供室内观赏。

仙人掌 仙人掌科

多年生肉质植物。茎下部稍木质，近圆柱形，上部有分枝，具节；茎节扁平，倒卵形至长圆形，其上散生小窠，每一窠上簇生数条针刺和多数倒生短刺毛；针刺黄色，杂以黄褐色斑纹。叶退化成钻状，早落。花单生或数朵聚生于茎节顶部边缘，鲜黄色。浆果多汁，倒卵形或梨形，紫红色。花期5～6月。生于沿海沙滩的空旷处，向阳干燥的山坡、石上、路旁或村庄。分布于西南、华南及浙江、江西、福建等地。

二、水中生植物

莲 睡莲科

多年生水生草本。叶露出水面，叶柄着生于叶背中央，粗壮，圆柱形，多刺；叶片圆形，全缘或稍呈波状，上面粉绿色，下面叶脉从中央射出。花单生于花梗顶端，红色、粉红色或白色，花瓣椭圆形或倒卵形。花后结“莲蓬”，倒锥形；坚果椭圆形或卵形。生于水泽、池塘、湖沼或水田内。广布于南北各地。

睡莲 睡莲科

多年生水生草本。叶丛生，浮于水面；纸质，心状卵形或卵状椭圆形，先端圆钝，基部深弯呈耳状裂片，全缘。花梗细长，花浮出水面，花瓣8～17，白色，宽披针形或倒卵形。浆果球形，包藏于宿存花萼中；种子椭圆形，黑色。花期6～8月，果期8～10月。生长于池沼湖泊中。全国广布。

芡实 睡莲科

一年生大型水生草本。初生叶沉水，箭形或椭圆肾形；后生叶浮于水面，椭圆肾形至圆形，上面深绿色，多皱褶，下面深紫色，叶脉凸起，边缘向上折。花单生，花瓣多数，紫红色，成数轮排列；花期7～8月。浆果球形；果期8～9月。生于池塘、湖沼及水田中。分布于东北、华北、华东、华中及西南等地。

王莲 睡莲科

水生大型植物。叶片圆形，像圆盘浮在水面，直径可达2m以上，叶面光滑，绿色略带微红，有皱褶，背面紫红色，叶柄绿色，叶子背面和叶柄有许多坚硬的刺，叶脉为放射网状。花单生，有4片绿褐色的萼片，呈卵状三角形，外面全部长有刺；花瓣数目很多，呈倒卵形。花期为夏或秋季。我国多地有栽培。

浮萍 浮萍科

多年生细小草本，漂浮水面。根5～11条束生。叶扁平，单生或2～5簇生，阔倒卵形，先端钝圆，上面稍向内凹。花序生于叶状体边缘的缺刻内，佛焰苞袋状，2唇形，内有2雄花和1雌花，无花被。果实圆形，边缘有翅。生长于他沼、水田、湖湾或静水中。生于水中，广布于我国南北各地。

荇菜 龙胆科

多年生水生草本。茎沉水，圆柱形。叶浮于水面，近革质，基部扩大抱茎；叶片卵状圆形，基部心形，上面亮绿色，下面带紫色，全缘或边缘呈波状。花冠金黄色，辐射状，分裂几达基部，裂片5，倒卵形，先端微凹，边缘有毛。蒴果卵圆形。花期4～8月，果期6～9月。生于池塘中和水不甚流动的河溪中。我国温暖地区多有分布。

金银莲花 龙胆科

多年生水生草本。茎圆柱形，不分枝，形似叶柄，顶生单叶。叶飘浮，近革质，宽卵圆形或近圆形，全缘，具不甚明显的掌状叶脉。花多数，簇生节上，5数；花冠白色，基部黄色，分裂至近基部，冠筒短，具5束长柔毛，裂片卵状椭圆形，先端钝，腹面密生流苏状长柔毛。蒴果椭圆形。花果期8～10月。分布于东北、华东、华南以及河北、云南。

大薸 天南星科

水生飘浮草本。有多数长而悬垂的根，须根羽状，密集。叶簇生成莲座状；叶片倒三角形、倒卵形、扇形，以至倒卵状长楔形，先端浑圆，基部厚。佛焰苞白色，外被茸毛，中部两侧狭缩，管部卵圆形，檐部卵形，锐尖，近兜状；肉穗花序短于佛焰苞。浆果小，卵圆形。种子圆柱形。花期5～11月。长江流域以南各地有栽培，福建、台湾、广东、海南、广西、云南有野生。

凤眼莲 雨久花科

多年生浮水或生于泥沼中的草本。叶丛生于缩短茎的基部，叶柄长或短，中下部有膨大如葫芦状的气囊，基部有鞘状苞片；叶片卵形或圆形，大小不等。花茎单生，中上部有鞘状苞片；穗状花序有花6～12朵；花被6裂，青紫色。蒴果包藏于凋萎的花被管内。种子多数，卵形，有纵棱。花期夏、秋季。生于水塘中。分布于广东、广西等地。长江以南地区广泛栽培。

雨久花 雨久花科

直立水生草本，高30 ~ 70cm。叶基生和茎生；基生叶宽卵状心形，全缘，具多数弧状脉；叶柄长达30cm，有时膨大成囊状；茎生叶叶柄渐短，基部增大成鞘，抱茎。总状花序顶生，有时再聚成圆锥花序；花10余朵，花被片椭圆形，蓝色。蒴果长卵圆形，种子长圆形。花期7 ~ 8月，果期9 ~ 10月。生于池塘、湖沼靠岸的浅水处和稻田中。产东北、华北、华中、华东和华南。

梭鱼草 雨久花科

多年生挺水或湿生草本植物。叶基生；叶柄绿色，圆筒形；叶倒卵状披针形。穗状花序顶生，小花密集，蓝紫色带黄斑点，花被裂片6枚，近圆形，裂片基部连接为筒状。果实初期绿色，成熟后褐色。花果期5 ~ 10月。长江流域及华南地区有栽培。

狐尾藻 小二仙草科

多年生粗壮沉水草本。茎圆柱形，长20～40cm，多分枝。叶通常4片轮生，或3～5片轮生；水上叶互生，披针形，裂片较宽。花单生于水上叶腋内，每轮具4朵花，花无柄；花瓣4，椭圆形。果实广卵形，具4条浅槽。中国南北各地池塘、河沟、沼泽中常有生长。

再力花 竹芋科

多年生挺水草本植物，高100～250cm。叶基生，4～6片；叶柄较长，约40～80cm，下部鞘状，叶柄顶端和基部红褐色或淡黄褐色；叶片卵状披针形至长椭圆形，长20～50cm，宽10～20cm，硬纸质，全缘。复穗状花序，生于由叶鞘内抽出的总花梗顶端；小花紫红色，紧密着生于花轴。蒴果近圆球形或倒卵状球形。生长于河流、水田、池塘、湖泊、沼泽等水湿低地。我国南方多地有栽培。

泽泻 泽泻科

多年生沼生植物。叶根生；叶柄长达50cm，基部扩延成鞘状，叶片宽椭圆形至卵形，全缘。花茎由叶丛中抽出，长10 ~ 100cm，花序通常有3 ~ 5轮分枝，轮生的分枝常再分枝，组成圆锥状复伞形花序；花瓣倒卵形，白色。瘦果倒卵形。花期6 ~ 8月，果期7 ~ 9月。生于沼泽边缘或栽培。分布于东北、华东、西南及河北、新疆、河南等地。

东方泽泻 泽泻科

多年生水生或沼生草本。叶多数；挺水叶宽披针形、椭圆形，基部近圆形或浅心形，叶脉5 ~ 7条。花葶高35 ~ 90cm。花序长20 ~ 70cm，具3 ~ 9轮分枝，每轮分枝3 ~ 9枚；外轮花被片卵形，内轮花被片近圆形，比外轮大，白色、淡红色，边缘波状。瘦果椭圆形，腹部自果喙处凸起，呈膜质翅。花果期5 ~ 9月。分布于我国大部分地区。

野慈姑 泽泻科

多年生直立水生草本。有纤匐枝，枝端膨大成球茎。叶具长柄，叶通常为戟形，宽大，先端圆钝，基部裂片短。花葶同圆锥花序长20 ~ 60cm；花3 ~ 5朵为1轮，下部3 ~ 4轮为雌花，上部多轮为雄花；外轮花被片3，萼片状，卵形；内轮花被片3，花瓣状，白色，基部常有紫斑。瘦果斜倒卵形，背腹两面有翅。花期8 ~ 10月。生于沼泽、水塘，常栽培于水田。分布于南方各地。

黑三棱 黑三棱科

多年生草本。茎直立，圆柱形，光滑，高50 ~ 100cm。叶丛生，2列；叶片线形，叶背具1条纵棱，基部抱茎。花茎由叶丛抽出，单一；头状花序，有叶状苞片；雄花序位于雌花序的上部，通常2 ~ 10个；雌花序直径通常1 ~ 3个。果呈核果状，倒卵状圆锥形，先端有锐尖头。花期6 ~ 7月。果期7 ~ 8月。生于池沼或水沟等处。分布于黑龙江、吉林、辽宁、河北、河南、安徽、江苏、浙江、江西、湖南、湖北、四川、山西、陕西、甘肃、宁夏等地。

荆三棱 莎草科

多年生草本，高70 ~ 120cm。秆高大，粗壮，锐三棱形。叶秆生，叶片线形。叶状苞片3 ~ 5，长于花序；聚伞花序不分枝；小穗卵状长圆形，锈褐色，密生多数花。小坚果三棱状倒卵形，熟时黄白色或黄褐色，表面有细网纹。花、果期5 ~ 7月。生于湖、河浅水中和水湿地。分布于东北、华北、华东、西南及陕西、甘肃、青海、新疆、河南、湖北等地。

水葱 莎草科

多年生草本，高1 ~ 2m。秆高大，圆柱形，基部有叶鞘3 ~ 4，仅顶生叶鞘有叶片。叶片线形长1.5 ~ 2cm。聚伞花序假侧生；小穗单生或2 ~ 3个簇生，长圆状卵形，先端急尖或钝圆，密生多数花；鳞片椭圆形或宽卵形，边缘有缘毛，先端微凹。小坚果倒卵形，双凹状。花、果期6 ~ 9月。生于湖边或浅水塘中。分布于东北、内蒙古、陕西、山西、甘肃、新疆、河北、江苏、贵州、四川、云南等地。

水烛香蒲 香蒲科

多年生水生或沼生草本。根状茎乳白色。地上茎粗壮，向上渐细，高1 ~ 2m。叶片条形，光滑无毛，背面逐渐隆起呈凸形。雌雄花序相距3 ~ 7cm；雄花序轴具褐色扁柔毛；雌花序长15 ~ 30cm，雄花序长3 ~ 9cm。花果期5 ~ 8月。生于湖泊、池塘、沟渠、沼泽及河流缓流带。我国东北、华北、华东、华南、华中等地有分布。

小香蒲 香蒲科

多年生沼生或水生草本，高16 ~ 65cm。叶通常基生，鞘状。雌雄花序远离，雄花序长3 ~ 8cm，雌花序长1.6 ~ 4.5cm。小坚果椭圆形，纵裂，果皮膜质。种子黄褐色，椭圆形。花果期5 ~ 8月。分布于中国西南、西北、东北及河南、河北等地。

菰 禾本科

多年生草本。具根茎，须根粗壮；秆直立，高90～180cm。叶鞘肥厚，长于节间，基部者常具横脉纹；叶舌膜质，略呈三角形；叶片扁平，线状披针形，长30～100cm，宽10～30mm，下面光滑，上面粗糙。圆锥花序长30～60cm，分枝多数簇生，上升或基部者开展；雄性小穗通常生于花序下部，具短柄，常呈紫色；雌性小穗多位于花序上部。颖果圆柱形。花期秋季。生长于湖沼水内。分布于我国南北各地。

芦苇 禾本科

多年生高大草本，高1～3m。地下茎粗壮，横走，节间中空，节上有芽。茎直立，中空。叶2列，互生，叶片扁平。穗状花序排列成大型圆锥花序，顶生，小穗暗紫色或褐紫色。颖果椭圆形。花、果期7～10月。生于河流、池沼岸边浅水中。全国大部分地区都有分布。

第二部分 藤蔓类植物

一、匍匐草本

（一）单叶

1. 叶互生

铜钱草 伞形科

多年生草本植物。植株具有蔓生性，株高5 ~ 15cm，节上常生根。茎顶端呈褐色。叶互生，具长柄，圆盾形，直径2 ~ 4cm，缘波状，草绿色，叶脉15 ~ 20条放射状。花两性；伞形花序；小花白色。果为分果。花期6 ~ 8月。分布于长江以南各省。

积雪草 伞形科

多年生草本，茎匍匐，细长，节上生根。叶片膜质至草质，圆形，肾形或马蹄形，边缘有钝锯齿，基部阔心形；掌状脉5 ~ 7。伞形花序聚生于叶腋；每一伞形花序有花3 ~ 4，聚集呈头状；花瓣卵形，紫红色或乳白色，膜质。果实两侧扁平，圆球形，基部心形至平截形，每侧有纵棱数条，棱间有明显的小横脉，网状。花果期4 ~ 10月。分布于陕西、江苏、湖南、湖北、福建、台湾、广东、广西、四川、云南等省区。

天胡荽 伞形科

多年生草本，有特异气味，茎细长而平铺地上，节上生根。叶互生，叶片圆肾形或近圆形，基部心形，不分裂或3～7裂，裂片阔卵形，边缘有钝齿。伞形花序与叶对生，单生于节上；花瓣卵形，绿白色。双悬果略呈心形，两面扁压。花、果期4～9月。生于湿润的路旁、草地、沟边及林下。分布于西南及陕西、江苏、安徽、浙江、江西、福建、台湾、湖南、湖北、广东、广西等地。

半边莲 桔梗科

多年生蔓性草本。茎细长，多匍匐地面，多节，在节上生根，分枝直立。叶互生，叶片狭披针形或条形，全缘或有疏锯齿。花单生于叶腋，有细长的花柄；花冠粉红色或白色，一侧开裂，上部5裂，裂片倒披针形，偏向一方。蒴果倒锥状。花期5～8月，果期8～10月。生于水田边、沟边及潮湿草地上。分布于江苏、安徽、浙江、江西、福建、台湾、湖北、湖南、广东、广西、四川、贵州、云南等地。

马齿苋 马齿苋科

一年生肉质草本，全株光滑无毛，高20 ~ 30cm。圆柱形，平卧或斜向上，由基部分歧四散。叶互生或对生，叶柄极短，叶片肥厚肉质，倒卵形或匙形，全缘。花小，花瓣5，黄色，倒心形，常3 ~ 5朵簇生于枝端；花期5 ~ 9月。蒴果短圆锥形。果期6 ~ 10月。我国大部地区有分布。

萹蓄 蓼科

一年生或多年生草本，高10 ~ 50cm。植物体有白色粉霜，茎平卧地上或斜上伸展。单叶互生，几无柄，叶片窄长椭圆形或披针形。花常1 ~ 5朵簇生于叶腋，花被绿色，5裂，裂片椭圆形，边缘白色或淡红色，花期4 ~ 8月。瘦果三角状卵形，果期6 ~ 9月。生于山坡、田野、路旁等处。分布于全国大部分地区。

蕺菜 三白草科

多年生草本，高15～50cm。茎下部伏地，节上生根。叶互生，心形或宽卵形，全缘。穗状花序生于茎的上端，与叶对生；总苞片4枚，长方倒卵形，白色；花小而密，无花被，花期5～6月。蒴果卵圆形，果期10～11月。生长于阴湿地或水边。分布于西北、华北、华中及长江以南各地。

腹水草 玄参科

多年生宿根草本，高1.8～2.1m，全株着生细长软毛。茎半蔓性，瘦细，圆形。叶互生，椭圆形或长卵形，边缘粗锯齿，茎上部的叶较小，中部的叶最大，稍革质；有短柄。穗状花序集成球形，生于叶腋及枝梢；花冠紫色，圆筒状，4浅裂。蒴果，胞背开裂。花期6～9月。果期10月。野生于山谷阴湿处。分布于浙江、江苏、安徽、江西、福建等地。

阿拉伯婆婆纳 玄参科

二年生草本，高10～50cm，茎铺散，多分枝。叶在茎基部对生，上部互生。叶片卵形或圆形，边缘具钝齿。总状花序；花冠蓝色、紫色或蓝紫色。蒴果肾形。花期3～5月。生于路边及荒野杂草中。分布于华东、华中及新疆、贵州、云南、西藏东部。

番薯 旋花科

一年生草本。地下具圆形、椭圆形或纺锤形的块根。茎平卧或上升，多分枝，绿或紫色，节上易生不定根。单叶互生，叶片形状、颜色因品种不同而异，通常为宽卵形，全缘或3～5裂。聚伞花序腋生，花冠粉红色、白色、淡紫色或紫色，钟状或漏斗状。花期9～12月。我国各地均有栽培。

蕹菜 旋花科

一年生草本，蔓生。茎圆柱形，节明显，节上生根，节间中空。单叶互生，叶片形状大小不一，卵形、长卵形、长卵状披针形或披针形，先端锐尖或渐尖，具小尖头，基部心形，戟形或箭形，全缘或波状。聚伞花序腋生，有1～5朵花；花冠漏斗状，白色、淡红色或紫红色。蒴果卵圆形至球形。花期夏、秋季。生于气候湿暖、土壤肥沃多湿的地方或水沟、水田中。我国中部和南部各地常为无性栽培，北方较少。

蕹菜

田旋花 旋花科

多年生草本。茎平卧或缠绕，单叶互生，叶片卵状长圆形至披针形，先端钝或具小尖头，基部大多戟形，或为箭形及心形，全缘或3裂。花1至多朵生于叶腋，花冠漏斗形，白色或粉红色，5浅裂。蒴果卵状球形，或圆锥形。种子4颗，卵圆形，暗褐色或黑色。花期6～8月。生于耕地及荒坡草地、村边路旁。分布于东北、华北、西北及山东、江苏、河南、四川、西藏。

田旋花

广金钱草 豆科

半灌木状草本。茎平卧或斜举，基部木质，枝呈圆柱形，与叶柄均密被黄色短柔毛。叶互生，小叶1片，有时3片，中间小叶大而形圆，侧生小叶矩圆形，先端微凹，基部浅心形或近平截，全缘。总状花序，蝶形花冠紫红色。荚果被有短柔毛和钩状毛。分布于福建、湖南、广西和广东等省区。

假蒟 胡椒科

多年生匍匐草本。茎节膨大，常生不定根。小枝近直立。叶互生，近膜质，下部的叶阔卵形或近圆形，先端短尖，基部心形或近截形，叶脉7条；上部的叶小，卵形至卵状披针形。穗状花序。浆果近球形，具角棱。花期夏季。生于山谷密林中或村旁湿润处。分布于福建、广东、海南、广西、贵州及西藏南部等地。

2. 叶对生或轮生

凹叶景天 景天科

多年生肉质草本，高10～20cm。茎细弱，下部平卧，节处生须根，上部直立，淡紫色，略呈四方形，棱钝，有槽，平滑。叶对生或互生，匙状倒卵形至宽卵形，先端圆，微凹，基部渐狭，有短距，全缘，光滑。蝎尾状聚伞花序顶生，花小，花瓣5，黄色，披针形。蓇葖果，略叉开，腹面有浅囊状隆起。花期4～6月，果期6～8月。生于较阴湿的岩石上或溪谷林下。分布于陕西、安徽、福建、湖北、广东、四川、云南等地。

佛甲草 景天科

多年生肉质草本，高10～20cm。全株无毛。茎纤细倾卧，着地部分节上生根。叶3～4片轮生；近无柄；叶片条形，质肥厚。聚伞花序顶生，花细小，花瓣5，黄色，长圆状披针形。蓇葖果，成熟时呈五角星状。花期5～6月，果期7～8月。生于阴湿处或山坡、山谷岩石缝中。分布于中南及甘肃、浙江、江西、四川、云南等地。

垂盆草 景天科

多年生肉质直立草本。不育枝及花茎细，匍匐而节上生根。叶为3片轮生，叶片倒披针状长圆形，全缘。聚伞花序顶生，有3～5分枝，花瓣5，黄色，披针形至长圆形；花期5～7月。我国大部分地区有分布。

旱田草 玄参科

一年生草本，高10～15cm。茎柔弱，少直立，多分枝而长蔓，节上生根。叶对生，长圆形、椭圆形、卵状长圆形或圆形，边缘明显的急尖细锯齿。总状花序顶生；花冠紫红色，花冠管圆柱状，上唇直立2裂，下唇扩展,3裂，裂片几相等。蒴果圆柱形。种子椭圆形，褐色。花期6～9，果期7～11月。生于草地、平原、山谷及林下。分布于江西、福建、台湾、湖北、湖南、广东、广西、四川、贵州、云南、西藏。

苦玄参 玄参科

草本，长达1米，基部匍匐或倾卧，节上生根；枝叉分，有条纹，被短糙毛，节常膨大。叶对生，叶片卵形，顶端急尖，基部常多少不等，延下于柄，边缘有圆钝锯齿，上面密布粗糙的短毛。花序总状排列，有花4～8朵，总花梗与花梗均细弱；花冠白色或红褐色，上唇直立，基部很宽，下唇宽阔。蒴果卵形，包于宿存的萼片内。分布于广东、广西、贵州和云南南部。

爵床 爵床科

一年生匍匐草本，高15～30cm。茎方形，绿色，表面被灰白色细柔毛，节稍膨大。单叶对生，卵形、长椭圆形或广披针形，全缘。穗状花序顶生或腋生，花冠淡红色或带紫红色，上部唇形，上唇2浅裂，下唇3裂较深。蒴果线形。花期8～11月。生于旷野草地和路旁的阴湿处。分布于山东、浙江、江苏、江西、湖北、四川、云南、广东、福建及台湾等地。

飞扬草 大戟科

一年生草本。茎通常自基部分枝，枝常淡红色或淡紫色，匍匐状或扩展。叶对生，叶片披针状长圆形至卵形或卵状披针形，边缘有细锯齿，中央常有1紫色斑。杯状花序多数密集成腋生头状花序，总苞宽钟状，外面密被短柔毛，顶端4裂；腺体4，漏斗状，有短柄及花瓣状附属物。蒴果卵状三棱形，被短柔毛；种子卵状四棱形。花期全年。分布于浙江、江西、福建、台湾、湖南、广东、海南、广西、四川、贵州、云南。

地锦草 大戟科

一年生草本，含白色乳汁，茎平卧地面，呈红色。叶对生，叶柄极短，叶片长圆形，边缘有细齿，绿色或淡红色。杯状花序单生于叶腋；总苞倒圆锥形，浅红色。蒴果三棱状球形，光滑无毛。花期6～10月，果实7月渐次成熟。生于田野路旁及庭院间。全国各地均有分布。

斑叶地锦 大戟科

本种与地锦草极相似，主要区别是叶片中央有一紫斑，蒴果表面密生白色细柔毛。

过路黄 报春花科

多年生蔓生草本。茎柔弱，平卧延伸。单叶对生，叶片卵圆形、近圆形至肾圆形。花单生于叶腋，花冠黄色，辐状钟形，5深裂，裂片狭卵形至近披针形，具黑色长腺条。蒴果球形。花期5～7月，果期7～10月。生于沟边、路旁阴湿处和山坡林下。江南各省均有分布。

聚花过路黄 报春花科

多年生匍匐草本，茎基部节间短，常生不定根，上部及分枝上升，圆柱形。叶对生，叶片卵形、阔卵形以至近圆形。总状花序，花冠黄色，内面基部紫红色，5裂，裂片卵状椭圆形至长圆形，散生暗红色或变黑色的腺点。蒴果球形。花期5～6月，果期7～10月。生于水沟边、山坡林缘、草地等湿润处。分布于长江以南各地以及陕西、甘肃南部和台湾。

空心莲子菜 苋科

多年生草本，长50～120cm。茎基部匍匐，着地节处生很，上部直立。叶对生，叶片倒卵形或倒卵状披针形，全缘。头状花序单生于叶腋，总花梗长1～4cm，苞片和小苞片白色，花被片白色；花期5～10月。生于水沟、池塘及田野荒地等处。分布于河北、江苏、安徽、浙江、江西、福建、湖南、湖北、广西等地。

鹅肠菜 石竹科

二年或多年生草本，高20～60cm。茎多分枝，下部伏卧，上部直立，节膨大，带紫色。叶对生，下部叶有短柄，上部叶无柄或抱茎；叶片卵形或卵状心形，全缘。二歧聚伞花序顶生，花梗细长，花瓣5，白色，2深裂至基部。种子多数，扁圆形，褐色，有瘤状突起。全国各地均有分布。

活血丹 唇形科

多年生草本，高10～30cm，幼嫩部分被疏长柔毛。匍匐茎着地生根，茎上升，四棱形。叶对生，叶片心形或近肾形，边缘具圆齿，两面被柔毛或硬毛。轮伞花序通常2、3花；花冠蓝色或紫色，下唇具深色斑点，花冠筒有长和短两型。小坚果长圆状卵形，深褐色。花期4～5月，果期5～6月。生于林缘、疏林下、草地上或溪边等阴湿处。全国各地除甘肃、青海、新疆及西藏外，均有分布。

百里香 唇形科

茎多数，匍匐或上升。花枝高2～10cm，具2～4对叶，叶片卵形。花序头状；萼筒状钟形或狭钟状，内面在喉部有白色毛环，上唇具3齿，齿三角形；花冠紫红色至粉红色，上唇直伸，微凹，下唇开展，3裂，中裂片较长。小坚果近圆形或卵圆形，光滑。花期7～8月。分布于河北、山西、陕西、甘肃、青海。

鳞叶龙胆 龙胆科

一年生细弱小草本，高3～8cm。茎黄绿色或紫红色，分枝多，铺散，斜升，全株被腺毛。基生叶呈莲座状，在花期枯萎，叶片倒卵形；茎生叶对生，无柄，叶片倒卵形至圆形。花多数单生于分枝的顶端；花冠钟形，淡蓝色或白色，5裂。蒴果倒卵形。花期4～7月，果期8～9月。生于向阳山坡干草原、河滩、路边灌丛及高山草甸。分布于东北、华北、西北、华东、西南等地。

刺芒龙胆 龙胆科

一年生草本，高3 ~ 10cm。茎黄绿色，在基部多分枝，枝铺散，斜上升。基生叶大，在花期枯萎，宿存，卵形或卵状椭圆形，边缘软骨质；茎生叶线状披针形，愈向茎上部叶愈长。花单生于小枝顶端，花冠下部黄绿色，上部蓝色、深蓝色或紫红色，喉部具蓝灰色宽条纹，倒锥形，裂片卵形或卵状椭圆形。蒴果矩圆形或倒卵状矩圆形。花果期6 ~ 9月。生于河滩、草甸、砾石地、山谷。分布于西藏、云南、四川、青海、甘肃等地。

伞房花耳草 茜草科

一年生、披散、纤弱草本，高15 ~ 50cm。茎多分枝。叶对生，无柄或具短柄；叶片线状披针形，边缘粗糙，常向背面卷曲。伞房花序腋生，花序柄线状；花冠漏斗状，白色或淡红色。蒴果圆球形。种子细小，多数。花期7 ~ 9月，果期9 ~ 10月。生于路旁、溪边、旷地、园圃。分布于我国东南、西南各地。

（二）复叶

蒺藜 蒺藜科

一年生草本。茎由基部分枝，平卧地面。偶数羽状复叶对生，一长一短；长叶具6～8对小叶；短叶具3～5对小叶；小叶对生，长圆形。花小，单生于短叶的叶腋；花瓣5，淡黄色，倒卵形。果实为离果，五角形或球形，由5个呈星状排列的果瓣组成，每个果瓣具长短棘刺各1对，背面有短硬毛及瘤状突起。花期5～8月，果期6～9月。分布于全国各地。

蛇莓 蔷薇科

多年生草本。匍匐茎多数，在节处生不定根。基生叶数个，茎生叶互生，均为三出复叶，小叶片具小叶柄，倒卵形至棱状长圆形，先端钝，边缘有钝锯齿，两面均有柔毛或上面无毛。花单生于叶腋，花瓣5，倒卵形，黄色，先端圆钝。瘦果卵形，光滑或具不明显突起，鲜时有光泽。花期6～8月。果期8～10月。生于山坡、河岸、草地、潮湿的地方。分布于辽宁以南各地。

蛇含委陵菜 蔷薇科

一年生或多年生宿根草本。茎平卧，具匍匐茎。基生叶为近于鸟足状5小叶；小叶片倒卵形或长圆卵形，边缘有多数急尖或圆钝锯齿；下部茎生叶有5小叶，上部茎生叶有3小叶，与基生叶相似。聚伞花序密集枝顶如假伞形，花瓣5，倒卵形，先端微凹，黄色。瘦果近圆形。花、果期4～9月。生于田边、水旁、草甸及山坡草地。分布于华东、中南、西南及辽宁、陕西、西藏等地。

鹅绒委陵菜 蔷薇科

多年生草本。茎匍匐，在节处生根。基生叶为间断羽状复叶。开花时明显丛生，小叶6～11对，对生或互生。茎生叶小叶片通常椭圆形，边缘有多数尖锐锯齿或呈裂片状，上面绿色，被疏柔毛或脱落近无毛，下面密被银白色绢毛。单花腋生，花瓣5，倒卵形，先端圆形，黄色；花枝侧生。瘦果卵形。花期5～7月。生于河岸、路边、山坡草地及草甸。分布于东北、华北、西北及四川、云南、西藏等地。

匍匐委陵菜 蔷薇科

多年生匍匐草本。匍匐枝长20～100cm，节上生不定根。基生叶为鸟足状5出复叶，小叶有短柄或几无柄；小叶片倒卵形至倒卵圆形，边缘有急尖或圆钝锯齿；匍匐枝上叶与基生叶相似。单花自叶腋生或与叶对生，花瓣黄色，宽倒卵形，顶端显著下凹。瘦果黄褐色，卵球形，外面被显著点纹。花果期6～8月。生田边潮湿处，分布于新疆等地。

小冠花 豆科

多年生草本，茎分枝多，匍匐生长。奇数羽状复叶互生，小叶11～27，小叶全缘，长椭圆形或倒卵形。伞形花序冠状，花蝶形，粉红色或淡红色。荚果细长；种子细长、肾状，黑褐色。我国华北、华东、华中、西北等地有栽培。

扁茎黄芪 豆科

多年生草本。茎匍匐。单数羽状复叶，具小叶9～21，小叶椭圆形或卵状椭圆形，全缘。总状花序腋生，总花梗细长，具花3～9朵，花萼钟形，被黑色和白色短硬毛；花冠蝶形，黄色，旗瓣近圆形，翼瓣稍短，龙骨瓣与旗瓣近等长。荚果纺锤形。花期8～9月，果期9～10月。分布于辽宁、吉林、河北、陕西、甘肃、山西、内蒙古等地。

蔓性千斤拔 豆科

直立或披散亚灌木，高1～2m。幼枝有棱角，披白柔毛。3出复叶互生，小叶矩圆形至卵状披针形，全缘。短总状花序腋生，花冠粉红色，旗瓣秃净，圆形，基部白色，外有纵紫纹；翼瓣基部白色，有柄，前端紫色；龙骨瓣2片，基部浅白色。荚果，种子2枚，圆形。花期8～9月。果期10月。生长于山坡草丛中。分布于福建、台湾、广西、广东、湖北、贵州、江西等地。

白车轴草 豆科

多年生草本，高15～20cm。茎匍匐，蔓生，随地生根。三出复叶，具长柄；小叶倒卵形至倒心形，边缘具细齿。花序头状，总花梗长；花冠白色或淡红色。荚果线形；种子3～4颗，细小，黄褐色。花、果期5～10月。分布于我国东北、华北、江苏、贵州、云南。

酢浆草 酢浆草科

多年生草本，茎细弱，匍匐或斜生。掌状复叶互生，小叶3片，倒心形，先端凹。花单生或数朵组成腋生伞形花序，花瓣5，黄色，倒卵形；花期5～8月。蒴果近圆柱形，具5棱；种子深褐色，近卵形而扁，有纵槽纹；果期6～9月。分布于全国大部分地区。

杠板归 蓼科

多年生蔓生草本，长1～2m。全株无毛；茎有棱，棱上有倒钩刺。叶互生；叶柄盾状着生；托叶鞘叶状，圆形或卵形，抱茎；叶片近三角形，下面叶脉疏生钩刺。短穗状花序顶生或生于上部叶腋，两性花；花小，多数，具苞，苞片圆形，花被白色或淡红色，5裂，裂片卵形，果时增大，肉质，变为深蓝色。瘦果球形，暗褐色，有光泽。花期6～8月，果期9～10月。全国各地均有分布。

二、草质藤本

（一）单叶

1. 叶不分裂

（1）叶互生

何首乌 蓼科

多年生缠绕藤本。叶互生，具长柄，叶片狭卵形或心形，全缘或微带波状。圆锥花序；花小，花被绿白色，5裂，大小不等，外面3片的背部有翅。瘦果椭圆形，有3棱，黑色，光亮，外包宿存花被，花被具明显的3翅。花期8～10月，果期9～11月。分布于华东、中南及河北、山西、陕西、甘肃、台湾、四川、贵州、云南等地。

白英 茄科

草质藤本。叶互生，叶片多为戟形或琴形，先端渐尖，基部心形，上部全缘或波状，下部常有1～2对耳状或戟状裂片，少数为全缘，中脉明显。聚伞花序顶生或腋外侧生；花冠蓝紫色或白色，5深裂，裂片自基部向下反折。浆果球形，熟时红色。花期7～9月，果期10～11月。分布于华东、中南、西南及山西、陕西、甘肃、台湾等地。

羊乳 桔梗科

多年生缠绕草本。主茎上的叶互生，细小，短枝上的叶4片簇生，椭圆形或菱状卵形，叶缘有刚毛，近无柄。花单生，花冠钟状，5浅裂，黄绿色，内有紫色斑点。蒴果下部半球状，上部有喙，有宿萼。种子有翼。花期7～8月，果期9～10月。生于山野沟洼潮湿地带或林缘、灌木林下。主产于东北、华北、华东、中南及贵州、陕西。

旱金莲 旱金莲科

攀援状肉质草本。叶互生；叶柄着生于叶片近中心处；叶盾状近圆形，有主脉9条，由叶柄着生处向四方发出，边缘有波状钝角。花单生于叶腋，有长梗；多为黄色或橘红色，花瓣5，上面2瓣常较大，下面3瓣较小。果实成熟时分裂成3个小核果。花期春、夏季。我国南、北方各地常见栽培。

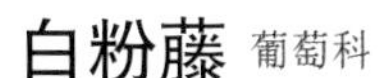

白粉藤 葡萄科

草质藤本。小枝圆柱形，有纵棱纹，常被白粉，无毛。卷须2叉分枝，相隔2节间断与叶对生。叶心状卵圆形，顶端急尖或渐尖，基部心形，边缘每侧有9～12个细锐锯齿；基出脉3～5。花序顶生或与叶对生，二级分枝4～5集生成伞形；萼杯形，边缘全缘或呈波状；花瓣4，卵状三角形。果实倒卵圆形。花期7～10月，果期11月至翌年5月。生于山谷疏林或山坡灌丛。分布于广东、广西、贵州、云南。

火焰兰 兰科

茎粗壮，攀援树上，长达数十米。叶二列，革质；叶片长圆形，先端2圆裂。花葶粗壮，具数个分枝；总状花序疏生；中萼片狭匙形，红色，带橘黄色斑点；花瓣与中萼片同色，但较短小；侧萼片长圆形，边缘波状，唇瓣小，黄白色带鲜红色条纹。蒴果椭圆形。花期4～6月。附生于林中树上或岩石上。分布于广东、海南、广西、云南。

圆叶牵牛 旋花科

一年生缠绕草本，茎上被倒向的短柔毛，杂有倒向或开展的长硬毛。叶圆心形或宽卵状心形，基部圆心形，通常全缘，两面疏或密被刚伏毛。花腋生，单一或2～5朵着生于花序梗顶端成伞形聚伞花序；花冠漏斗状，紫红色、红色或白色，花冠管通常白色。蒴果近球形，3瓣裂。种子卵状三棱形，黑褐色或米黄色。全国各地多有分布。

圆叶茑萝 旋花科

一年生草本，茎缠绕。叶心形，全缘。聚伞花序腋生，有花3～6朵；花冠高脚碟状，橙红色，喉部带黄色，冠檐5深裂。蒴果小，球形。我国各地庭园常栽培。

盾叶薯蓣 薯蓣科

缠绕草质藤本。单叶互生，叶柄盾状着生；叶片厚纸质，三角状卵形、心形或箭形，通常3浅裂至3深裂，中间裂片三角状卵形或披针形，两侧裂片圆耳状或长圆形。雄花无柄，常2～3朵簇生，再排列成穗状，花序单一分枝，1或2～3个簇生叶腋。蒴果三棱形，每棱翅状。花期5～8月，果期9～10月。生于杂木林间或森林、沟谷边缘的路旁。分布于陕西秦岭以南、甘肃、河南、湖北、湖南、四川。

纤细薯蓣 薯蓣科

缠绕草质藤本。单叶互生，叶片卵状心形，全缘或微波状；叶柄与叶片近于等长。雄花序穗状，单生于叶腋，通常作不规则分枝；雄花单生，花被碟形，顶端6裂，裂片长圆形。雌花序与雄花序相似。蒴果三棱形，顶端截形，每棱翅状，长卵形。花期5～8月，果期6～10月。分布于安徽南部、浙江、福建北部、江西、湖北西南部、湖南东部。

黄独 薯蓣科

多年生草质缠绕藤本。茎圆柱形，长可达数米，绿色或紫色，光滑无毛；叶腋内有紫棕色的球形或卵形的珠芽。叶互生；叶片广心状卵形，先端尾状，基部宽心形，全缘，基出脉7～9条；叶柄扭曲，与叶等长或稍短。穗状花序腋生，小花黄白色，花被6片，披针形。蒴果反折下垂，三棱状长圆形，表面密生紫色小斑点。花期8～9月。果期9～10月。分布于华东、中南、西南及陕西、甘肃、台湾等地。

千里光 菊科

多年生攀援草本。茎曲折，多分枝。叶互生，具短柄；叶片披针形至长三角形，边缘有浅或深齿，或叶的下部2～4对深裂片。头状花序顶生，排列成伞房花序状；周围舌状花黄色，中央管状花黄色。瘦果圆筒形。花期10月到翌年3月，果期2～5月。分布于华东、中南、西南及陕西、甘肃、广西、西藏等地。

赤瓟 葫芦科

攀缘草质藤本。全株被黄白色长柔毛状硬毛。叶互生，叶片宽卵状心形，边缘浅波状，两面粗糙。卷须纤细。雄花单生，或聚生于短枝的上端，呈假总状花序；花冠黄色，裂片长圆形；雌花单生，花萼、药冠同雄花。果实长卵状长圆形，表面橙黄色，或红棕色，有光泽，被柔毛，具10条明显的纵纹。种子卵形，黑色。花期6～8月，果期8～10月。生于山坡、河谷及林缘处。分布于黑龙江、吉林、辽宁、河北、山西、陕西、宁夏、甘肃、山东等地。

马瓞儿 葫芦科

多年生草质藤本。茎纤细，柔弱。单叶互生，有细长柄；叶片卵状三角形，膜质，边缘疏生不规则钝齿，有时3浅裂，两面均粗糙。夏季开白色花，单生或数朵聚生于叶腋；花梗细长，丝状；花冠三角钟形，5浅裂，裂片卵形。果实卵形或近椭圆形，橙黄色，果皮甚薄，内有多数扁平种子。生于低山坡地、村边草丛。分布于江苏、福建、广东、广西和云南等省区。

北马兜铃 马兜铃科

草质藤本。叶纸质，叶片卵状心形或三角状心形，先端短尖或钝，基部心形，两侧裂片圆形，边全缘，基出脉5～7条。总状花序叶腋生；花被基部膨大呈球形，向上收狭呈一长管，管口扩大呈漏斗状；檐部一侧极短，另一侧渐扩大成舌片，舌片卵状披针形，先端长渐尖具延伸成1～3cm线形而弯扭的尾尖，黄绿色，常具紫色纵脉和网纹。蒴果宽倒卵形或椭圆状倒卵形，6棱。花期5～7月，果期8～10月。分布于东北、华北等地。

马兜铃 马兜铃科

草质藤本。茎柔弱，无毛。叶互生，卵状三角形、长圆状卵形或戟形，先端钝圆或短渐尖，基部心形，两侧裂片圆形，下垂或稍扩展；基出脉5～7条。花单生或2朵聚生于叶腋；花被长3～5.5cm，基部膨大呈球形，向上收狭成一长管，管口扩大成漏斗状，黄绿色，口部有紫斑，内面有腺体状毛；檐部一侧极短，另一侧渐延伸成舌片；舌片卵状披针形，顶端钝。蒴果近球形，先端圆形而微凹，具6棱。花期7～8月，果期9～10月。分布于山东、河南及长江流域以南各地。

（2）叶对生或轮生

鹅绒藤 萝藦科

草质藤本。叶对生，叶片宽三角状心形，先端锐尖，基部心形，叶面深绿色，叶背苍白色，两面均被短柔毛。伞形聚伞花序腋生，二歧，有花约20朵；花冠白色，裂片5，长圆状披针形；副花冠二形，杯状，上端裂成10个丝状体，分为2轮；外轮约与花冠裂片等长，内轮略短。蓇葖果双生或仅有1个发育，细圆柱状，向端部渐尖。种子长圆形先端具白色绢质种毛。花期6～8月，果期8～10月。分布于辽宁、内蒙古、河北、山西、陕西、宁夏、甘肃、河南及华东等地。

萝藦 萝藦科

多年生草质藤本。叶对生，膜质，叶片卵状心形，基部心形，叶耳圆。总状聚伞花序腋生；花冠白色，有淡紫红色斑纹，近辐状；花冠短5裂，裂片兜状。果叉生，纺锤形。种子扁平，先端具白色绢质毛。花期7～8月，果期9～12月。分布于东北、华北、华东及陕西、甘肃、河南、湖北、湖南、贵州等地。

蔓生白薇 萝藦科

多年生藤本，茎上部缠绕，下部直立，全株被绒毛。叶对生，纸质，宽卵形或椭圆形，基部圆形或近心形，两面被黄色绒毛，边具绿毛；侧脉6～8对。聚伞花序腋生，近无总花梗，着花10余朵；花冠初呈黄白色，渐变为黑紫色，枯干时呈暗褐色，钟状辐形。蓇葖果单生，宽披针形；种子宽卵形，暗褐色种毛白色绢质。花期5～8月，果期7～9月。分布于吉林、辽宁、河北、河南、四川、山东、江苏和浙江等地。

雀瓢 萝藦科

茎柔弱，分枝较少，茎端通常伸长而缠绕。叶对生或近对生，叶线形或线状长圆形。聚伞花序腋生，花较小、较多；花冠绿白色，副花冠杯状。蓇葖果纺锤形，先端渐尖，中部膨大；种子扁平，暗褐色，种毛白色绢质。花期3～8月。分布于辽宁、内蒙古、河北、河南、山东、陕西、江苏等省区。

隔山消 萝藦科

多年生草质藤本，肉质根近纺锤形，灰褐色。叶对生，叶片薄纸质，卵形，基部耳状心形，两面被微柔毛；基脉3～4条，放射状，侧脉4对。近伞房状聚伞花序半球形，花冠淡黄色，辐状，裂片长圆形，副花冠裂片近四方形。蓇葖果单生，披针形；种子卵形，顶端具白色绢质种毛。花期5～9月，果期7～10月。分布于辽宁、山西、陕西、甘肃、新疆、山东、江苏、安徽、河南、湖北、湖南和四川等地。

参薯 薯蓣科

多年生缠绕草质藤本。茎右旋，无毛，通常有四条狭翅。单叶，在茎下部的互生，中部以上的对生；叶片纸质，卵形至卵圆形，基部心形、深心形至箭形，两面无毛；叶腋内有大小不等的珠芽，珠芽多为球形、卵形或倒卵形。雄花序为穗状花序，通常2至数个簇生或单生于花序轴上排列成圆锥花序，花序轴明显地呈“之”字状曲折；雌花序为穗状花序。蒴果三棱状扁圆形，种子四周有膜质翅。花期11月至翌年1月，果期12月至翌年1月。分布于浙江、江西、福建、台湾、湖北、湖南、广东、广西、贵州、四川、云南、西藏等地。

蔓生百部 百部科

块根肉质，成簇，常长圆状纺锤形。茎长达1m多，常有少数分枝，下部直立，上部攀援状。叶2～4枚轮生，纸质或薄革质，卵形，卵状披针形或卵状长圆形，边缘微波状，主脉通常5条。花序柄贴生于叶片中脉上，花单生或数朵排成聚伞状花序，花柄纤细，花被片淡绿色，披针形。蒴果卵形，赤褐色。花期5～7月，果期7～10月。分布于山东、安徽、江苏、浙江、福建、江西、湖南、湖北、四川、陕西等地。

大百部 百部科

块根通常纺锤状，长达30cm。茎常具少数分枝，攀援状。叶对生或轮生，卵状披针形、卵形或宽卵形，边缘稍波状，纸质或薄革质；叶柄长3 ~ 10cm。花单生或2 ~ 3朵排成总状花序，生于叶腋，花被片黄绿色带紫色脉纹。蒴果光滑，具多数种子。花期4 ~ 7月，果期7 ~ 8月。分布于台湾、福建、广东、广西、湖南、湖北、四川、贵州、云南等地。

党参 桔梗科

多年生草本。茎缠绕，长而多分枝。叶对生、互生或假轮生；叶片卵形广卵形，全缘或微波状。花单生，花梗细；花冠阔钟形，淡黄绿，有淡紫堇色斑点，先端5裂，裂片三角形至广三角形。蒴果圆锥形，有宿存萼。花期8 ~ 9月，果期9 ~ 10月。生于山地灌木丛中及林缘。分布于东北及河北、河南、山西、陕西、甘肃、内蒙古、青海等地。

金钱豹 桔梗科

多年生缠绕草本。主根肥大，肉质，米黄色。茎细弱，浅绿色，光滑无毛。单叶对生，卵圆状心形，先端尖，边缘有钝锯齿，基部深心脏形。花钟状，单生于叶腋；花冠淡黄绿色，有紫色条纹。浆果半球形而扁。花期8～9月。生于低山区的向阳坡地上。分布于我国南部和西南部。

鸡矢藤 茜草科

多年生草质藤本，全株均被灰色柔毛，揉碎后有恶臭。叶对生，有长柄，卵形或狭卵形，基部圆形或心形，全缘。伞状圆锥花序；花冠筒钟形，外面灰白色，内面紫色，5裂。果球形，淡黄色。花期8月，果期10月。主要分布于我国南方各省。

茜草 茜草科

多年生攀援草本。茎四棱形，棱上生多数倒生的小刺。叶四片轮生，具长柄；叶片形状变化较大，卵形、三角状卵形、宽卵形至窄卵形，上面粗糙，下面沿中脉及叶柄均有倒刺，全缘，基出脉5。聚伞花序圆锥状，腋生及顶生；花小，黄白色；花冠辐状，5裂，裂片卵状三角形。浆果球形。花期6～9月，果期8～10月。分布于全国大部分地区。

拉拉藤 茜草科

一年蔓生或攀援草本，茎绿色，多分枝，具四棱，沿棱生有倒生刺毛。叶4～8片轮生；近无柄；叶片线状披针形至椭圆状披针形，上面绿色，被倒白刺毛。聚伞花序腋生或顶生，花黄绿色，花冠4裂，裂片长圆形。果实表面密生钩刺。花期4～5月，果期6～8月。生于路边、荒野、田埂边及草地上。分布于全国各地。

2. 叶分裂

葎草 桑科

蔓性草本。茎有纵条棱，茎棱和叶柄上密生短倒向钩刺。单叶对生；叶柄长5～20cm，有倒向短钩刺；掌状叶5～7深裂，裂片卵形或卵状披针形，边缘有锯齿，上面有粗刚毛，下面有细油点。雄花序为圆锥花序，雌花序为短穗状花序；雄花小，具花被片5，黄绿色；雌花每2朵具1苞片，苞片卵状披针形，被白色刺毛和黄色小腺点，花被片1，灰白色。果穗绿色，近球形；瘦果淡黄色，扁球形。花期6～10月，果期8～11月。我国大部分地区有分布。

啤酒花 桑科

多年生缠绕草本。全株被倒钩刺，茎枝和叶柄有密生细毛。单叶对生，叶片纸质，卵形，3～5深裂或不裂，边缘具粗锯齿，上面密生小刺毛，下面有疏毛和黄色小油点。雄花序为圆锥花序，花被片5，雄蕊5，黄绿色；雌花每2朵生于一苞片的腋部，苞片覆瓦状排列，组成近圆形的短穗状花序。果穗球果状，宿存苞片膜质且增大。瘦果扁圆形，褐色，为增大的苞片包围着。花期5～6月，果期6～9月。东北、华北及山东、浙江等地多为栽培。

蝙蝠葛 防己科

多年生缠绕藤本。小枝绿色。单叶互生，圆肾形或卵圆形，边缘3～7浅裂，裂片近三角形，掌状脉5～7条；叶柄盾状着生。圆锥花序腋生，花小，黄绿色。核果扁球形，熟时黑紫色。花期5～6月，果期7～9月。分布于东北、华北、华东及陕西、宁夏、甘肃等地。

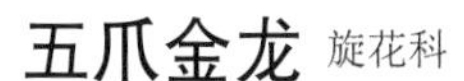

五爪金龙 旋花科

多年生缠绕草本。茎细长，有细棱。叶互生，掌状5深裂或全裂，裂片卵状披针形、卵形或椭圆形，中裂片较大，两侧裂片稍小，全缘或不规则微波状，基部1对裂片通常再2裂。聚伞花序腋生，花冠紫色或淡红色，漏斗状。蒴果近球形，2室，4瓣裂。种子黑色。花、果期夏、秋季。生于平地或山地路边灌丛中，多生长于向阳处。分布于福建、台湾、广东、海南、广西、云南等地。

打碗花 旋花科

一年生草本，高8～40cm。具细长白色的根。植株通常矮小，蔓性，光滑，茎自基部分枝，平卧，有细棱。单叶互生，基部叶片长圆形，先端圆，基部戟形，上部叶片3裂，中裂片长圆形或长圆状披针形，侧裂片近三角形，全缘或2～3裂，叶基心形或戟形。花单一腋生，花冠淡紫色或淡红色，钟状。蒴果卵球形，种子黑褐色，表面有小疣。花期夏季。全国大部分地区有分布。

裂叶牵牛 旋花科

一年生攀援草本。茎缠绕。叶互生，心脏形，3裂至中部，中间裂片卵圆形，两侧裂片斜卵形，全缘。花2～3朵腋生，花冠漏斗状，先端5浅裂，紫色或淡红色。蒴果球形。花期6～9月。果期7～9月。生于山野、田野。全国各地均有分布。

茑萝松 旋花科

一年生柔弱缠绕草本。叶羽状深裂，具10～18对线形至丝状的平展的细裂片。花序腋生，由少数花组成聚伞花序；花冠高脚碟状，深红色。蒴果卵形，4室，4瓣裂。种子4，卵状长圆形，黑褐色。我国广泛栽培。

爬山虎 葡萄科

落叶木质攀援大藤本。枝条粗壮；卷须短，多分枝，枝端有吸盘。单叶互生，叶片宽卵形，先端常3浅裂，基部心形，边缘有粗锯齿，幼苗或下部枝上的叶较小，常分成3小叶或为3全裂，中间小叶倒卵形，两侧小叶斜卵形，有粗锯齿。聚伞花序，花绿色。浆果，熟时蓝黑色。花期6～7月，果期9月。分布于华北、华东、中南、西南各地。

薯蓣 薯蓣科

多年生缠绕草本。茎细长，蔓性，通常带紫色。叶对生或3叶轮生，叶腋间常生珠芽；叶片三角状卵形至三角状广卵形，通常耳状3裂，中央裂片先端渐尖，两侧裂片呈圆耳状，基部戟状心形。花极小，黄绿色，成穗状花序；花被6，椭圆形。蒴果有3翅。花期7～8月，果期9～10月。现各地皆有栽培。

穿龙薯蓣 薯蓣科

多年生缠绕草本。茎左旋，圆柱形。单叶互生，叶片掌状心形，变化较大，边缘作不等大的三角状浅裂、中裂或深裂。花黄绿色，花序腋生，下垂；雄花序复穗状，雌花序穗状；雄花小，钟形，花被片6。蒴果倒卵状椭圆形，具3翅。花期6～8月。分布于东北、华北、西北（除新疆）及河南、湖北、山东、江苏、安徽、浙江、江西、四川等地。

栝楼 葫芦科

攀援藤本。茎较粗，具纵棱及槽，被白色伸展柔毛。卷须3 ~ 7分歧；叶互生；近圆形或近心形，常3 ~ 5浅裂至中裂，裂片菱状倒卵形、长圆形，先端钝，急尖，边缘常再浅裂，基部心形，基出掌状脉5条。花冠白色，裂片倒卵形，两侧具丝状流苏，被柔毛。果实椭圆形。花期5 ~ 8月，果期8 ~ 10月。全国大部分地区有产。

木鳖 葫芦科

多年生粗壮大藤本。卷须较粗壮，不分歧。叶柄粗壮，长5 ~ 10cm；叶卵状心形或宽卵状圆形，质较硬，3 ~ 5中裂至深裂或不分裂，叶脉掌状。雄花单生于叶腋，花萼筒漏斗状，裂片宽披针形或长圆形，花冠黄色，裂片卵状长圆形，密被长柔毛；雌花单生于叶腋，苞片兜状，花冠花萼同雄花。果实卵球形，密生3 ~ 4mm的刺状突起。花期6 ~ 8月，果期8 ~ 10月。分布于安徽、浙江、江西、福建、台湾、广东、广西、湖南、四川、贵州、云南和西藏。

王瓜 葫芦科

多年生攀援草本。茎细长，有卷须。叶互生，掌状浅3裂或5裂，边缘具齿牙，粗涩有毛茸，下部叶有时分裂较深。花腋生，花冠白色，5裂，裂片边缘细裂呈丝状。瓠果球形乃至长椭圆形，熟时带红色。种子多数，茶褐色，略扁，十字形，中央有一隆起的环带。花期夏季，果熟期10月。分布于江苏、浙江、湖北、四川、台湾等地。

苦瓜 葫芦科

一年生攀援草本。叶5～7深裂，裂片卵状椭圆形，边缘具波状齿。雄花单生，有柄，花冠黄色，5裂，裂片卵状椭圆形。果实长椭圆形、卵形或两端均狭窄，全体具钝圆不整齐的瘤状突起，成熟时橘黄色。种子椭圆形，扁平。花期6～7月，果期9～10月。全国各地均有栽培。

冬瓜 葫芦科

蔓生草本。茎有棱沟。单叶互生；叶柄粗壮，被黄褐色硬毛及长柔毛；叶片肾状近圆形，5～7浅裂，裂片宽卵形，边缘有小齿，两面均被粗毛；花单生于叶腋，花冠黄色，5裂至基部，外展。瓠果长圆柱状或近球形，表面有硬毛和蜡质白粉。花期5～6月，果期6～8月。全国大部分地区有栽培。

丝瓜 葫芦科

一年生攀援草本。单叶互生，叶片三角形或近圆形，掌状5～7裂，裂片三角形，边缘有锯齿。花冠黄色，辐状，裂片5，长圆形。果实圆柱状，常有纵条纹。花、果期夏秋季。全国各地均产。

甜瓜 葫芦科

一年匍匐或攀援草本。单叶互生，叶片厚纸质，近圆形或肾形，边缘不分裂或3～7浅裂，裂片先端圆钝，有锯齿。雄花数朵，簇生于叶腋；花冠黄色，裂片卵状长圆形；雌花单生。果实球形或长椭圆形。花、果期夏季。各地有栽培。

黄瓜 葫芦科

一年生蔓生或攀援草本。叶片宽卵状心形，膜质，两面甚粗糙，被糙硬毛,3～5个角或浅裂，裂片三角形，有齿。雄花常数朵在叶腋簇生，花冠黄白色。雌花单生。果实长圆形或圆柱形，表面粗糙，有具刺尖的瘤状突起。花果期夏季。我国各地普遍栽培。

西瓜 葫芦科

一年生蔓生藤本。叶片纸质，3深裂，裂片又羽状或二重羽状浅裂或深裂，边缘波状或有疏齿，末次裂片通常有少数浅锯齿。花单生于叶腋，花冠淡黄色。果实球形或椭圆形，肉质。花果期夏季。我国各地有栽培。

西瓜

南瓜 葫芦科

一年生蔓生草本。单叶互生；叶柄粗壮，被刚毛；叶片宽卵形或卵圆形，有5角或5浅裂，边缘有小而密的细齿。雄花单生，花冠黄色，钟状，5中裂，裂片边缘反卷。瓠果形状多样，外面常有纵沟。种子长卵形或长圆形，灰白色。花期6～7月，果期8～9月。全国大部分地区均产。

南瓜

土贝母 葫芦科

攀援状草本。单叶互生，叶片掌状5裂，每个裂片再浅裂，侧裂片卵状长圆形，中间裂片长圆状披针形，基部小裂片顶端各有1个显著突出的腺体。卷须丝状。雌、雄花序均为疏散的圆锥状，花黄绿色；花萼与花冠相似，裂片卵状披针形，顶端具长丝状尾。果实圆柱状，成熟后由顶端盖裂。种子卵状菱形，暗褐色，表面有雕纹状凸起，边缘有不规则的齿，顶端有膜质的翅。花期6～8月，果期8～9月。生于山坡阴面。分布于河北、山东、河南、山西、陕西、甘肃、四川、湖南。

西番莲 西番莲科

多年生草质藤本。茎圆柱形，略具棱槽。叶互生，掌状5深裂，裂片长椭圆形，中央的较大，两侧的略小，全缘。单花腋生，花大，淡绿色，花瓣5，长圆状披针形；副花冠裂片3轮，丝状，白色，上下两端带蓝色或紫红色；内花冠流苏状，紫红色。浆果卵形或近球形，熟时黄色。花期5～7月。江西、广东、广西、四川、贵州、云南等地有栽培。

（二）复叶

豌豆 豆科

一年生攀援草本，高0.5 ~ 2m；全株绿色，被粉霜。复叶具小叶4 ~ 6；托叶比小叶大，叶状，心形，下缘具细牙齿。小叶长圆形或宽椭圆形，先端急尖，基部偏斜；叶轴顶端具羽状分裂的卷须；花单生叶腋或数朵组成总状花序；花萼钟状，5深裂，裂片披针形；花冠颜色多样，多为白色和紫色。荚果肿胀，长椭圆形。种子圆形，青绿色，干后变为黄色。花期6 ~ 7月，果期7 ~ 9月。全国各地有栽培。

野大豆 豆科

一年生缠绕草本。茎细瘦，有黄色长硬毛。三出复叶，顶生小叶卵状披针形，两面有白色短柔毛，侧生小叶斜卵状披针形。总状花序腋生，花梗密生黄色长硬毛，花冠紫红色。荚果长椭圆形，密生黄色长硬毛。种子2 ~ 4颗，黑色。花、果期8 ~ 9月。分布于东北及河北、山西、陕西、甘肃、山东、江苏、安徽、浙江、河南、湖北、湖南、四川、贵州等地。

救荒野豌豆 豆科

一年生或二年生草本，高15～90cm。茎斜升或攀援。偶数羽状复叶，小叶2～7对，长椭圆形或近心形。花腋生，近无梗；萼钟形，花冠紫红色或红色。荚果长圆形，成熟时背腹开裂，果瓣扭曲。种子圆球形，棕色或黑褐色。花期4～7月，果期7～9月。全国各地有分布。

乌蔹莓 葡萄科

多年生草质藤本。茎带紫红色，有纵棱；卷须二歧分叉，与叶对生。鸟趾状复叶互生；小叶5，膜质，椭圆形、椭圆状卵形至狭卵形，边缘具疏锯齿，中间小叶较大而具较长的小叶柄，侧生小叶较小。聚伞花序呈伞房状，通常腋生或假腋生；花小，黄绿色，花瓣4。浆果卵圆形，成熟时黑色。花期5～6月，果期8～10月。分布于陕西、甘肃、山东、江苏、安徽、浙江、江西、福建、台湾、河南、湖北、广东、广西、四川等地。

绞股蓝 葫芦科

多年生攀援草本。茎细弱，具纵棱和沟槽。叶互生；卷须纤细，2歧；叶片膜质或纸质，鸟足状，具5～7小叶，卵状长圆形或长圆状披针形，侧生小叶较小，边缘具波状齿或圆齿。圆锥花序，花冠淡绿色，5深裂，裂片卵状披针形。果实球形，成熟后为黑色。花期3～11月，果期4～12月。分布于陕西、甘肃和长江以南各地。

海金沙 海金沙科

多年生攀援草本。茎细弱，有白色微毛。叶为1～2回羽状复叶，纸质，两面均被细柔毛，小叶卵状披针形，边缘有锯齿或不规则分裂，上部小叶无柄，羽状或戟形，下部小叶有柄。孢子囊生于能育羽片的背面。生于阴湿山坡灌丛中或路边林缘。分布于华东、中南、西南地区及陕西、甘肃。

铁线莲 毛茛科

多年生草质藤本。茎圆柱形，攀援。羽状复叶互生，小叶3～5，纸质，卵圆形或卵状披针形，边缘全缘。单花顶生；萼片8枚，白色或淡黄色，倒卵圆形或匙形，花丝线形，花药黄色。瘦果卵形，被金黄色长柔毛。花期5～6月，果期6～7月。多地园林有栽培。

扬子铁线莲 毛茛科

藤本。一至二回羽状复叶，或二回三出复叶，有5～21小叶，基部二对常为3小叶或2～3裂，茎上部有时为三出叶；小叶片长卵形、卵形或宽卵形，边缘有粗锯齿、牙齿或为全缘。圆锥状聚伞花序或单聚伞花序，腋生或顶生；萼片4，开展，白色，狭倒卵形或长椭圆形，外面边缘密生短绒毛，内面无毛。瘦果常为扁卵圆形。花期7～9月，果期9～10月。生于山坡、溪沟边的灌丛中或杂木林中。分布于云南、四川、陕西南部、贵州、广西东北部、广东西部、湖南、湖北、江西、浙江北部、安徽南部。

（三）叶不明显

菟丝子 旋花科

一年生寄生草本。茎缠绕，黄色，纤细。叶稀少，鳞片状。花多数和簇生成小伞形或小团伞花序，花冠白色，5浅裂。蒴果近球形。花期7～9月，果期8～10月。我国大部分地区均有分布。

南方菟丝子 旋花科

与菟丝子形态相似，花丝较长，花冠基部的鳞片先端2裂；蒴果仅下半部被宿存花冠包围，成熟时不整齐地开裂；种子通常4颗，卵圆形，淡褐色。花果期6～8月。寄生于田边、路旁的豆科、菊科蒿属、马鞭草科牡荆属等的草本或小灌木上。分布于吉林、辽宁、河北、甘肃、宁夏、新疆、陕西、山东、安徽、江苏、浙江、福建、江西、台湾、湖南、湖北、广东、四川、云南等地。

金灯藤 旋花科

一年生寄生缠绕草本，茎较粗壮，肉质，黄色，常带紫红色瘤状斑点，无毛，多分枝，无叶。穗状花序，花无柄或几无柄，苞片及小苞片鳞片状；花萼碗状，肉质，背面常有紫红色瘤状突起；花冠钟状，淡红色或绿白色，顶端5浅裂，裂片卵状三角形，钝，直立或稍反折。蒴果卵圆形，近基部周裂。种子1～2个，光滑，褐色。花期8月，果期9月。寄生于草本木本植物上。分布于我国南北多数地区。

量天尺 仙人掌科

多年生攀援植物。具气根。茎不规则分枝，深绿色，粗壮，肉质，具3棱，棱边波浪形；棱边有小窠，窠内有退化的叶，呈褐色小刺状。花单生，夜间开放；花瓣辐射对称，纯白色。浆果长圆形，红色，商品名“火龙果”。花期5～8月，果期8～10月。广东、海南、广西等地有栽培。

三、木质藤本和攀缘灌木

（一）单叶

1. 叶缘整齐

（1）叶互生

胡椒 胡椒科

木质攀援藤本。节显著膨大。叶互生，革质，阔卵形或卵状长圆形，叶脉5～7条，最上1对离基1.5～3.5cm从中脉发出，其余为基出。穗状花序与叶对生，苞片匙状长圆形，下部贴生于花序轴上，上部呈浅杯状。浆果球形，成熟时红色。花期6～10月。我国福建、台湾、广东、海南、广西、云南等地有栽培。

山蒟 胡椒科

木质攀援藤本，长10余米。茎、枝具细纵纹，节上生不定根。叶互生，纸质或近革质，卵状披针形或椭圆形，叶脉5～7条，最上1对互生，离基1～3cm从中脉发出。穗状花序与叶对生。浆果球形，黄色。花期3～8月。生于林中，常攀援于树上或石上。分布我国南部。

木防己 防己科

木质藤本，嫩枝密被柔毛。单叶互生，叶片纸质至近革质，形状变异极大，线状披针形至阔卵状近圆形、狭椭圆形至近圆形、倒披针形至倒心形，有时卵状心形，先端渐尖、急尖或钝而有小凸尖。聚伞花序，腋生或顶生；花淡黄色，花瓣6。核果近球形，成熟时紫红色或蓝黑色。花期5～8月，果期8～10月。分布于华东、中南、西南以及河北、辽宁、陕西等地，尤以长江流域及其以南各地常见。

千金藤 防己科

多年生落叶藤本，长可达5m。老茎木质化，小枝纤细，有直条纹。叶互生，叶柄长5～10cm，盾状着生；叶片阔卵形或卵圆形，先端钝或微缺，基部近圆形或近平截，全缘，上面绿色，有光泽，下面粉白色，掌状脉7～9条。复伞形聚伞花序，花瓣3。核果近球形，红色。花期6～7月，果期8～9月。分布于江苏、安徽、浙江、江西、福建、台湾、河南、湖北、湖南、四川等地。

假鹰爪 番荔枝科

直立或攀援灌木。枝粗糙，有纵条纹或灰白色凸起的皮孔。单叶互生，薄纸质或膜质，长圆形或椭圆形，全缘。花单朵与叶互生或对生，黄绿色，下垂。果实伸长，在种子间缢缩成念珠状，聚生于果梗上。花期夏季，果期秋季至翌年春季。生于丘陵山坡、林缘灌木丛中或低海拔荒野、路边以及山谷、沟边等地。分布于广东、海南、广西、贵州、云南等地。

木通马兜铃 马兜铃科

木质藤本。茎具灰色栓皮，有纵皱纹。叶互生，圆心形，全缘或微波状，基出脉5条。花腋生，花被筒呈马蹄形弯曲，上部膨大，外面淡绿色，管部褐色或淡黄绿色，3深裂，裂片广三角形。蒴果六面状圆筒形，淡黄绿色，后变暗褐色，由顶部胞间裂开为6瓣。种子心状三角形，淡灰褐色。花期5月。果期8～9月。生于阴湿林中或林缘。分布于黑龙江、吉林、辽宁、山西、甘肃、陕西、四川等地。

广西马兜铃 马兜铃科

木质大藤本。嫩枝有棱，密被污黄色或淡棕色长硬毛。叶柄长6～15cm，密被长硬毛；叶片厚纸质至革质，卵状心形或圆形，基部宽心形，边全缘，两面均密被污黄色或淡棕色长硬毛，基出脉5条。总状花序腋生，花被管中部急剧弯曲，外面淡绿色，密被淡棕色长硬毛；檐部盘状，上面蓝紫色而有暗红色棘状突起，边缘浅3裂，裂片阔三角形，喉部近圆形，黄色。蒴果暗黄色，长圆柱形，有6棱，成熟时自先端向下6瓣开裂。种子卵形。花期4～5月，果熟期8～9月。生于山谷林中。分布于浙江、福建、湖南、广东、广西、四川、贵州、云南等地。

菝葜 百合科

攀缘状灌木。茎疏生刺。叶互生，叶柄长5～15mm，具宽0.5～1mm的狭鞘；叶片薄革质或坚纸质，卵圆形或圆形、椭圆形，长3～10cm，宽1.5～5cm，基部宽楔形至心形。伞形花序生于叶尚幼嫩的小枝上，具十几朵或更多的花，常呈球形；花绿黄色，外轮花被片3，长圆形，内轮花被片稍狭。浆果熟时红色，有粉霜。花期2～5月，果期9～11月。分布于华东、中南、西南及台湾等地。

光叶菝葜 百合科

攀援灌木，茎光滑，无刺。单叶互生，革质，披针形至椭圆状披针形，基出脉3～5条；叶柄略呈翅状，常有纤细的卷须2条。伞形花序单生于叶腋，花绿白色，六棱状球形。浆果球形，熟时黑色。花期7～8月。果期9～10月。长江流域及南部各省均有分布。

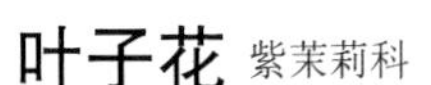

叶子花 紫茉莉科

攀援灌木。茎粗壮，枝常下垂，有腋生直刺。叶互生，叶片纸质，卵形至卵状披针形，全缘。花顶生，通常3朵簇生在苞片内；苞片3枚，叶状，暗红色或紫色，长圆形或椭圆形；花被筒淡绿色，有短柔毛，顶端5浅裂。瘦果有5棱。花期冬春季。各地公园温室常栽培。

珊瑚藤 蓼科

半落叶木质藤本。单叶互生，纸质，卵状心形，全缘。总状花序顶生或腋生，花序轴部延伸变成卷须，花淡红色或白色。瘦果圆锥状，上部三棱形，褐色。我国南方多地有栽培。

猫尾红 大戟科

常绿灌木，枝条呈半蔓性，株高10 ~ 25cm。叶卵圆形，长12 ~ 15cm，亮绿色，背面稍浅，叶柄有绒毛，长5 ~ 6cm。花鲜红色，着生于尾巴状的长穗状花序上，花序长30 ~ 60cm。我国南方有栽培。

薜荔 桑科

常绿攀援或匍匐灌木。叶二型；营养枝上生不定根，攀援于墙壁或树上，叶小而薄，叶片卵状心形，膜质；繁殖枝上无不定根，叶较大，互生，叶片厚纸质，卵状椭圆形，全缘，基出脉3条。花序托单生于叶腋，梨形或倒卵形，顶部截平，成熟时绿带浅黄色或微红。花期5～6月，果期9～10月。分布于华东、中南、西南等地。

常春藤 五加科

多年生常绿攀援灌木。单叶互生，叶二型；不育枝上的叶为三叉状卵形或戟形，全缘或三裂；花枝上的叶椭圆状披针形至椭圆状卵形，全缘；叶上表面深绿色，有光泽。伞形花序单个顶生，或2～7个总状排列或伞房状排列成圆锥花序；花瓣5，三角状卵形，淡黄白色或淡绿白色。果实圆球形，红色或黄色。花期9～11月，果期翌年3～5月。分布于西南及陕西、甘肃、山东、浙江、江西、福建、河南、湖北、湖南、广东、广西、西藏等地。

丁公藤 旋花科

高大攀援灌木，小枝圆柱形，灰褐色。单叶互生，叶革质，卵状椭圆形或长圆状椭圆形。聚伞花序成圆锥状，腋生和顶生，密被锈色短柔毛；花冠白色，芳香，深5裂，瓣中带密被黄褐色绢毛，小裂片长圆形，边缘啮蚀状。浆果球形，干后黑褐色。分布于云南东南部、广西西南至东部、广东。

（2）叶对生

钩吻 马钱科

常绿藤本，长约12m。枝光滑，幼枝具细纵棱。单叶对生，叶片卵状长圆形至卵状披针形，全缘。聚伞花序多顶生，三叉分枝；花小，黄色，花冠漏斗形，先端5裂，内有淡红色斑点，裂片卵形。蒴果卵状椭圆形，下垂，基部有宿萼，果皮薄革质。种子长圆形，多数，具刺状突起，边缘有翅。花期5～11月，果期7月至翌年2月。分布于浙江、江西、福建、台湾、湖南、广东、海南、广西、贵州、云南等地。

络石 夹竹桃科

常绿攀援灌木。茎赤褐色。单叶对生，叶片椭圆形或卵状披针形，全缘。聚伞花序腋生，花白色，花冠5裂，裂片长椭圆状披针形，右向旋转排列。蓇葖果长圆柱形。花期4～5月。果期10月。分布于华东、中南、西南及河北、陕西、台湾等地。

铁草鞋 萝藦科

附生攀援灌木。叶对生，肉质；叶柄肥厚，顶端具丛生小腺体；叶片卵形至卵圆状长圆形，基出脉3条。聚伞花序腋生；花冠白色，心红色，辐状，裂片宽卵形，内面具长柔毛；副花冠呈五角星状，外角急尖，延伸在花冠上。蓇葖果线状长圆形，外果皮有黑色斑点。花期4～5月，果期8～10月。附生于大树上。分布于台湾、广东、海南、广西、云南等地。

杠柳 萝藦科

落叶缠绕灌木。单叶对生，叶片披针形或长圆状披针形，全缘。聚伞花序腋生或顶生，花一至数朵，花冠外面绿黄色，内面带紫红色，深5裂，裂片矩圆形，向外反卷，边缘密生白茸毛。种子狭纺锤形而扁，黑褐色，顶端丛生白色长毛。花期5月。果期9月。分布吉林、辽宁、内蒙古、河北、山西、河南、陕西、甘肃、宁夏、四川、山东、江苏等地。

使君子 使君子科

落叶攀援状灌木。幼枝被棕黄色短柔毛。叶对生，膜质，卵形或椭圆形，全缘，叶柄下部有关节，叶落后关节以下部分成为棘状物。顶生穗状花序组成伞房状花序，花瓣5，先端钝圆，初为白色，后转淡红色。果卵形，具明显的锐棱5条。花期5～9月，果期秋末。分布于西南及江西、福建、台湾、湖南、广东、广西等地。

钩藤 茜草科

常绿木质藤本。叶腋有成对或单生的钩，向下弯曲，先端尖。叶对生，叶片卵形、卵状长圆形或椭圆形，全缘。头状花序单个腋生或为顶生的总状花序式排列，花黄色。蒴果倒卵形或椭圆形，被疏柔毛，有宿存萼。种子两端有翅。花期6～7月，果期10～11月。分布于浙江、福建、广东、广西、江西、湖南、四川、贵州等地。

忍冬 忍冬科

多年生半常绿缠绕木质藤本。叶对生，叶片卵形、长圆卵形或卵状披针形，全缘。花成对腋生，花冠唇形，上唇4浅裂，花冠筒细长，上唇4裂片先端钝形，下唇带状而反曲，花初开时为白色，2～3天后变金黄色。浆果球形，成熟时蓝黑色。花期4～7月，果期6～11月。我国南北各地均有分布。

华南忍冬 忍冬科

华南忍冬与忍科的区别：幼枝、叶柄、总花梗、苞片、小苞片均被灰黄色卷曲短柔毛，并疏被微腺毛；小枝淡红褐色或近褐色。叶片卵形至卵状长圆形，幼时两面被短糙毛，老时上面无毛。苞片披针形小苞片先端具缘毛；萼筒被柔毛。果实黑色。

扭肚藤 木犀科

攀援灌木，高1 ~ 7m。小枝圆柱形。单叶对生，叶片纸质，卵形、狭卵形或卵状披针形。聚伞花序顶生或腋生，有花多朵；苞片线形或卵状披针形。花冠白色，高脚碟状，花冠裂片披针形，先端锐尖。果长圆形或卵圆形，黑色。花期4 ~ 12月，果期8月至翌年3月。生于灌木丛、混交林及沙地。分布于广东、海南、广西、云南。

紫玉盘 番荔枝科

直立或藤状灌木，全株密被黄色星状柔毛。单叶互生，长倒卵形或阔长圆形，先端急尖或钝，基部圆形或近心形。花1～2朵，与叶对生或腋生，紫红色；花瓣6，2轮，内外轮相似，卵圆形。成熟心皮卵圆形或短圆柱形，被星状毛或无毛，暗紫褐色。种子球形，光滑。花期3～8月，果期7月至翌年3月。栽于庭园或野生于灌丛中。分布于广东、广西。

2.叶缘有齿

北五味子 五味子科

落叶木质藤本。茎皮灰褐色，皮孔明显，小枝褐色。叶互生，柄细长；叶片卵形、阔倒卵形至阔椭圆形，边缘有小齿牙。花单生或丛生叶腋，乳白色或粉红色，花被6～7片。浆果球形，成熟时呈深红色。花期5～7月。果期8～9月。分布东北、华北、湖北、湖南、江西、四川等地。

华中五味子 五味子科

落叶木质藤本。老枝灰褐色，皮孔明显，小枝紫红色。叶互生，纸质；叶柄长1～3cm，带红色；叶片倒卵形、宽卵形或倒卵状长椭圆形，边缘有疏生波状细齿。花单性，雌雄异株，花橙黄色，单生或1～3朵簇生于叶腋。果序长3.5～10cm，小浆果球形，成熟后鲜红色。花期4～6月，果期8～9月。生于湿润山坡边或灌丛中。分布于山西、陕西、甘肃、山东、江苏、安徽、浙江、江西、福建、河南、湖北、湖南、四川、贵州等地。

南蛇藤 卫矛科

落叶攀援灌木。小枝圆柱形，灰褐色，有多数皮孔。单叶互生，叶片近圆形、宽倒卵形或长椭圆状倒卵形，边缘具钝锯齿。短聚伞花序腋生，有花5～7朵，花淡黄绿色，花瓣5，卵状长椭圆形。蒴果球形，种子卵形至椭圆形，有红色肉质假种皮。花期4～5月，果熟期9～10月。分布于东北、华北、西北、华东及湖北、湖南、四川、贵州、云南。

扶芳藤 卫矛科

常绿灌木，匍匐或攀援，茎枝常有多数细根及小瘤状突起。单叶对生，具短柄，叶片薄革质，椭圆形、椭圆状卵形至长椭圆状倒卵形，边缘具细齿。聚伞花序腋生，呈二歧分枝，花瓣4，绿白色。蒴果黄红色，近球形；种子被橙红色假种皮。花期6～7月，果期9～10月。分布于山西、陕西、山东、江苏、安徽、浙江、江西、河南、湖北、湖南、广西、贵州、云南。

雷公藤 卫矛科

落叶蔓性灌木，小枝红褐色，有棱角，密生瘤状皮孔及锈色短毛。单叶互生，亚革质，叶片椭圆形或宽卵形，边缘具细锯齿。聚伞状圆锥花序顶生或腋生，花白绿色，花瓣5，椭圆形。蒴果具3片膜质翅。花期7～8月，果期9～10月。分布于长江流域以南各地及西南地区。

中华猕猴桃 猕猴桃科

藤本。幼枝与叶柄密生灰棕色柔毛，老枝无毛。单叶互生，叶片纸质，圆形、卵圆形或倒卵形，边缘有刺毛状齿，上面暗绿色，仅叶脉有毛，下面灰白色，密生灰棕色星状绒毛。花单生或数朵聚生于叶腋；花瓣5，刚开放时呈乳白色，后变黄色。浆果卵圆形或长圆形，密生棕色长毛，有香气。种子细小，黑色。花期6～7月，果熟期8～9月。分布于中南及陕西、四川、江苏、安徽、浙江、江西、福建、贵州、云南等地。

翅茎白粉藤 葡萄科

攀援灌木，高3～7m。小枝粗壮，有翅状的棱6条；卷须不分枝，与叶对生。单叶互生；叶柄长2～6cm；叶片纸质，卵状三角形，先端骤收狭而渐尖，基部近截平，钝形或微心形，边缘有疏离的小齿。伞形花序与叶对生，具短梗；花萼杯状，无毛；花瓣长圆形。浆果卵形。有种子1颗。花期9～11月，果期10月至翌年2月。生于山地疏林中。分布于广东、海南、广西等地。

3. 叶分裂

蛇葡萄 葡萄科

多年生藤本。茎具皮孔；幼枝被锈色短柔毛，卷须与叶对生，二叉状分枝。单叶互生；叶片心形或心状卵形，顶端不裂或具不明显3浅裂，边缘有带小尖头的浅圆齿；基出脉5条，侧脉4对。花两性，二歧聚伞花序与叶对生，被锈色短柔毛；花白绿色，花瓣5，分离。浆果球形，幼时绿色，熟时蓝紫色。花期6月，果期7～10月。分布于中南、西南及江苏、安徽、浙江、江西、福建、台湾等地。

蓝果蛇葡萄 葡萄科

落叶木质藤本。枝条粗壮，卷须长约7cm。单叶互生，叶片纸质，宽卵形、三角形或五角状卵形，不裂或上部3浅裂，边缘有锯齿。聚伞花序与叶对生；花小，黄绿色，花瓣卵形。浆果近球形，直径5～9mm，蓝紫色。花期5～6月，果期7～8月。生于山谷林中、灌丛中。分布于西南、华中及陕西、甘肃、西藏等地。

乌头叶蛇葡萄 葡萄科

木质藤本，全株无毛。老枝暗灰褐色，具纵棱和皮孔；幼枝稍带红紫色；卷须与叶对生，二分叉。叶掌状3～5全裂，具长柄；全裂片披针形或菱状披针形，先端锐尖，基部楔形，常羽状深裂，裂片全缘或具粗牙齿。花两性，二歧聚伞花序与叶对生，花小，黄绿色。浆果近球形，成熟时橙黄色或橙红色。花期5～6月，果期8～9月。分布于华北及陕西、甘肃、山东、河南等地。

三裂叶蛇葡萄 葡萄科

木质攀援藤本。枝红褐色，幼时被红褐色短柔毛或近无毛。卷须与叶对生，二叉状分枝。叶互生，叶片掌状3全裂，中央小叶长椭圆形或宽卵形，侧生小叶极偏斜，呈斜卵形。聚伞花序二歧状，与叶对生；花小，淡绿色，花瓣。浆果球形或扁球形，熟时蓝紫色。花期6～7月，果期7～9月。分布于中南、西南及陕西、甘肃、江苏、浙江、江西、福建等地。

龙须藤 豆科

木质藤本，有卷须。单叶互生，纸质，卵形或心形，先端锐渐尖、圆钝、微凹或2裂，裂片长度不一，基出脉5～7条；叶柄纤细。总状花序腋生，花瓣白色，具瓣柄，瓣片匙形。荚果倒卵状长圆形或带状，扁平。花期6～10月；果期7～12月。生于低海拔至中海拔的丘陵灌丛或山地疏林和密林中。分布于浙江、台湾、福建、广东、广西、江西、湖南、湖北和贵州。

首冠藤 豆科

木质藤本。叶纸质，近圆形，自先端深裂达叶长的3/4,裂片先端圆，基部近截平或浅心形，基出脉7条。总状花序顶生；花芳香；花蕾卵形，急尖，与纤细的花梗同被红棕色小粗毛；花瓣白色，有粉红色脉纹，阔匙形或近圆形。荚果带状长圆形，扁平；种子长圆形，褐色。花期4～6月，果期9～12月。分布于广东、海南。

大花老鸦嘴 爵床科

粗壮草质或木质的攀援大藤本。枝多数，被短柔毛。叶对生，叶片纸质，宽卵形或三角状心形，边缘波状至具浅裂片，两面被短柔毛，掌状脉3～7条。花大，花冠淡蓝色、淡黄色或外面近白色。蒴果被柔毛，下部近球形，上部具长喙，开裂时似乌鸦嘴。生于低海拔的疏林中。分布于广东、海南、广西、云南等地。

省藤 棕榈科

有刺大藤本。茎初时直立，后攀援状。叶羽状全裂，叶轴顶端延伸成具爪状刺的纤鞭；裂片近对生，50～75对，条状披针形，先端渐尖，叶轴背面有大小不等下弯或劲直的刺；叶鞘有扁平的刺。肉穗花序开花前为佛焰苞包着，呈纺锤形，先端尾状渐尖，外面1枚密被褐色、扁平的直刺，开花结果后佛焰苞脱落。雄花长圆状卵形，花冠3裂；雌花花瓣披针形。果实球形，有18～20行纵列的鳞片。种子肾状球形。花期5月，果期6～10月。分布于台湾、广东东南部，海南、广西及云南西双版纳有栽培。

麒麟叶 天南星科

攀援藤本。茎圆柱形，粗壮，多分枝；气生根具发达的皮孔，平伸，紧贴于树干或石面上。叶柄长25～40cm，上部有长约2.2cm的膨大关节；叶片薄革质，两侧不等地羽状深裂，裂片线形，两端几等宽，先端斜截头状，沿中肋有2行小穿孔。佛焰苞外面绿色，内面黄色；肉穗花序圆柱形。浆果小，种子肾形。花期4～5月。附生于热带雨林的大树上或岩壁上。分布于台湾、广东、海南、广西、云南等地。

（二）复叶

1.羽状复叶

炮仗花 紫葳科

木质藤本。具有三叉丝状卷须。羽状复叶对生，小叶2～3枚，小叶片卵形，全缘。圆锥花序着生于侧枝的顶端，花冠筒状，橙红色，裂片5，长椭圆形。蒴果果瓣革质，舟状。花期1～6月。常作庭园藤架植物栽培。分布于福建、台湾、广东、海南、广西、云南等地。

凌霄 紫葳科

木质藤本，借气根攀附于其他物上。茎黄褐色具棱状网裂。叶对生，奇数羽状复叶，小叶7～9，卵形至卵状披针形，边缘有粗锯齿。顶生疏散的短圆锥花序，花冠漏斗状钟形，裂片5，圆形，橘红色，开展。蒴果长如豆荚。花期7～9月，果期8～10月。生于山谷、溪边、疏林下，或攀援于树上、石壁上或为栽培。我国南北各地均有分布。

美洲凌霄 紫葳科

藤本，具气生根，长达10m。小叶9～11枚，椭圆形至卵状椭圆形，边缘具齿。顶生短圆锥花序较凌霄紧密，花萼钟状，花冠筒细长，漏斗状，橙红色至鲜红色。蒴果长圆柱形。广西、江苏、浙江、湖南栽培作庭园观赏植物。

粉花凌霄 紫葳科

攀缘木质藤本。奇数羽状复叶对生，小叶5～9枚，椭圆形至披针形。圆锥花序顶生，花冠白色，喉部红色，漏斗状。蒴果长椭圆形、木质。我国广州、上海等城市有栽培。

紫藤 豆科

落叶攀援灌木，高达10m。茎粗壮，分枝多，茎皮灰黄褐色。奇数羽状复叶，互生；有长柄，叶轴被疏毛；小叶7～13，叶片卵形或卵状披针形，先端渐尖，基部圆形或宽楔形，全缘。总状花序侧生，下垂；花萼钟状，花冠蝶形，紫色或深紫色。荚果长条形，扁平，密生黄色绒毛。花期4～5月，果期9～11月。分布于华北、华东、中南、西南及辽宁、陕西、甘肃。

云实 豆科

攀援灌木。树皮暗红色，密生倒钩刺。二回羽状复叶对生，有柄，基部有刺1对，每羽片有小叶7～15对，膜质，长圆形。总状花序顶生，总花梗多刺；花左右对称，花瓣5，黄色，盛开时反卷。荚果近木质，短舌状，偏斜，稍膨胀，先端具尖喙，沿腹缝线膨大成狭翅，成熟时沿腹缝开裂。花、果期4～10月。分布于华东、中南、西南及河北、陕西、甘肃。

相思子 豆科

攀援灌木。枝细弱，有平伏短刚毛。偶数羽状复叶，互生，小叶8～15对，具短柄，长圆形，两端圆形，先端有极小尖头。总状花序很小，花小，排列紧密；花冠淡紫色，旗瓣阔卵形，基部有三角状的爪，翼瓣与龙骨瓣狭窄。荚果黄绿色，菱状长圆形。种子4～6颗，椭圆形，在脐的一端黑色，上端朱红色，有光泽。花期3～5月，果期9～10月。生于丘陵地带或山间、路旁灌丛中。分布于福建、台湾、广东、海南、广西、云南等地。

刺壳花椒 芸香科

攀援木质藤本。具皮刺，刺下弯或稍呈水平直出。奇数羽状复叶，坚纸质至革质；叶轴被下弯的刺及短毛；小叶片5～9，长圆形、卵状长圆形或为长椭圆形，全缘。聚伞状圆锥花序腋生；花瓣4，卵形或卵状长圆形。分果爿圆珠形，表面着生坚硬、伸长、有时为分叉的针刺。花期3～5月，果期9～10月。生于山坡灌丛中。分布于西南及湖北、湖南、广东、广西等地。

两面针 芸香科

木质藤本，秃净。幼枝、叶柄及小叶的中脉上有钩状小刺。单数羽状复叶，小叶3～9枚，卵形至卵状矩圆形，边缘有疏离的圆锯齿或几为全缘。无柄的圆锥花序腋生，花小，花瓣4，矩圆状卵形。果皮红褐色。花期3～4月，果期9～10月。分布于广东、广西、福建、台湾、云南、湖南等地。

威灵仙 毛茛科

木质藤本。叶对生，一回羽状复叶，小叶5，全缘。聚伞花序腋生或顶生；萼片4，长圆形或圆状倒卵形，白色，花瓣无。瘦果，宿存花柱羽毛状。花期6～9月，果期8～11月。分布于东北、河北、山西、陕西、甘肃东部、山东及中南地区。

蓬蘽 蔷薇科

落叶小灌木，高达1m。茎细长柔弱，具皮刺和密生腺毛。单数羽状复叶，小叶3～5，卵状披针形或卵状椭圆形，边缘有不整齐的缺刻状锯齿。花白色，单生于小枝顶端；花瓣倒卵状椭圆形。聚合果球形，热时红色。花期4～5月，果期5～6月。生于山野、林缘或路旁。分布于浙江、江苏、江西、福建、台湾、广东等地。

空心泡 蔷薇科

攀援灌木。小枝疏生较直立皮刺。奇数羽状复叶互生，小叶5～7枚，卵状披针形或披针形，下面沿中脉有稀疏小皮刺，边缘有尖锐缺刻状重锯齿；叶柄和叶轴均有柔毛和小皮刺。花顶生或腋生；花梗疏生小皮刺；花瓣长圆形、长倒卵形或近圆形，白色，花丝较宽。果实卵球形或长圆状卵圆形，红色，有光泽。花期3～5月，果期6～7月。生山地杂木林内阴处、草坡或高山腐植质土壤上。分布于江西、湖南、安徽、浙江、福建、台湾、广东、广西、四川、贵州。

木香花 蔷薇科

攀援小灌木。小枝圆柱形，有短小皮刺；老枝上的皮刺较大，坚硬，经栽培后有时枝条无刺。奇数羽状复叶互生，小叶3～5，小叶片椭圆状卵形或长圆披针形，边缘有细锯齿。伞形花序，花瓣白色，倒卵形。花期4～5月。我国各地均有栽培。

金樱子 蔷薇科

常绿攀援灌木。茎有钩状皮刺和刺毛。羽状复叶，叶柄和叶轴具小皮刺和刺毛。小叶革质，通常3，椭圆状卵形或披针状卵形，边缘具细齿状锯齿。花单生于侧枝顶端，花梗和萼筒外面均密被刺毛；花瓣5，白色。果实倒卵形，紫褐色，外面密被刺毛。花期4 ~ 6月，果期7 ~ 11月。分布华中、华南、华东及四川、贵州等地。

2.三复叶或掌状复叶

蒜香藤 紫葳科

常绿藤状灌木。三出复叶对生，小叶椭圆形，顶小叶常呈卷须状或脱落。圆锥花序腋生；花冠筒状，花瓣前端5裂，紫色。蒴果约15cm长，扁平长线形。花期春季至秋季。一般作为篱笆、围墙美化或凉亭、棚架装饰之用。分布于华南。

五叶地锦 葡萄科

木质藤本。小枝圆柱形。叶为掌状5小叶，小叶倒卵圆形、倒卵椭圆形或外侧小叶椭圆形，边缘有粗锯齿。圆锥状多歧聚伞花序，花瓣5，长椭圆形。果实球形。花期6～7月，果期8～10月。东北、华北各地有栽培。

白蔹 葡萄科

落叶攀援木质藤本。幼枝带淡紫色；卷须与叶对生。掌状复叶互生；小叶3～5，羽状分裂或羽状缺刻，裂片卵形至椭圆状卵形或卵状披针形，边缘有深锯齿或缺刻，中间裂片最长，两侧的较小，叶轴及小叶柄有翅。聚伞花序，与叶对生；花小，黄绿色，花瓣5。浆果球形。花期5～6月，果期9～10月。分布于华北、东北、华东、中南及陕西、宁夏、四川等地。

野木瓜 木通科

常绿木质藤本。茎圆柱形，灰褐色。掌状复叶互生，小叶5～7片，革质，小叶片长圆形或长圆状披针形。常3朵排成伞房花序式的总状花序；雄花有萼片6，线状披针形，绿色带紫，花瓣缺；雌花的萼片与雄花相似，但较大。浆果长圆形，熟时橙黄色。种子多数，黑色，排成数列藏于果肉中。花期3～4月，果期7～10月。生于湿润通风的杂木林中、山路边及溪谷两旁。分布于安徽、浙江、江西、福建、广东、广西、海南等地。

木通 木通科

落叶木质藤本。茎纤细，圆柱形，缠绕，茎皮灰褐色，有圆形、小而凸起的皮孔。掌状复叶互生，有小叶5片，小叶纸质，倒卵形或倒卵状椭圆形，先端圆或凹入，具小凸尖，基部圆或阔楔形。伞房花序式的总状花序腋生。雄花萼片通常3片，淡紫色。果长圆形或椭圆形，成熟时紫色，腹缝开裂。花期4～5月，果期6～8月。生于山地沟谷边疏林或丘陵灌丛中。分布于长江流域各省区。

白木通 木通科

落叶或半常绿缠绕灌木，高6～10m。三出复叶；小叶卵形或卵状矩圆形，先端圆形，中央凹陷，基部圆形或稍呈心脏形至阔楔形，全缘或微波状。总状花序腋生，花紫色微红或淡紫色。蓇葖状浆果，椭圆形或长圆筒形，成熟时紫色。花期3～4月。果期10～11月。分布于江苏、浙江、江西、广西、广东、湖南、湖北、山西、陕西、四川、贵州、云南等地。

三叶木通 木通科

落叶本质藤本，茎、枝都无毛。三出复叶，小叶卵圆形、宽卵圆形或长卵形，基部圆形或宽楔形，有时微呈心形，边缘浅裂或呈波状，侧脉通常5～6对。花序总状，腋生，长约8cm；花单性；雄花生于上部，雄蕊6；雌花花被片紫红色，具6个退化雄蕊，心皮分离。果实肉质，长卵形，成熟后沿腹缝线开裂；种子多数，卵形，黑色。分布河北、山西、山东、河南、陕西、甘肃、浙江、安徽、湖北等地。

飞龙掌血 芸香科

木质蔓生藤本。枝与分枝常有向下弯曲的皮刺；老枝褐色，幼枝淡绿色或黄绿色，常被有褐锈色的短柔毛和白色圆形皮孔。三出复叶互生；小叶无柄；小叶片革质，倒卵形、倒卵状长圆形或为长圆形，边缘有细钝锯齿，两面无毛。花单性，白色至淡黄色；雄花常排成腋生的圆锥状聚伞花序。核果近球形，橙黄色至朱红色。花期10～12月，果期12月至翌年2月。生于山林、路旁、灌丛或疏林中。分布于西南及陕西、浙江、福建、台湾、湖北、湖南、广东、海南、广西等地。

白簕 五加科

攀援状灌木。枝细弱铺散，老枝灰白色，新枝棕黄色、疏生向下的针刺，刺先端钩曲，基部扁平。叶互生，有3小叶，叶柄有刺或无刺，小叶柄长2～8mm；叶片椭圆状卵形至椭圆状长圆形，中央一片最大，边缘有细锯齿或疏钝齿。伞形花序，花黄绿色，花瓣5。核果浆果状，扁球形，成熟果黑色。花期8～11月，果期9～12月。分布于我国中部、南部。

鹅掌藤 五加科

常绿蔓性灌木，高达3米。茎圆筒形，有细纵条纹。叶互生，掌状复叶，有长柄，柄基部扩大，小叶通常7片，革质，长椭圆形，全缘，叶面绿色。春季开绿白色小花，伞形花序集成总状花序状，顶生。核果球形，橙黄色。生于沟谷常绿阔叶林中。分布于江西及东南部各省。

茅莓 蔷薇科

落叶小灌木，被短毛和倒生皮刺。羽状三出复叶互生，顶端小叶较大，阔倒卵形或近圆形，边缘有不规则锯齿，上面疏生长毛，下面密生白色绒毛；花萼5裂，被长柔毛或小刺；花瓣5，粉红色，倒卵形。聚合果球形，熟时红色可食。花期5～6月，果期7～8月。生于山坡、路旁，荒地灌丛中和草丛中。分布于华东、中南及四川、河北、山西、陕西。

密花豆 豆科

木质藤本。老茎砍断时可见数圈偏心环，鸡血状汁液从环处渗出。三出复叶互生，顶生小叶阔椭圆形，侧生小叶基部偏斜。圆锥花序腋生，大型，花多而密，花序轴、花梗被黄色柔毛；花冠白色，肉质，旗瓣近圆形，具爪。荚果舌形。花期6～7月，果期8～12月。分布于福建、广东、广西、云南。

野葛 豆科

多年生落叶藤本，全株被黄褐色粗毛。叶互生，具长柄，三出复叶，叶片菱状圆形，先端渐尖，基部圆形，有时浅裂。总状花序腋生或顶生，蝶形花蓝紫色或紫色。荚果线形，扁平，密被黄褐色的长硬毛。花期4～8月，果期8～10月。除新疆、西藏外，全国各地均有分布。

常绿油麻藤 豆科

大攀援灌木。茎棕色或棕黄色，粗糙。小枝具明显的皮孔。三出复叶，革质，叶片卵形或长卵形，侧生小叶基部斜楔形。总状花序着生于老茎上，萼宽钟形，萼齿5，上面2齿连合，外面疏被锈色长硬毛；蝶形花冠，深紫色。荚果条形，木质，种子间缢缩，外被金黄色粗毛。花期6～7月，果期7～9月。生于山地林边，常缠绕于其他树上或附于岩石上。分布于西南及安徽、浙江、江西、福建、湖北、湖南、广东、广西等地。

第三部分
灌木和乔木

一、单叶、叶针形或条形

油松 松科

乔木，树皮灰褐色，呈不规则鳞甲状裂。叶针形，2针一束。雄球花圆柱形，淡黄绿色，穗状；雌球花序阔卵形，紫色。球果卵形或圆卵形，鳞盾肥厚，隆起，扁菱形或菱状多角形。全国大部分地区有产。

马尾松 松科

乔木，树皮红褐色，裂成不规则的鳞状块片。针叶2针一束，细柔，微扭曲，边缘有细锯齿。雄球花淡红褐色，圆柱形，弯垂，穗状；雌球花单生或2～4个聚生于新枝近顶端，淡紫红色，一年生小球果圆球形或卵圆形。球果卵圆形或圆锥状卵圆形。

白皮松 松科

乔木。树皮灰绿色或淡灰褐色，不规则剥裂。针叶3针一束，粗硬。雄球花卵圆形或椭圆形，多数聚生于新枝基部成穗状；雌花序1至数枚生新枝上部。球果卵圆形，通常单生，初直立，后下垂，熟时淡黄褐色，种鳞先端厚，鳞盾多为菱形，有脊，鳞脐生于鳞盾的中央，有刺尖。种子灰褐色，近倒卵圆形，种翅短，赤褐色，易脱落。花期4～5月，果熟期翌年10～11月。分布于山西、陕西、甘肃、河南、四川等地。辽宁，北京、山东、江苏、浙江、江西有栽培。

金钱松 松科

乔木。树干直，树皮灰褐色，粗糙，不规则鳞片状开裂。一年生枝淡红褐色或淡红黄色，有光泽。叶线形，扁平，先端锐尖或尖，辐射状簇生于枝上。雄球花黄色，圆柱状，下垂；雌球花紫红色，直立，椭圆形。球果卵圆形或倒卵圆形，熟时淡红褐色。花期4～5月，果熟期10～11月上旬。分布于江苏、安徽、浙江、江西、福建、湖北、湖南、四川等地。

红松 松科

高大乔木，大树树皮灰褐色或灰色，纵裂成不规则的长方鳞状块片，裂片脱落后露出红褐色的内皮，树冠圆锥形。针叶5针一束，粗硬，深绿色，边缘具细锯齿。雄球花椭圆状圆柱形，红黄色，多数密集于新枝下部成穗状；雌球花绿褐色，圆柱状卵圆形，直立，单生或数个集生于新枝近顶端，具粗长的梗。球果圆锥状卵圆形、圆锥状长卵圆形或卵状矩圆形，成熟后种鳞不张开。花期6月，球果第二年9～10月成熟。分布于我国东北地区。

青杄 松科

乔木，树皮灰色，不规则鳞状开裂脱落，树冠呈尖塔形。叶四棱状条形，排列较密，在小枝上向前伸展，小枝下面两列状开展。果圆柱状长卵形或卵状圆柱形，成熟时黄褐色；种鳞倒卵形，先端宽圆，近全缘或有不整齐细缺齿。花期4月，球果10月成熟。分布于我国西北、华北、东北等地。

雪松 松科

乔木；树皮深灰色，裂成不规则的鳞状块片。叶针形，坚硬，淡绿色或深绿色，在长枝上辐射伸展，短枝之叶成簇生状。雄球花长卵圆形或椭圆状卵圆形；雌球花卵圆形。球果成熟前淡绿色，熟时红褐色，卵圆形或宽椭圆形。栽培作庭园树。

杉木 杉科

常绿乔木，有尖塔形的树冠。树皮鳞片状，淡褐色。叶线状披针形，先端锐渐尖，基部下延于枝上而扭转，边缘有细锯齿，上面光绿，下面有阔白粉带2条。雄花序圆柱状，基部有覆瓦状鳞片数枚，每花由多数雄蕊组成；雌花单生或3～4朵簇生枝梢，球状。球果圆卵形，长2.5～5cm，鳞片革质，淡褐色，顶锐尖。种子有狭翅。我国东南部、中部和西南部均有分布。

粗榧 三尖杉科

灌木或小乔木。树皮灰色或灰褐色，裂成薄片状脱落。叶条形，排成2列。雄球花6～7聚生成头状；雄球花卵圆形，雌球花头状。种子生于总梗的上端，卵圆形、椭圆状卵圆形或近球形。花期3～4月，种子10～11月成熟。分布于长江流域以南至广东、广西，西至甘肃、陕西、河南、四川、云南、贵州等地。

榧 红豆杉科

常绿乔木，高达25m。小枝近对生或轮生。叶呈假二列状排列，线状披针形，先端突刺尖，基部几成圆形，全缘，质坚硬，中肋明显。雄球花单生叶腋，雌球花成对生于叶腋。种子核果状，矩状椭圆形或倒卵状长圆形，先端有小短尖，有白粉，红褐色，有不规则的纵沟。花期4月。种子成熟期为次年10月。分布于安徽、江苏、浙江、福建、江西、湖南、湖北等地。

红千层 桃金娘科

小乔木，树皮坚硬，灰褐色。单叶互生，坚革质，线形，全缘。穗状花序生于枝顶；花瓣绿色，卵形；雄蕊鲜红色，花药暗紫色，椭圆形；花柱比雄蕊稍长，先端绿色，其余红色。蒴果半球形。花期6～8月。广东、广西、台湾有栽培。

白千层 桃金娘科

乔木。树皮灰白色，厚而松软，呈薄层状剥落。叶互生，革质，披针形或狭长圆形，全缘，基出脉3～7条。穗状花序顶生；花白色，花瓣5，卵形。蒴果近球形，种子近三角形。花期每年多次。广东、福建、广西等地有栽培。

雪柳 木犀科

落叶灌木或小乔木；树皮灰褐色。枝灰白色，圆柱形，小枝淡黄色或淡绿色，四棱形或具棱角。叶片纸质，披针形、卵状披针形或狭卵形，全缘。圆锥花序顶生或腋生；花冠深裂至近基部，裂片卵状披针形。果黄棕色，倒卵形至倒卵状椭圆形，扁平。花期4～6月，果期6～10月。分布于河北、陕西、山东、江苏、安徽、浙江、河南及湖北东部。

垂柳 杨柳科

乔木，高可达18m，树冠开展疏散。树皮灰黑色，不规则开裂；枝细，下垂，无毛。芽线形，先端急尖。叶狭披针形，边缘具锯齿。花序先叶或与叶同时开放；雄花序长1.5～3cm，有短梗，轴有毛；雌花序长达2～5cm，有梗，基部有3～4小叶。花期3～4月，果期4～5月。分布于长江及黄河流域，其他各地均有栽培。

旱柳 杨柳科

乔木，高可达18m。枝细长，直立或开展，黄色后变褐色，微具短柔毛或无毛。叶披针形，边缘有细锯齿。雌雄异株，雄花序短，圆柱形，长1.5～2.5cm，花序轴有长毛；雌花序很小，长10～25毫米，花序轴有柔毛。蒴果，种子极小。花期4月，果期5月。分布于东北、华北、甘肃、青海、山东、安徽等地。

沙棘 胡颓子科

落叶灌木或乔木。棘刺较多，粗壮；嫩枝褐绿色，密被银白色而带褐色鳞片。单叶近对生；叶柄极短；叶片纸质，狭披针形或长圆状披针形，上面绿色，初被白色盾形毛或星状毛，下面银白色或淡白色，被鳞片。果实圆球形，橙黄色或橘红色。花期4～5月，果期9～10月。分布于华北、西北及四川等地。

中华青荚叶 山茱萸科

落叶灌木，高1 ~ 3m，嫩枝紫绿色。叶互生，革质或近革质，线状披针形或披针形，先端尾状，边缘除基部外均有稀疏锯齿，齿尖锐。花雌雄异株；雄花成聚伞花序，由嫩枝或叶上面中部生出，花瓣3 ~ 5片；雌花无梗，生叶面中部。核果黑色。生于密林中潮湿处。分布于甘肃、湖北、河南、四川、贵州、云南、广东等地。

细叶小檗 小檗科

落叶灌木，老枝灰黄色，幼枝紫褐色，生黑色疣点，茎刺缺如或单一，有时三分叉，长4 ~ 9mm。叶纸质，倒披针形至狭倒披针形，先端渐尖或急尖，具小尖头，基部渐狭，叶缘平展，全缘；近无柄。穗状总状花序具8 ~ 15朵花，常下垂；花黄色，花瓣倒卵形或椭圆形，先端锐裂。浆果长圆形，红色。花期5 ~ 6月，果期7 ~ 9月。生于山地灌丛、砾质地、草原化荒漠、山沟河岸或林下。分布于吉林、辽宁、内蒙古、青海、陕西、山西、河北。

黄花夹竹桃 夹竹桃科

常绿小乔木，高2～5m。全株光滑，树皮棕褐色，皮孔明显。叶互生，叶片革质，线形或线状披针形。聚伞花序顶生，有总柄，通常6花成簇，黄色，芳香；花冠大形，漏斗形，花冠筒喉部具5个被毛的鳞片，花冠裂片5。核果扁三角球形。花期6～12月，果期8月至翌年春节。我国福建、台湾、广东、海南、广西、云南等地有栽培。

夹竹桃 夹竹桃科

常绿灌木，高达2～5m。叶具短柄，3叶轮生，革质，长披针形，全缘。聚伞花序顶生，花紫红色或白色，花冠漏斗状，5裂片或重瓣。长蓇葖果2枚。花期8～10月。广东、广西、四川、福建、云南、河北、辽宁、黑龙江、江苏、浙江等地有栽培。

露兜树 露兜树

常绿灌木或小乔木，常左右扭曲。叶簇生于枝顶，三行紧密螺旋状排列，条形，先端渐狭成一长尾尖，叶缘和背面中脉均有粗壮的锐刺。雄花序由若干穗状花序组成。聚花果大，向下悬垂，圆球形或长圆形，幼果绿色，成熟时橘红色。花期1～5月。分布于福建、台湾、广东、海南、广西、贵州和云南等省区。

剑叶龙血树 百合科

乔木状。茎粗大，分枝多，树皮灰白色，光滑，老干皮部灰褐色，片状剥落，幼枝有环状叶痕。叶聚生在茎、分枝或小枝顶端，互相套叠，剑形，薄革质，向基部略变窄而后扩大，抱茎，无柄。圆锥花序，花乳白色。浆果橘黄色。花期3月，果期7～8月。分布于广西、云南等地。

钉头果 萝藦科

灌木。全株具乳汁。叶对生或轮生；叶片条形，叶缘反卷。聚伞花序，花冠5深裂反折，被缘毛；副花冠红色，兜状。蓇葖果圆形或卵圆状，外果皮有软刺。花期夏季，果期秋季。我国华北及云南有栽培。

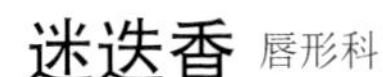

灌木，高达2m。茎及老枝圆柱形，幼枝四棱形。叶常在枝上丛生；具极短的柄或无柄；叶片草质，线形，全缘，向背面卷曲。花聚集在短枝的顶端组成总状花序，花唇形，花冠蓝紫色，上唇直伸，2浅裂，裂片卵圆形，下唇宽大，3裂，中裂片最大，内凹，边缘齿状，侧裂片长圆形。花期11月。我国引种栽培于园圃中。

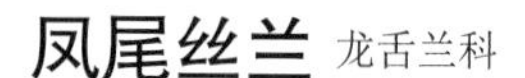

凤尾丝兰 龙舌兰科

常绿灌木。有粗壮地上茎，叶剑形螺旋排列茎端，质坚硬，有白粉，顶端硬尖，边缘光滑。圆锥花序高1m多，花大而下垂，花瓣镰刀状倒披针形，乳白色。蒴果椭圆状卵形。花期6 ~ 10月。我国多地作园林植物栽培。

二、单叶、叶卵圆形

（一）叶缘整齐

1. 叶互生

紫薇 千屈菜科

落叶灌木或小乔木。树皮平滑，灰色或灰褐色。叶互生，几无柄，纸质，椭圆形、倒卵形或长椭圆形，全缘。圆锥花序顶生，花淡红色、紫色；花瓣6，皱缩。蒴果椭圆状球形。种子有翅。花期6 ~ 9月，果期9 ~ 12月。吉林、河北、陕西、山东、江苏、安徽、浙江、江西、福建、河南、广东、海南、广西、四川、贵州、云南等地有栽培。

大叶紫薇 千屈菜科

乔木。树皮灰色，平滑。叶互生或近对生，革质，椭圆形或卵状椭圆形。圆锥花序顶生；花梗密生黄褐色毡绒毛；花萼有12条纵棱或纵槽，生糠秕状毛，裂片三角形，反曲；花淡红色或紫色，花瓣6，近圆形或倒卵形。蒴果倒卵形或球形，灰褐色，6裂。花期5～7月，果期10～11月。分布于福建、台湾、广东、广西、海南、云南等地。

黄栌 漆树科

落叶灌木。树皮暗灰色，鳞片状；小枝灰色，生有柔毛。单叶互生，叶柄短；叶片倒卵形或卵圆形，先端圆或微凹，基部圆形或阔楔形，全缘，两面或尤其叶背被灰色柔毛。圆锥花序，被柔毛；花瓣卵形或卵状披针形。小坚果扁肾形，不育花梗残存，成紫色细长羽毛状。分布于山西、陕西、甘肃、山东、江苏、浙江、河南、湖北、四川、贵州等地。

胡颓子 胡颓子科

常绿直立灌木，高3～4m。茎具刺，刺长20～40mm，深褐色；小枝密被锈色鳞片，老枝鳞片脱落后显黑色，具光泽。叶互生，叶片革质，椭圆形或阔椭圆形，边缘微反卷或微波状，上面绿色，有光泽，下面银白色，密被银白色和少数褐色鳞片。花白色或银白色，下垂，被鳞片，1～3朵生于叶腋，花被筒圆形或漏斗形，先端4裂。果实椭圆形，幼时被褐色鳞片，成熟时红色。花期9～12月，果期翌年4～6月。分布于江苏、安徽、浙江、江西、福建、湖北、湖南、广东、广西、四川、贵州等地。

牛奶子 胡颓子科

落叶灌木，高1～4m。茎常具刺，幼枝密被银白色和少数黄褐色鳞片。单叶互生，叶纸质，椭圆形至卵状椭圆形，上面幼时具银白色鳞片或星状毛，成熟后脱落，下面密被银白色和散生少数褐色鳞片。花较叶先开放，黄白色，外被银白色盾形鳞片，花被筒圆筒状漏斗形，上部4裂。果实近球形至卵圆形，幼时绿色，被银白色或有时全被褐色鳞片，成熟时红色。花期4～5月，果期7～8月。分布于华北、华东、西南及辽宁、陕西、宁夏、甘肃、青海、湖北、湖南等地。

沙枣 胡颓子科

落叶灌木或小乔木，高5 ~ 10m。枝干受伤后流出透明褐色胶汁，幼枝密被银白色鳞片，老枝鳞片脱落，栗褐色，光滑。单叶互生，薄纸质；叶片椭圆状披针形或披针形，全缘，上面幼时被银白色鳞片，下面银白色，有光泽，密被白色鳞片。花1 ~ 3朵生于叶腋，花被筒呈钟状或漏斗状，先端4裂，外面银白色，里面黄色，有香味。果实椭圆形粉红色，被银白色鳞片。花期5 ~ 6月，果期9月。分布于辽宁、河北、山西、河南、陕西、甘肃、内蒙古、宁夏、新疆、青海等地。

平枝栒子 蔷薇科

落叶或半常绿匍匐灌木，高约50cm。枝水平开张成两列状，小枝圆柱形，黑褐色。叶互生，叶片近圆形或宽椭圆形，全缘。花瓣5，倒卵形，粉红色。果实近球形，鲜红色。花期5 ~ 6月，果期9 ~ 10月。分布于陕西、甘肃、浙江、湖北、湖南及西南等地。

鸳鸯茉莉 茄科

常绿矮灌木。单叶互生，纸质，长披针形或椭圆形，具短柄，叶缘略波状皱。花单生或2～3朵簇生于叶腋，高脚碟状，花冠五裂，初开时蓝紫色，以后渐变为雪青色，最后变成白色。花期4～10月。我国南方作为景观植物栽培，北方作为盆栽花卉。

枸杞 茄科

落叶灌木，高1m左右。茎灰色，具短棘。叶卵形、长椭圆形或卵状披针形，全缘。花腋生，花冠漏斗状，先端5裂，裂片长卵形，紫色。浆果卵形或长圆形，深红色或橘红色。花期6～9月。果期7～10月。分布于我国南北各地。

宁夏枸杞 茄科

灌木，高2～3m。主枝数条，粗壮，果枝细长，刺状枝短而细，生于叶腋。叶互生，或数片丛生于短枝上，叶片狭倒披针形、卵状披针形或卵状长圆形，全缘。花腋生，通常1～2朵簇生，花冠漏斗状，先端5裂，裂片卵形，粉红色或淡紫红色，具暗紫色脉纹。浆果卵圆形、椭圆形或阔卵形，红色或橘红色。花期5～10月。果期6～10月。分布甘肃、宁夏、新疆、内蒙古、青海等地。

羊踯躅 杜鹃花科

落叶灌木，高1～2m。单叶互生，叶柄短，叶片纸质，常簇生于枝顶，椭圆形至椭圆状倒披针形。花多数排列成短总状伞形花序，顶生，先叶开放或与叶同时开放；花冠宽钟状，金黄色，先端5裂，裂片椭圆形至卵形。蒴果长椭圆形，熟时深褐色。花期4～5月，果期6～8月。分布于江苏、安徽、浙江、江西、福建、河南、湖南、广东、广西、四川、贵州。

酸橙 芸香科

常绿小乔木。枝三棱形，有长刺。叶互生；叶柄有狭长形或狭长倒心形的叶翼；叶片革质，倒卵状椭圆形或卵状长圆形，全缘或微波状，具半透明油点。花单生或数朵簇生于叶腋及当年生枝条的顶端，花瓣5，白色，长圆形。柑果近球形，熟时橙黄色，味酸。花期4～5月，果期6～11月。我国长江流域及其以南各省区均有栽培。

白鹃梅 蔷薇科

落叶灌木，高达3～5m。叶片椭圆形、长椭圆形至长圆倒卵形，全缘。顶生总状花序，有花6～10朵；花瓣5，倒卵形，白色。蒴果具5棱脊，种子有翅。花期5月，果期6～8月。分布于华东、华中及黄河、长江流域。

朱蕉 龙舌兰科

灌木。茎通常不分枝。叶在茎顶呈2列状旋转聚生；叶柄长10～15cm，腹面宽槽状，基部扩大，抱茎；叶片披针状椭圆形至长圆形。圆锥花序生于上部叶腋，多分枝；主轴上的苞片条状披针形，分枝上花基部的苞片小，卵形；花淡红色至紫色；花被片条形，约1/2互相靠合成花被管。蒴果每室有种子数颗。花期7～9月。多于庭园栽培。分布于我国南部热带地区。

虎刺梅 大戟科

多刺灌木，高可达1m。茎直立或稍攀援状，刺硬而尖，成5行排列于茎的纵棱上。叶互生，无柄；叶片倒卵形或长圆状匙形。2～4个杯状聚伞花序生于枝端，排列成具长花序梗的二歧聚伞花序；总苞钟形，先端5裂，总苞基部具2苞片，苞片鲜红色，倒卵状圆形；花单性，雌雄花同生于萼状总苞内，雌花单生于花序中央。蒴果扁球形。花期5～9月，果期6～10月。多栽培于庭院和园圃。

一品红 大戟科

灌木。叶互生，卵状椭圆形、长椭圆形或披针形，全缘或浅裂，绿色。苞叶5～7枚，狭椭圆形，朱红色。花序数个聚伞排列于枝顶；总苞坛状，淡绿色。蒴果，三棱状圆形。花果期10至次年4月。我国大部分省区有栽培。

变叶木 大戟科

灌木或小乔木，高可达2m。枝条无毛，有明显叶痕。叶薄革质，形状大小变异很大，线形、线状披针形、长圆形、椭圆形、披针形、卵形、匙形、提琴形至倒卵形，边全缘、浅裂至深裂，绿色、淡绿色、紫红色、紫红与黄色相间、黄色与绿色相间或有时在绿色叶片上散生黄色或金黄色斑点或斑纹。总状花序腋生，雄花白色，花瓣5枚；雌花淡黄色，无花瓣。蒴果近球形，稍扁。花期9～10月。我国南部各省区常见栽培。

雀儿舌头 大戟科

直立灌木，高达3m。叶片膜质至薄纸质，卵形、近圆形、椭圆形或披针形。花单生或2～4朵簇生于叶腋；萼片、花瓣和雄蕊均为5；雄花花瓣白色，匙形，膜质；雌花花瓣倒卵形。蒴果圆球形或扁球形。花期2～8月，果期6～10月。除黑龙江、新疆、福建、海南和广东外，全国各省区均有分布。

一叶萩 大戟科

灌木，高1～3m。单叶互生，具短柄；叶片椭圆形，全缘或具不整齐的波状齿。3～12朵花簇生于叶腋；花小，淡黄色，无花瓣。蒴果三棱状扁球形。花期5～7月，果期7～9月。分布于黑龙江、吉林、辽宁、河北、陕西、山东、江苏、安徽、浙江、江西、台湾、河南、湖北、广西、四川、贵州等地。

黑面神 大戟科

直立灌木，高2～3m。树皮灰棕色，枝圆柱状，多叉状弯曲，表面有白色细小皮孔。单叶互生，革质，卵形或卵状披针形，全缘。花极小，2～4朵腋生，无花瓣和花盘。核果球形。花期4～9月。生于灌木林中。分布我国南部及云南、贵州、浙江、福建。

油桐 大戟科

小乔木。枝粗壮，皮孔灰色。单叶互生；叶柄长达12cm，顶端有2红紫色腺体；叶片革质，卵状心形，先端渐尖，基部心形或楔形，全缘，有时3浅裂。花先叶开放，排列于枝端成短圆锥花序；花瓣5，白色，基部具橙红色的斑点与条纹。核果近球形。花期4～5月，果期10月。分布于陕西、甘肃、江苏、安徽、浙江、江西、福建、台湾、湖北、湖南、广东、广西、四川、贵州、云南等地。

木油桐

落叶乔木，高达20m。叶阔卵形，全缘或2～5裂，掌状脉5条；叶柄长7～17cm，顶端有2枚具柄的杯状腺体。花序生于当年生已发叶的枝条上，花瓣白色或基部紫红色且有紫红色脉纹，倒卵形。核果卵球状，具3条纵棱，棱间有粗疏网状皱纹，有种子3颗，种子扁球状，种皮厚，有疣突。花期4～5月。分布于浙江、江西、福建、台湾、湖南、广东、海南、广西、贵州、云南等省区。

乌桕 大戟科

落叶乔木。树皮暗灰色，有纵裂纹。叶互生；叶柄长2.5～6cm，顶端有2腺体；叶片纸质，菱形至宽菱状卵形，先端微凸尖到渐尖，基部宽楔形，全缘。穗状花序顶生，长6～12cm；花单性，雌雄同序，无花瓣及花盘。蒴果椭圆状球形，成熟时褐色，室背开裂为3瓣，每瓣有种子1颗；种子近球形，黑色，外被白蜡。花期4～7月，果期10～12月。分布于华东、中南、西南及台湾。

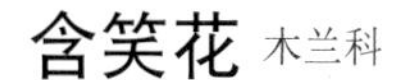

含笑花 木兰科

常绿灌木，树皮灰褐色；嫩枝、叶柄、花梗均密被黄褐色绒毛。单叶互生，叶革质，狭椭圆形或倒卵状椭圆形，上面有光泽，全缘。花被片6，淡黄色，边缘有时红色或紫色，肉质，较肥厚，长椭圆形。聚合果长2～3.5cm。花期3～5月，果期7～8月。全国各地有栽培。

望春花 木兰科

落叶乔木，高6～12m。小枝光滑或近梢处有毛；冬芽卵形，苞片密生淡黄色茸毛。单叶互生，叶片长圆状披针形或卵状披针形，全缘。花先叶开放，单生枝顶，呈钟状，白色，外面基部带紫红色，外轮花被3，中、内轮花被各3。聚合果圆筒形，稍扭曲。花期2～3月，果期9月。分布于陕西南部、甘肃、河南西部、湖北西部及四川等地。

玉兰 木兰科

形态似望春花，主要区别是玉兰的花被片白色。全国各大城市园林广泛栽培。

厚朴 木兰科

落叶乔木。树皮紫褐色。冬芽粗大，圆锥状，芽鳞密被淡黄褐色绒毛。叶革质，叶片7～9枚集生枝顶，长圆状倒卵形；花瓣匙形，白色。聚合果长椭圆状卵形。花期4～5月，果期9～10月。分布于浙江、广西、江西、湖南、湖北、四川、贵州、云南、陕西、甘肃等地。

凹叶厚朴 木兰科

落叶乔木。树皮紫褐色。冬芽粗大，圆锥状，芽鳞密被淡黄褐色绒毛。叶革质，叶片7～9集生枝顶，长圆状倒卵形，先端凹陷成2钝圆浅裂，基部渐狭成楔形。花梗粗短，密生丝状白毛；萼片与花瓣共9～12；萼片长圆状倒卵形，淡绿白色，常带紫红色；花瓣匙形，白色。聚合果长椭圆状卵形。花期4～5月，果期9～10月。分布于浙江、江西、安徽、广西等地。

老鸦柿 柿科

落叶小乔木，高可达8m左右。树皮灰色，平滑。多分枝，有枝刺，深褐色或黑褐色，散生椭圆形小皮孔。叶互生，纸质，菱状倒卵形，全缘。雄花生当年枝下部；花萼4深裂，裂片三角形，边缘密生毛；花冠壶形，5裂。雌花散生当年枝下部；花萼4深裂至基部，裂片披针形；花冠壶形，4裂。浆果单生，球形，嫩时黄绿色，熟时橘红色，有光泽，先端有小尖头。花期4～5月，果期9～10月。生于山坡灌丛、山谷沟旁或林中。分布于江苏、安徽、浙江、江西、福建等地。

柿树 柿科

落叶大乔木，高达14m。树皮深灰色至灰黑色，长方块状开裂。单叶互生，叶片卵状椭圆形至倒卵形或近圆形，全缘。雄花成聚伞花序，雌花单生叶腋；花冠黄白色，钟形，4裂。浆果卵圆球形，橙黄色或鲜黄色。花期5月，果期9～10月。分布于华东、中南及辽宁、河北、山西、陕西、甘肃、台湾等地。

野柿 柿树科

山野自生柿树。小枝及叶柄常密被黄褐色柔毛，叶较栽培柿树的叶小，叶片下面的毛较多，花较小，果亦较小，直径约2～5cm。生于山地自然林或次生林中，或在山坡灌丛中。分布于我国中部、云南、广东和广西北部、江西、福建等省区的山区。

泡桐 玄参科

乔木，高达30m。树皮灰褐色，幼枝、叶、叶柄、花序各部及幼果均被黄褐色星状绒毛。叶片长卵状心脏形，基部心形，全缘。花序狭长几成圆柱形，小聚伞花序有花3～8朵，头年秋天生花蕾，先叶开放；花冠管状漏斗形，白色，内有紫斑筒直而向上逐渐扩大，上唇较狭，2裂，反卷，下唇3裂，先端均有齿痕状齿或凹头。蒴果木质，长圆形，室背2裂。花期2～3月，果期8～9月。分布于辽宁、河北、山东、江苏、安徽、江西、河南、湖北等地。

苹婆 梧桐科

乔木。树皮黑褐色。叶互生，叶片薄革质，长圆形或椭圆形。圆锥花序顶生或腋生；花单性，无花冠；花萼淡红色，钟状，5裂，裂片条状披针形，先端渐尖且向内曲，在先端互相粘合，与钟状萼筒等长。蓇葖果鲜红色，厚革质，长圆状卵形，先端有喙。花期4～5月。生于山坡林内或灌丛中，亦有栽培。分布于台湾、广东、海南、广西、云南等地。

假苹婆 梧桐科

乔木。单叶互生，叶椭圆形、披针形或椭圆状披针形。圆锥花序腋生；花淡红色，萼片5枚，仅于基部连合，向外开展如星状，矩圆状披针形或矩圆状椭圆形，顶端钝或略有小短尖突。蓇葖果鲜红色，长卵形或长椭圆形；种子黑褐色，椭圆状卵形。花期4～6月。生于山谷溪旁。分布于西南及广东、海南、广西等地。

山芝麻 梧桐科

小灌木，高达1m。小枝被发绿色短柔毛。叶互生，狭长圆形或条状披针形，全缘。聚伞花序腋生，花瓣5，不等大，淡红色或紫红色，基部有2个耳状附属体。蒴果卵状长圆形，密被星状毛及混生长绒毛。种子小，褐色，有椭圆形小斑点。花期几全年。生于山坡、路旁及丘陵地。分布于江西、福建、台湾、湖南、广东、海南、广西、云南等地。

诃子 使君子科

乔木。枝皮孔细长，白色或淡黄色，幼枝黄褐色，被绒毛。叶互生或近对生，卵形或椭圆形，全缘或微波状，两面密被细瘤点。穗状花序腋生或顶生。花萼管杯状，淡绿带黄色，三角形；花瓣缺。核果，卵形或椭圆形，青色，粗糙，无毛，有5条钝棱。花期5月，果期7～9月。

结香 瑞香科

落叶灌木，高1～2m。小枝粗壮，常呈三叉状分枝，棕红色，具皮孔。叶互生而簇生于枝顶，椭圆状长圆形至长圆状倒披针形，全缘。先叶开花，头状花序，花黄色，芳香，花被筒状，裂片4，花瓣状平展。核果卵形。花期3～4月，果期约8月。生于山坡、山谷林下。产于长江流域以南及河南、陕西。

山胡椒 樟科

落叶灌木或小乔木。树皮平滑，灰白色。单叶互生或近对生，阔椭圆形至倒卵形，先端短尖，基部阔楔形，全缘。伞形花序腋生，花被黄色，6片。核果球形，有香气。花期3～4月，果期9～10月。生于山地、丘陵的灌丛中和疏林缘。分布于山东、安徽、浙江、江西、福建、台湾、河南、湖南、广东、广西、四川、云南等地。

阴香 樟科

常绿乔木。小枝赤褐色。叶近于对生或散生，革质，卵形或长椭圆形，全缘；上面绿色，有光泽，下面粉绿色，具离基3出脉。圆锥花序顶生或腋生；花小，绿白色，花被6，基部略合生，两面均被柔毛。浆果核果状，卵形。花期3～4月，果期4～10月。生于疏林中有阳光处或为栽培。分布于广东、广西、江西、浙江、福建等地。

乌药 樟科

常绿灌木或小乔木，高达4～5m。根木质，膨大粗壮，略成念珠状。树皮灰绿色，茎枝坚韧，不易断。单叶互生，革质，椭圆形至广倒卵形，全缘，上面绿色，有光泽，基出叶脉3条。伞形花序腋生，花黄绿色，花被6片，广椭圆形。核果近球形，初绿色，成熟后变黑色。花期3～4月。果期10～11月。分布于陕西、安徽、浙江、江西、福建、台湾、湖北、湖南、广西、四川等地。

山鸡椒 樟科

落叶灌木或小乔木，高约5m。幼树树皮黄绿色，光滑，老树树皮灰褐色。枝叶芳香。叶互生，纸质，披针形或长椭圆状披针形，全缘。伞形花序单生或束生，总苞片4，黄白色；每1花序有花4～6朵，花被裂片6，倒卵形。浆果状核果，球形。花期2～3月。果期7～8月。生于灌丛、疏林或林中路旁、水边。分布长江流域以南各地。

肉桂 樟科

常绿乔木，树皮灰褐色，芳香，幼枝略呈四棱形。叶互生，长椭圆形至近披针形，先端尖，基部钝，全缘。圆锥花序腋生或近顶生，花小，黄绿色。浆果椭圆形或倒卵形，暗紫色。种子长卵形，紫色。花期5～7月。果期至次年2～3月。分布于福建、台湾、海南、广东、广西、云南等地。

樟树 樟科

常绿乔木。树皮灰褐色或黄褐色，纵裂；小枝淡褐色，光滑；枝和叶均有樟脑味。叶互生，革质，卵状椭圆形以至卵形，全缘或呈波状，上面深绿色有光泽，幼叶淡红色，脉在基部以上3出。圆锥花序腋生；花小，绿白色或淡黄色，花被6裂，椭圆形。核果球形，熟时紫黑色。花期4～6月，果期8～11月。分布广东、广西、云南、贵州、江苏、浙江、安徽、福建、台湾、江西、湖北、湖南、四川等地。

香叶树 樟科

常绿灌木或小乔木，高4～10m。单叶互生，厚革质，椭圆形、卵形或阔卵形，全缘。伞形花序腋生，花黄色，雄花花被裂片6，卵形。核果卵形，熟时红色，位于一小花被杯内。花期3～4月。果期9～10月。生长于丘陵和山地下部的疏林中。分布云南、四川、湖北、湖南、广东、广西、台湾等地。

铁冬青 冬青科

常绿乔木或灌木，高5～15m。枝灰色，小枝红褐色。叶互生，卵圆形至椭圆形，全缘，纸质。伞形花序；花瓣4～5，绿白色，卵状矩圆形。核果球形至椭圆形，熟时红色，顶端有宿存柱头。花期5～6月。果期9～10月。生于山下疏林中或溪边。分布江苏、浙江、安徽、江西、湖南、广西、广东、福建、台湾、云南等地。

海桐 海桐科

常绿灌木或小乔木，嫩枝被褐色柔毛，有皮孔。叶聚生于枝顶，革质，倒卵形或倒卵状披针形，上面深绿色，发亮，先端圆形或钝，常微凹入或为微心形，全缘。伞形花序或伞房状伞形花序顶生或近顶生，密被黄褐色柔毛。花白色，后变黄色；花瓣倒披针形，离生。蒴果圆球形，有棱或呈三角形。分布于长江以南滨海各省，内地多为栽培供观赏。

榕树 桑科

常绿大乔木。老枝上有气牛根（榕须），下垂，深褐色。单叶互生，叶片革质而稍带肉质，椭圆形、卵状椭圆形或倒卵形，上面深绿色，光亮，下面浅绿色，全线或浅波状；基出脉3条。隐头花序（榕果）单生或成对腋生，扁球形，成熟时黄色或微红色。瘦果小，卵形。花、果期4～11月。分布于浙江、江西、福建、台湾、广东、海南、广西、贵州、云南等地。

菩提树 桑科

大乔木；树皮灰色，平滑或微具纵纹。单叶互生，叶革质，三角状卵形，表面深绿色，光亮，背面绿色，先端骤尖，顶部延伸为尾状，尾尖长2～5cm，基部宽截形至浅心形，全缘或为波状，基生叶脉三出。榕果球形至扁球形，成熟时红色，光滑。花期3～4月，果期5～6月。广东、广西、云南多有栽培。

构棘 桑科

常绿灌木，高2～4m。直立或攀援状；枝灰褐色,光滑，皮孔散生，具直立或略弯的棘刺，粗壮。单叶互生，叶片革质，倒卵状椭圆形、椭圆形或长椭圆形，全缘。球状花序单个或成对腋生；雄花具花被片3～5,楔形，雌花具花被片4，先端被有绒毛。聚花果球形，肉质，熟时橙红色。花期4～5月，果期9～10月。生于山坡、溪边灌丛中或山谷、林缘等处。分布于安徽、浙江、江西、福建、湖北、湖南、广东、海南、广西、四川、贵州、云南等地。

柘树 桑科

落叶灌木或小乔木，高达8m。小枝暗绿褐色，具坚硬棘刺。单叶互生，叶片近革质，卵圆形或倒卵形，全缘或3裂。球形头状花序，具短梗，单个或成对着生于叶腋。聚花果球形，肉质，直径约2.5cm，橘红色或橙黄色，表面呈微皱缩，瘦果包裹在肉质的花被里。花期5～6月，果期9～10月。分布于华东、中南、西南及河北、陕西、甘肃等地。

木波罗 桑科

常绿乔木，高8～15m。单叶，螺旋状排列；叶片厚革质，倒卵状椭圆形或倒卵形，全缘或3裂（萌生枝或幼枝上叶），全缘。花单性，雌雄异株；雄花序顶生或腋生，圆柱形；雄花花被2裂；雌花序圆柱形或长圆形，生于树干或主枝上的球形花托内；雌花花被管状，六棱形。聚合果长圆形、椭圆形或倒卵形，表面有六角形的瘤状突起。花期春、夏季，果期夏、秋季。生于热带地区。福建、台湾、广东、海南、广西、云南等地有栽培。

喜树 蓝果树科

落叶乔木，高20 ~ 25m。树皮灰色，叶互生，纸质，长卵形，全缘或微波状。球形头状花序；花瓣5，淡绿色。瘦果窄长圆形，先端有宿存花柱，有窄翅。花期4 ~ 7月，果期10 ~ 11月。生于林缘、溪边或栽培于庭院、道旁。分布于西南及江苏、浙江、江西、福建、台湾、湖北、湖南、广东、广西等地。

继木 金缕梅科

灌木，多分枝，小枝有星毛。叶互生，革质，卵形，上面略有粗毛或秃净，全缘；叶柄有星毛。花3 ~ 8朵簇生，白色，花瓣4片，带状。蒴果卵圆形，先端圆，被褐色星状绒毛。花期3 ~ 4月。

红花檵木 金缕梅科

形态与檵木相似。花紫红色。我国各地有栽培。

蚊母树 金缕梅科

常绿灌木或乔木，嫩枝有鳞垢，老枝秃净。单叶互生，革质，椭圆形或倒卵状椭圆形，上面深绿色，发亮，下面初时有鳞垢，以后变秃净，全缘。总状花序。蒴果卵圆形，外面有褐色星状绒毛，上半部两片裂开，每片2浅裂。分布于福建、浙江、台湾、广东、海南。

红花荷 金缕梅科

常绿乔木。叶厚革质，卵形，上面深绿色，发亮，下面灰白色。头状花序常弯垂；花瓣匙形，红色；雄蕊与花瓣等长。蒴果卵圆形；种子扁平，黄褐色。花期3～4月。分布于广东中部及西部。

庐山小檗 小檗科

落叶灌木，高2～3m。茎多分枝，老枝灰黄色，有明显的棱，刺通常单生，稀3分叉，长1～3cm。单叶簇生，柄长1～2cm，叶片长圆状菱形、倒披针形或匙形，先端短尖或微钝，基部渐狭而呈柄状，上面暗黄绿色，下面灰白色，被白粉，全缘。花序略呈总状，或近伞形；花黄色，花瓣6，椭圆状倒卵形。浆果长圆状椭圆形，红色，微被白粉。花期4～5月，果期6～9月。生山地灌丛中或山谷溪边阴处。分布江西、江苏、浙江、福建、湖北、湖南、广东、广西等地。

日本小檗 小檗科

落叶灌木，高约1m。分枝多，幼枝淡红带绿色，老枝暗红色。刺通常单一，很少为3分叉。叶倒卵形至匙状长圆形，全缘。伞形花序，花黄色，花瓣6，倒卵形，先端近钝形。浆果长圆形，熟时鲜红色或紫红色。花期4～5月，果期7～10月。我国大部分省区有栽培。

紫荆 豆科

落叶乔木或大灌木。树皮幼时暗灰色而光滑，老时粗糙而作片裂。单叶互生，近圆形，全缘。花先叶开放，4～10朵簇生于老枝上；花玫瑰红色，花冠蝶形，大小不等。荚果狭长方形，扁平，沿腹缝线有狭翅，暗褐色。花期4～5月，果期5～7月。生于山坡、溪边、灌丛中。分布于华北、华东、中南、西南及陕西、甘肃等地。

鸡蛋花 夹竹桃科

落叶小乔木。枝条粗壮肥厚肉质，全株具丰富乳汁。叶互生，厚纸质，常聚集于枝上部，长圆状倒披针形或长椭圆形。聚伞花序顶生；总花梗三歧，肉质，绿色；花梗淡红色；花萼5裂，裂片小，卵圆形，不张开而压紧花冠筒；花冠外面白色，内面黄色，裂片狭倒卵形，向左覆盖，比花冠筒长1倍，花冠筒圆筒形。蓇葖果双生，圆筒形。花期5～10月，果期7～12月。我国福建、台湾、广东、海南、广西、云南等地有栽培。

金刚纂 大戟科

肉质灌木状小乔木，乳汁丰富。茎圆柱状，上部多分枝，绿色。叶互生，少而稀疏，肉质，常呈五列生于嫩枝顶端脊上，倒卵形、倒卵状长圆形至匙形，全缘。花序二歧状腋生，基部具柄。花期6～9月。我国南北方均有栽培。

霸王鞭 大戟科

多年生肉质灌木，高达3m。有乳汁状液。茎基部近圆柱形，上部四角形或五角形；小枝有3 ~ 5条纵棱，边缘波浪状。单叶互生，叶片倒披针形，全缘，肉质。杯状聚伞花序顶生或侧生，排列成聚伞状，花黄色。蒴果近球形。花期春、夏。生于山野石隙，也有栽培。分布于台湾、广西、四川、云南等地。

红雀珊瑚 大戟科

直立亚灌木，高40 ~ 70cm；茎、枝粗壮，肉质，作“之”字状扭曲。叶肉质，近无柄或具短柄，叶片卵形或长卵形。聚伞花序丛生于枝顶或上部叶腋内，总苞鲜红或紫红色。花期12月至翌年6月。我国多地有栽培。

2. 叶对生或轮生

茉莉花 木犀科

直立或攀援灌木，高达3m。单叶对生，叶片纸质，圆形、卵状椭圆形或倒卵形。聚伞花序顶生，通常有花3朵；花极芳香，花冠白色。果球形，呈紫黑色。花期5～8月，果期7～9月。我国南方各地广为栽培。

紫丁香 木犀科

灌木或小乔木，高可达5m。树皮灰褐色或灰色。单叶对生，革质或厚革质，卵圆形至肾形，全缘。圆锥花序，花冠紫色，裂片呈直角开展，卵圆形、椭圆形至倒圆形。蒴果倒卵状椭圆形、卵形至长椭圆形。花期4～5月，果期6～10月。生于山谷溪边、山坡丛林或滩地水边。分布于东北、华北、西北以至西南达四川西北部。

暴马丁香 木犀科

落叶小乔木。树皮紫灰褐色，具细裂纹。单叶对生，厚纸质，宽卵形、卵形至椭圆状卵形，先端短尾尖至尾状渐尖或锐尖，基部常圆形。圆锥花序；花冠白色，呈辐状，裂片卵形，先端锐尖。蒴果长椭圆形，先端常钝，光滑或具细小皮孔。花期6～7月，果期8～10月。生于山坡灌丛、林缘或针阔叶混交林中，也有栽培。分布于黑龙江、吉林、辽宁、内蒙古、河北、陕西、宁夏、甘肃等地。

女贞 木犀科

常绿灌木或乔木。树皮灰褐色，枝黄褐色、灰色或紫红色，疏生圆形或长圆形皮孔。单叶对生，叶片革质，卵形、长卵形或椭圆形至宽椭圆形，全缘。圆锥花序顶生，花冠裂片4，长方卵形，白色。果肾形或近肾形，被白粉。花期5～7月，果期7月至翌年5月。分布于陕西、甘肃及长江以南各地。

金银木 忍冬科

落叶灌木，高达6m。树皮灰白色至灰褐色，不规则纵裂。单叶对生，叶纸质，叶片卵状椭圆形至卵状披针形，全缘。花芳香，腋生；花冠先白后黄色，花冠筒长约为唇瓣的1/2。浆果暗红色，球形。花期5～6月，果期7～9月。分布于黑龙江、吉林、辽宁、河北、山西、陕西、甘肃、山东、江苏、安徽、浙江、河南、湖北、湖南、四川、贵州、云南及西藏。

石榴 石榴科

落叶灌木或乔木，高2～5m。叶对生或簇生，叶片倒卵形至长椭圆形，全缘。花1至数朵，生小枝顶端或腋生；萼筒钟状，肉质而厚，红色，裂片6，三角状卵形；花瓣6，红色，与萼片互生，倒卵形，有皱纹。浆果近球形，果皮肥厚革质，熟时黄色，或带红色，内具薄隔膜，顶端有宿存花萼。种子多数，倒卵形，带棱角。花期5～6月。果期7～8月。我国大部分地区有分布。

蜡梅 蜡梅科

落叶灌木，高2～4m。茎丛出，多分枝，皮灰白色。叶对生，有短柄，叶片卵形或矩圆状披针形，全缘。花先于叶开放，黄色，富有香气；花被多数，呈花瓣状，成多层的覆瓦状排列，内层花被小形，中层花被较大，黄色，薄而稍带光泽，外层成多数细鳞片。瘦果，椭圆形，深紫褐色。我国各地均有栽植。分布于江苏、浙江、四川、贵州等地。

蜡梅

黄杨 黄扬科

常绿灌木或小乔木，高1～6m。树皮灰色，栓皮呈有规则的剥裂。叶对生，叶片革质，阔椭圆形、阔倒卵形、卵状椭圆形或长圆形，叶面光滑，中脉凸出。穗状花序腋生，花密集。蒴果近球形，由3心皮组成，沿室背3瓣裂，成熟时黑色。花期3～4月，果期5～7月。分布于华东、中南及陕西、甘肃、四川、贵州等地。

黄杨

马桑 马桑科

落叶灌木。单叶对生，叶片纸质至薄革质，椭圆形至宽椭圆形，全缘，基出3脉。总状花序侧生于前年生枝上；雄花序长1.5 ~ 2cm，先叶开放，序轴被腺状微柔毛，萼片及花瓣各5；雌花序与叶同出，长4 ~ 6cm，带紫色，萼片与雄花同，花瓣肉质，龙骨状。浆果状瘦果，成熟时由红色变紫黑色。花期3 ~ 4月，果期5 ~ 6月。分布于西南及陕西、甘肃、湖南、广西、西藏。

黄蝉 夹竹桃科

直立灌木，高1 ~ 2m，具乳汁；枝条灰白色。叶3 ~ 5枚轮生，全缘，椭圆形或倒卵状长圆形。聚伞花序顶生，花橙黄色，花冠漏斗状，内面具红褐色条纹，花冠下部圆筒状。蒴果球形，具长刺；种子扁平，具薄膜质边缘。花期5 ~ 8月，果期10 ~ 12月。我国广西、广东、福建、台湾及北京（温室内）的庭园中多有栽培。

萝芙木 夹竹桃科

灌木，高1～3m。全株平滑无毛。小枝淡灰褐色，疏生圆点状皮孔。叶通常3～4片轮生；叶片质薄而柔，长椭圆状披针形，全缘或略带波状。聚伞花序呈三叉状分歧，生于上部的小枝腋间；花冠白色，呈高脚碟状，上部5裂，卵形，冠管细长，近中部稍膨大。果实核果状，卵圆形至椭圆形，熟后紫黑色。花期5～7月，果期4月至翌年春季。生于低山区丘陵地或溪边的灌木丛及小树林中。分布于台湾、广东、海南、广西、贵州、云南等地。

了哥王 瑞香科

灌木，高30～100cm。枝红褐色。叶对生，坚纸质至近革质，长椭圆形，全缘；叶柄短或几无。花黄绿色，数朵组成顶生短总状花序；花萼管状，裂片4，卵形。核果卵形，熟时暗红色至紫黑色。花、果期夏、秋季。分布于广东、广西、福建、台湾、浙江、江西、湖南、四川等地。

牛角瓜 萝藦科

直立灌木，高达3m。茎幼嫩部分具灰白色浓毛，全株具乳汁。叶对生，叶柄极短，叶片倒卵状长圆形，全缘。聚伞花序，腋生或顶生，花冠紫蓝色，宽钟状，花冠裂片5，镊合状排列；副花冠5裂，肉质。蓇葖果单生，膨胀。花、果期几乎全年。分布于广东、海南、广西、四川、云南等地。

九龙吐珠 马鞭草科

灌木。幼枝四棱形，被黄褐色短柔毛。单叶对生，叶片纸质，卵状长圆形或狭卵形，全缘，基脉3出。聚伞花序腋生或假顶生，二歧分枝；花萼白色，基部合生，中部膨大，具5棱，先端5深裂，裂片白色，三角状卵形；花冠先端5裂，深红色，裂片椭圆形；雄蕊与花柱均伸出花冠外。核果近球形，棕黑色，萼宿存，红紫色。花、果期7～11月。我国庭园及温室有栽培。

海州常山 马鞭草科

灌木或小乔木，高1.5 ~ 10m。单叶对生，叶片纸质，宽卵形、卵形、卵状椭圆形或三角状卵形，全缘或具波状齿。伞房状聚伞花序顶生或腋生，常二歧分枝；花冠白色或带粉红色，先端5裂，裂片长椭圆形。核果近球形，包于增大的宿萼内，熟时蓝紫色。花、果期6 ~ 11月。分布于华北、华东、中南、西南等地。

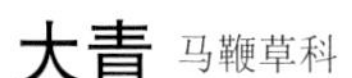

大青 马鞭草科

灌木或小乔木。幼枝黄褐色。单叶对生，叶片纸质，长圆状披针形、长圆形、卵状椭圆形或椭圆形，全缘。伞房状聚伞花序顶生或腋生；花萼杯状，先端5裂，裂片三角状卵形，粉红色；花冠白色，花冠管细长，先端5裂，裂片卵形。果实球形或倒卵形，绿色，成熟时蓝紫色，宿萼红色；花、果期6月至翌年2月。分布于华东及湖南、湖北、广东、广西、贵州、云南等地。

单叶蔓荆 马鞭草科

落叶灌木或小乔木。幼枝密生细柔毛。单叶，叶片卵形或倒卵形，全缘。圆锥花序顶生，花冠淡紫色,5裂。浆果球形。花期7月，果期9月。分布于辽宁、河北、河南、山东、安徽、江苏、浙江、福建、台湾、江西、湖南、湖北、云南、广东等地。

栀子 茜草科

常绿灌木，高1～2m。小枝绿色，幼时被毛。单叶对生或三叶轮生；叶椭圆形、阔倒披针形或倒卵形，全缘。花单生于枝端或叶腋，大形，极香；花冠高脚碟状，白色，后变乳黄色，裂片5或更多，倒卵状长圆形。果实深黄色，倒卵形或长椭圆形，有5～9条翅状纵棱。花期5～7月，果期8～11月。分布于中南、西南及江苏、安徽、浙江、江西、福建、台湾等地。

龙船花 茜草科

常绿灌木，高0.5 ~ 2m。小枝深棕色。叶对生，薄革质，椭圆形或倒卵形，全缘。聚伞花序顶生，密集成伞房状；花冠略肉质，红色，4裂，裂片近圆形。浆果近球形，熟时紫红色。花期4 ~ 8月。散生于疏林下，灌丛中或旷野路旁。分布于福建、台湾、广东、广西。

玉叶金花 茜草科

常绿蔓状小灌木。单叶对生，叶膜质或薄纸质，卵状矩圆形或卵状披针形，上面深绿色，有稀疏白柔毛，下面淡绿色，密被白柔毛。伞房花序顶生；萼5深裂，裂片线形，密被白色柔毛，往往有1 ~ 2枚扩大成叶状，广卵形或圆形，白色；花冠金黄色，漏斗状，先端5裂，裂片卵圆形。浆果球形，乌紫色。花期初夏。分布于四川、广西、广东、福建、台湾等地。

狗骨柴 茜草科

灌木或小乔木，高达4m。叶对生，卵状长圆形、长圆形、椭圆形或披针形，全缘而常稍背卷。聚伞花序腋生，稠密多花；花黄绿色，花冠裂片开放后反卷。浆果近球形，熟时橙红色，干后黑色。花期5～7月，果期8～9月。生于山坡、溪沟边、杂木林下。分布于我国西南、南部和东部。

水团花 茜草科

常绿灌木或小乔木。树皮灰黄白色。叶对生，纸质，叶片长椭圆形至长圆状披针形或倒披针形，全缘。头状花序球形，单生于叶腋；总花梗中下部着生轮生的5枚苞片；花萼5裂，裂片线状长圆形；花冠白色，长漏斗状，5裂，裂片卵状长圆形。蒴果楔形。种子多数，长圆形，两端有狭翅。花期7～8月，果期8～9月。分布于长江以南各地。

六月雪 茜草科

落叶小灌木，高30～100cm。叶对生，狭椭圆形或椭圆状倒披针形，全缘。花无梗，丛生于小枝顶或叶腋；花冠管状，白色，5裂，裂片长圆状披针形。核果近球形，有2个分核。花期4～6月，果期9～11月。生于山坡、路边、溪旁、灌木丛中。分布于我国中部及南部。

团花 茜草科

落叶大乔木；树干通直，树皮灰褐色。叶对生，薄革质，椭圆形或长圆状椭圆形。头状花序单个顶生，花序梗粗壮；花冠黄白色，漏斗状，花冠裂片披针形。果序成熟时黄绿色；种子近三棱形，无翅。花、果期6～11月。生于山谷溪旁或杂木林下。分布于广东、广西、云南。

水锦树 茜草科

灌木或乔木，小枝被锈色硬毛。叶纸质，宽椭圆形、长圆形、卵形或长圆状披针形，全缘；托叶基部宽，上部扩大呈圆形，反折。圆锥状的聚伞花序顶生，花冠漏斗状，白色。蒴果球形。花期1～5月，果期4～10月。分布于我国广东、广西、海南、贵州、云南等地。

野牡丹 野牡丹科

灌木，高0.5～1.5m。茎四棱形或近圆柱形，茎、叶柄密被紧贴的鳞片状糙毛。叶对生，坚纸质，卵形或广卵形，全缘，两面被糙伏毛及短柔毛；基出脉7条。伞房花序生于分枝顶端；花瓣玫瑰红色或粉红色，倒卵形，先端圆形，密被缘毛。蒴果坛状球形，与宿存萼贴生，密被鳞片状糙伏毛。花期5～7月，果期10～12月。生于山坡、旷野。分布浙江、广东、广西、福建、四川、贵州等地。

喜花草 爵床科

灌木，枝4棱形。叶对生，卵形，全缘或有不明显的钝齿。穗状花序顶生和腋生，具覆瓦状排列的苞片；苞片大，叶状，白绿色，倒卵形或椭圆形；小苞片线状披针形，短于花萼；花萼白色；花冠蓝色或白色，高脚碟状，冠檐裂片5，通常倒卵形。蒴果有种子4粒。在我国南部和西南部栽培于庭园供观赏。

小驳骨 爵床科

亚灌木，高约1m。茎圆柱形，节膨大，分枝多，嫩枝常深紫色。叶对生，纸质，叶片狭披针形至披针状线形，全缘；侧脉每边6～8条，呈深紫色。穗状花序顶生，花冠白色或粉红色，花冠管圆筒状，喉部稍扩大，冠檐二唇形，上唇长圆状卵形，下唇浅3裂。蒴果棒状。花期春季。生于村旁或路边的灌丛中，亦有栽培。分布于台湾、广东、海南、广西、云南等地。

黑叶接骨草 爵床科

常绿灌木，高1～2m。茎直立，粗壮，圆柱形。叶对生，厚纸质，叶片椭圆形，全缘。春季开花，穗状花序顶生或腋生，花密集，每花都有一对卵形的叶状外苞片和一对窄小的内苞片；花冠二唇形，白色而有红色斑点。蒴果椭圆形，长约8mm，被毛。生于山地、水边、坡地、路旁灌木丛或林下湿润地，常为栽培绿篱。分布于华南各省区。

鸭嘴花 爵床科

灌木，高达1～3m；枝圆柱状，灰色，有皮孔，嫩枝密被灰白色微柔毛。叶纸质，矩圆状披针形至披针形，全缘。穗状花序，花冠白色，有紫色条纹或粉红色。蒴果近木质，下部实心短柄状。广东、广西、海南、澳门、香港、云南等地有栽培。

假杜鹃 爵床科

半灌木，高达2m。多分枝，节稍膨大。叶对生，椭圆形至长圆形，全缘，两面均被毛。花单生叶腋内或4～8朵集成一短头状花序或穗状花序；花冠青紫色或近白色，或有青紫色和白色条纹，花管漏斗状，檐部裂片5，二唇形。蒴果。花期9～12月。多生于村边或路旁。分布于广东、广西、四川、贵州、云南等地。

白花杜鹃 杜鹃花科

常绿或半常绿灌木，高2～3m。叶近轮生，二型；春叶早落，膜质，披针形至卵状披针形，两面均有灰棕色柔毛；夏叶宿存，半革质，椭圆形或椭圆状披针形，全缘。花顶生，花冠宽钟形，纯白色，有时有红色条纹，5裂，裂片卵状椭圆形。蒴果圆锥状卵形。花期3～5月，果期8～9月。生于山野灌木丛中。分布于河北、山西、陕西、江苏、浙江、江西、福建、湖南、广东、广西、四川、贵州。

金丝桃 藤黄科

半常绿小灌木。全株光滑无毛，小枝圆柱形，红褐色。单叶对生，无叶柄，叶片长椭圆状披针形，全缘。花两性，单生或成聚伞花序生于枝顶；小苞片披针形；萼片5，卵形至椭圆状卵形；花瓣5，鲜黄色，宽倒卵形。蒴果卵圆形。花期6～7月，果期8月。生于山麓、路边及沟旁，现广泛栽培于庭园。分布于河北、陕西、山东、江苏、安徽、江西、福建、台湾、河南、湖北、湖南、广东、广西、四川、贵州等地。

蒲桃 挑金娘科

乔木。叶对生，革质，披针形或长圆形，叶面多透明细小腺点。聚伞花序顶生，花白色，花瓣4，分离，阔卵形。果实球形，果皮肉质，成熟时黄色。花期3～4月，果期5～6月。生于河边及河谷湿地。分布于福建、台湾、广东、海南、广西、贵州、云南等地。

番石榴 桃金娘科

乔木，高达13m。树皮平滑，灰色，片状剥落。叶对生，革质，长圆形，全缘。花单生，花瓣4～5，白色。浆果球形，先端有宿存萼片，种子多数。花期5～8月，果期8～11月。生于荒地或低丘陵上。我国华南各地栽培，分布于福建、台湾、广东、海南、广西、四川、云南等地。

洋蒲桃 桃金娘科

乔木，高12m。嫩枝压扁。单叶对生，薄革质，椭圆形至长圆形，全缘。聚伞花序顶生或腋生，花白色。果实梨形或圆锥形，肉质，洋红色，发亮，先端凹陷，有宿存的肉质萼片。种子1颗。花期3～4月，果熟5～6月。广东、台湾及广西有栽培。

竹柏 罗汉松科

常绿乔木，高达20m。树皮近光滑，红褐色或暗紫红色，成小块薄片脱落。叶交互对生或近对生，排成2列，厚革质，长卵形或椭圆状披针形，无中脉而有多数并列细脉，上面深绿色，有光泽，下面浅绿色。雄球花穗状，常分枝，单生叶腋；雌球花单生叶腋。种子球形，成熟时假种皮暗紫色，有白粉。花期3～4月，种子10月成熟。生于低海拔常绿阔叶林中。分布于浙江、江西、福建、台湾、湖南、广东、广西、四川等地。

红瑞木 山茱萸科

落叶灌木，高3m。树皮紫红色；老枝血红色，常被白粉。叶对生，纸质，卵形至椭圆形，全缘。聚伞花序顶生；花黄白色，花瓣4，卵状椭圆形。核果斜卵圆形，花柱宿存，成熟时白色稍带蓝紫色。花期6～7月，果期8～10月。分布于东北、华北及陕西、甘肃、青海、山东、江苏、浙江、江西等地。

山茱萸 山茱萸科

落叶小乔木。枝皮灰棕色。单叶对生，叶片椭圆形或长椭圆形，先端窄，长锐尖形，基部圆形或阔楔形，全缘。花先叶开放，成伞形花序，簇生于小枝顶端；花小，花瓣4，黄色。核果长椭圆形，无毛，成熟后红色。花期5 ~ 6月，果期8 ~ 10月。分布于陕西、河南、山西、山东、安徽、浙江、四川等地。

四照花 山茱萸科

落叶小乔木，高3 ~ 5m。树皮灰白色，小枝暗绿色。叶对生，纸质或厚纸质，卵形或卵状椭圆形，全缘或有明显的细齿。头状花序球形，总苞片4，白色；花瓣4，黄色。果序球形，成熟时暗红色。花期6 ~ 7月，果期9 ~ 10月。分布陕西、山西、甘肃、江苏、安徽、浙江、江西、福建、台湾、河南、湖北、湖南、四川、贵州、云南等省。

毛梾 山茱萸科

落叶乔木，高6～14m。树皮黑灰色，纵裂成长条，幼枝对生。叶对生，椭圆形至长椭圆形，全缘。伞房状聚伞花序顶生，花白色。核果球形，成熟时黑色。花期5月，果期9月。生于杂木林或密林中。分布于华东、中南、西南及辽宁、河北、山西等地。

糖胶树 夹竹桃科

乔木，高达20m。枝轮生。叶3～8片轮生，倒卵状长圆形、倒披针形或匙形，全缘。聚伞花序顶生，花白色。蓇葖果2枚，离生，细长，线形。种子长圆形，红棕色，两端被红棕色长缘毛。花期6～11月，果期8月至翌年4月。生于低丘陵山地疏林中、路旁或水沟边。广西和云南有野生，台湾、湖南、广东、海南有栽培。

（二）叶缘有齿

1.叶互生

白梨 蔷薇科

乔木。单叶互生，叶片卵形或椭圆形，边缘有带刺芒尖锐齿。伞形总状花序，花瓣卵形，白色。果实卵形或近球形。花期4月。果期8～9月。分布于河北、山西、陕西、甘肃、青海、山东、河南等地。

苹果 蔷薇科

乔木。小枝幼嫩时密被绒毛，老枝紫褐色。单叶互生，叶片椭圆形、卵形至宽椭圆形，边缘有圆钝锯齿。伞房花序集生于小枝顶端；花白色或带粉红色。果实扁球形。花期5月，果期7～10月。我国辽宁、河北、山西、陕西、甘肃、山东、江苏、四川、云南、西藏等地有栽培。

李 蔷薇科

乔木，高达9～12m。树皮灰褐色，粗糙；小枝无毛，紫褐色，有光泽。叶柄近顶端有2～3腺体；叶片长方倒卵形或椭圆倒卵形，边缘有细密浅圆钝重锯齿。花通常3朵簇生；花瓣5，白色。核果球形或卵球形，绿、黄或带紫红色，有光泽，被蜡粉。花期4～5月。果期7～8月。除内蒙古、新疆、西藏外，全国各地多有分布和栽培。

杜梨 蔷薇科

土梨、海棠梨、野梨子、灰梨。

乔木。单叶互生，叶片菱状卵形至长圆卵形，边缘有粗锐锯齿。伞形总状花序，花瓣宽卵形，白色。果实近球形，直径5～10mm，褐色，有淡色斑点。花期4月，果期8～9月。分布于辽宁、河北、河南、山东、山西、陕西、甘肃、湖北、江苏、安徽、江西。

湖北海棠 蔷薇科

乔木，高达8m。小枝紫色至紫褐色，初有短柔毛，后脱落。单叶互生，叶片卵形至卵状椭圆形，边缘有细锐锯齿。伞形花序，有花4～6朵，花粉白色或近白色；花瓣5，倒卵形。梨果椭圆形或近球形，直径约1cm，黄绿色稍带红晕。花期4～5月，果期8～9月。分布于华东、西南及山西、陕西、甘肃河南、湖北、湖南、广东等地。

火棘 蔷薇科

常绿灌木。侧枝短，先端成刺状。叶互生，在短枝上簇生；叶片倒卵形至倒卵状长圆形，边缘有锯齿，近基部全缘。复伞房花序；花瓣近圆形，白色。果实近球形，直径约5mm，橘红或深红色。花期3～5月，果期8～11月。生于山地、丘陵阳坡灌丛、草地及河沟路旁。分布于西南及陕西、江苏、浙江、河南、湖北、湖南、广西、西藏等地。

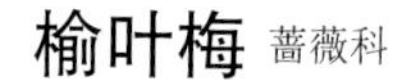

榆叶梅 蔷薇科

落叶灌木。叶互生，叶片宽椭圆形至倒卵形，边缘具粗锯齿或重锯齿。花1～2朵，腋生，先于叶开放，花单瓣至重瓣，紫红色。果实近球形。花期4～5月，果期5～7月。生于山坡、沟旁灌木林中或林缘。分布于东北、华北及陕西、甘肃、山东、江苏、浙江、江西等地。

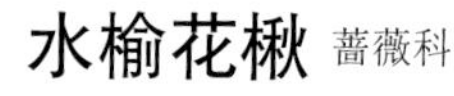

水榆花楸 蔷薇科

乔木。单叶互生，叶片卵形至椭圆状卵形，边缘有不整齐尖锐重锯齿。复伞房花序；花白色，花瓣卵形或近圆形。果实椭圆形或卵形，红色或黄色。花期5月，果期8～9月。生于山坡、山沟或山顶混交林或灌木丛中。分布于河北、陕西、甘肃、山东、安徽、江西、浙江、河南、湖北、四川等地。

山莓 蔷薇科

落叶小灌木，高1～2m。茎直立，具基出枝条；小枝红棕色，散生稍弯皮刺。单叶互生，具长柄，与中脉均有小钩刺；叶片卵形，不裂或3浅裂，有不整齐重锯齿。春季小枝上开花，1或数朵聚生于叶的对面；花冠白色，花瓣5，长椭圆形。聚合果球形，直径约1.2cm，鲜红色。生于阳坡草地、溪边、灌丛以及村落附近。分布于华东、中南、西南和陕西等地。

麦李 蔷薇科

灌木。小枝灰棕色或棕褐色。叶片长圆状披针形或椭圆状披针形，边有细钝重锯齿。花单生或2朵簇生，花叶同开或近同开；花瓣白色或粉红色，倒卵形。核果红色或紫红色，近球形。花期3～4月，果期5～8月。分布于陕西、河南、山东、江苏、安徽、浙江、福建、广东、广西、湖南、湖北、四川、贵州、云南。

东京樱花 蔷薇科

乔木。树皮灰色，小枝淡紫褐色。叶椭圆卵形或倒卵形，边有尖锐重锯齿，齿端渐尖，有小腺体。伞形总状花序，总梗极短，有花3～4朵，先叶开放；花瓣白色或粉红色，椭圆卵形，先端下凹。核果近球形，黑色。花期4月，果期5月。城市庭园多有栽培。

贴梗海棠 蔷薇科

落叶灌木，高2～3m。枝棕褐色，有刺，有疏生浅褐色皮孔。叶片卵形至椭圆形，边缘有尖锐锯齿。花瓣5，倒卵形或近圆形，猩红色。果实球形或卵球形，黄色或带黄绿色，有稀疏不明显斑点。花期3～5月。果期9～10月。分布华东、华中及西南各地。

光皮木瓜 蔷薇科

灌木或小乔木，高达5 ~ 10m。树皮成片状脱落；小枝无刺，圆柱形。单叶互生，叶片椭圆卵形或椭圆长圆形，边缘有刺芒状尖锐锯齿。花单生于叶腋，花瓣倒卵形，淡粉红色。梨果长椭圆形，长10 ~ 15cm，暗黄色，木质，味芳香。花期4月，果期9 ~ 10月。分布于陕西、江苏、山东、安徽、浙江、江西、河南、湖北、云南、广西、甘肃、湖南、广东等地。

西府海棠 蔷薇科

灌木或小乔木，高2.5 ~ 5m。树枝直立性强，老枝紫红色或暗褐色，具稀疏皮孔。叶片长椭圆形或椭圆形，边缘有尖锐锯齿。伞形总状花序，着花4 ~ 7朵，集生于小枝顶端，花粉红色。梨果近球形，红色。花期4 ~ 5月，果期8 ~ 9月。分布于辽宁、河北、山西、陕西、甘肃、山东、云南等地。

垂丝海棠 蔷薇科

灌木或小乔木，高达5m。树冠开展，小枝紫色或紫褐色。单叶互生，叶片卵形或椭圆形至长椭圆卵形，边缘有圆钝细锯齿。伞房花序，具花4～6朵，花粉红色，花瓣倒卵形。果实梨形或倒卵形，略带紫色。花期3～4月，果期9～10月。分布于陕西、江苏、安徽、浙江、四川、云南等地。各地常见栽培。

樱桃 蔷薇科

落叶灌木或乔木，高3～8m。树皮灰白色，有明显的皮孔。叶互生，叶片卵形或长圆状卵形，边有尖锐重锯齿。花序伞房状或近伞形，有花3～6朵，先叶开放，花瓣5，白色，卵圆形，先端凹或二裂。核果近球形，红色。花期3～4月。果期5～6月。分布于华东及辽宁、河北、甘肃、陕西、湖北、四川、广西、山西、河南等地。

毛樱桃 蔷薇科

落叶灌木。小枝紫褐色或灰褐色，幼枝密被黄色绒毛。单叶互生，叶片卵状椭圆形或倒卵状椭圆形。花单生或两朵簇生，花叶同开或近先叶开放；花瓣5，白色或粉红色，倒卵形，先端圆钝。核果近球形，红色。花期4～5月，果期6～9月。分布于东北、华北及陕西、宁夏、甘肃、青海、山东、四川、云南、西藏等地。

猫乳 鼠李科

落叶灌木或小乔木，高2～9m。叶互生，叶片倒卵状长圆形、倒卵状椭圆形或长椭圆形，边缘具细锯齿。聚伞花序腋生，花黄绿色，花瓣5，宽倒卵形，先端微凹。核果圆柱形，成熟时红色或橘红色，干后变黑色或紫黑色。花期5～7月，果期7～10月。分布于河北、山西、陕西、山东、江苏、安徽、浙江、江西、河南、湖北、湖南。

棣棠 蔷薇科

落叶灌木，高1～2m。小枝绿色，圆柱形。单叶互生，三角状卵形或卵圆形，边缘有尖锐重锯齿。花单生在当年生侧枝顶端；花瓣5或重瓣，宽椭圆形，先端下凹，黄色。瘦果倒卵形至半球形。花期4～6月，果期6～8月。生于山坡灌丛中。分布于华东、西南及陕西、甘肃、河南、湖北、湖南等地。

石楠 蔷薇科

常绿灌木或小乔木；枝褐灰色，无毛。单叶互生，叶片革质，长椭圆形、长倒卵形或倒卵状椭圆形，边缘有疏生细锯齿，近基部全缘；叶柄粗壮，长2～4cm。复伞房花序顶生，花密生，花瓣5，花瓣白色，近圆形。果实球形，红色，后成褐紫色。花期4～5月，果期10月。生于杂木林中。分布河南、江苏、安徽、浙江、福建、江西、广东、广西、云南、湖北、四川、湖南等地。

杏 蔷薇科

落叶小乔木，高4～10cm；树皮暗红棕色，纵裂。单叶互生；叶片圆卵形或宽卵形，边缘有细锯齿或不明显的重锯齿。先叶开花，花单生枝端，花瓣5，白色或浅粉红色，圆形至宽倒卵形。核果黄红色，卵圆形，侧面具一浅凹槽，微被绒毛；核光滑，坚硬，扁心形，具沟状边缘；内有种子1枚，卵形，红色。花期3～4月。果期4～6月。我国各地均有种植。

山桃 蔷薇科

落叶小乔木，高5～9m。叶互生，叶片卵状披针形。花单生，花瓣5，阔倒卵形，粉红色至白色。核果近圆形，黄绿色，表面被黄褐色柔毛。果肉离核；核小，坚硬。花期3～4月。果期6～7月。分布于河北、山西、陕西、甘肃、山东、河南、四川、云南等地。

欧李 蔷薇科

落叶灌木，高0.4 ~ 1.5m。小枝灰褐色或棕色。叶互生，叶片倒卵状长椭圆形或倒卵状披针形，边缘有细锯齿或重锯齿。花单生或2 ~ 3朵簇生；花瓣白色或粉红色，长圆形或倒卵形。核果成熟后近球形，红色或紫红色。花期4 ~ 5月。果期6 ~ 10月。分布于黑龙江、吉林、辽宁、内蒙古、河北、山东、河南等地。

郁李 蔷薇科

落叶灌木，高1 ~ 1.5m。树皮灰褐色，有不规则的纵条纹；幼枝黄棕色，光滑。叶互生，长卵形或卵圆形，边缘具不整齐重锯齿。花先叶开放，2 ~ 3朵簇生；花瓣5，浅红色或近白色，具浅褐色网纹，斜长圆形，边缘疏生浅齿。核果近圆球形，暗红色。花期5月。果期6月。生长在向阳山坡、路旁或小灌木丛中。分布辽宁、内蒙古、河北、河南、山西、山东、江苏、浙江、福建、湖北、广东等地。

枇杷 蔷薇科

常绿小乔木。小枝黄褐色，密生锈色或灰棕色绒毛。叶片革质，有灰棕色绒毛，叶片披针形、倒披针形、倒卵形或长椭圆形，上部边缘有疏锯齿，上面光亮、多皱，下面及叶脉密生灰棕色绒毛。圆锥花序顶生，总花梗和花梗密生锈色绒毛；花瓣白色，长圆形或卵形。果实球形或长圆形。花期10～12月。果期翌年5～6月。分布于中南及陕西、甘肃、江苏、安徽、浙江、江西、福建、台湾、四川、贵州、云南等地。

桑树 桑科

落叶灌木或小乔木，高3～15m。树皮灰白色，有条状浅裂。单叶互生，叶片卵形或宽卵形，边缘有粗锯齿或圆齿，有时有不规则的分裂，基出3脉与细脉交织成网状。穗状葇荑花序，腋生，花黄绿色。聚合果腋生，肉质，椭圆形，深紫色或黑色。花期4～5月，果期5～6月。我国各地大都有野生或栽培。

构树 桑科

落叶乔木，高达10m。单叶互生，叶片卵形，不分裂或3～5深裂，边缘锯齿状，上面暗绿色，具粗糙伏毛，下面灰绿色，密生柔毛。雄花为腋生葇荑花序，下垂；雌花为球形头状花序，有多数棒状苞片，先端圆锥形。聚花果肉质，成球形，橙红色。花期5月，果期9月。全国大部分地区有分布。

酸枣 鼠李科

落叶灌木，高1～3m。枝上有两种刺，一为针形刺，长约2cm，一为反曲刺，长约5mm。叶互生，叶片椭圆形至卵状披针形，边缘有细锯齿，主脉3条。花2～3朵簇生叶腋，小形，黄绿色；花瓣小，5片。核果近球形，熟时暗红色。花期4～5月。果期9～10月。分布于辽宁、内蒙古、河北、河南、山东、山西、陕西、甘肃、安徽、江苏等地。

大枣 鼠李科

落叶灌木或小乔木，高达10m。长枝平滑，无毛，幼枝纤细略呈"之"形弯曲，紫红色或灰褐色，具2个粗直托叶刺；当年生小枝绿色，下垂，单生或2～7个簇生于短枝上。单叶互生，纸质，叶片卵形、卵状椭圆形，边缘具细锯齿，基生三出脉。花黄绿色，常2～8朵着生于叶腋成聚伞花序，花瓣5，倒卵圆形。核果长圆形或长卵圆形，成熟时红紫色，核两端锐尖。花期5～7月，果期8～9月。分布全国各地。

枳椇 鼠李科

落叶乔木，高达10m。小枝褐色或黑紫色，被棕褐色短柔毛或无毛，有明显白色的皮孔。叶互生，广卵形，边缘具锯齿，基出3主脉。聚伞花序腋生或顶生，花绿色，花瓣5，倒卵形。果实为圆形或广椭圆形，灰褐色；果梗肉质肥大，红褐色。花期6月，果熟期10月。分布于陕西、广东、湖北、浙江、江苏、安徽、福建等地。

杜鹃 杜鹃花科

常绿或半常绿灌木，高达3m。分枝细而多，密被黄色或褐色平伏硬毛。叶卵状椭圆形或倒卵形。花2 ~ 6朵簇生枝端，花冠玫瑰色至淡红色，阔漏斗状，裂片近倒卵形，上部1瓣及近侧2瓣有深红色斑点。蒴果卵圆形，密被硬毛。花期4月，果热期10月。分布于河南、湖北及长江以南各地。

迎红杜鹃 杜鹃花科

落叶灌木，分枝多。幼枝细长，疏生鳞片。叶片质薄，椭圆形或椭圆状披针形，边缘全缘或有细圆齿。花序腋生枝顶或假顶生，1 ~ 3花，先叶开放，伞形着生；花冠宽漏斗状，淡红紫色。蒴果长圆形，先端5瓣开裂。花期4 ~ 6月，果期5 ~ 7月。分布于内蒙古、辽宁、河北、山东、江苏。

照白杜鹃 杜鹃花科

半常绿灌木，高1～2m。单叶互生，叶片革质，椭圆状披针形或狭卵形，有疏浅齿或不明显的细齿。总状花序顶生，花小，乳白色，花冠钟形，5裂，裂片卵形。蒴果圆柱形，褐色，成熟时5裂。花期5～7月，果期7～9月。分布于东北、华北及陕西、甘肃、山东、湖北、四川等地。

栗树

落叶乔木，高15～20m。树皮暗灰色，不规则深裂。单叶互生，叶长椭圆形或长椭圆状披针形，叶缘有锯齿。花雌雄同株，雄花序穗状，生于新枝下部的叶腋，被绒毛，淡黄褐色，雄花着生于花序上、中部；雌花无梗，常生于雄花序下部。壳斗刺密生，每壳斗有2～3坚果，成熟时裂为4瓣；坚果深褐色，顶端被绒毛。花期4～6月，果期9～10月。分布于辽宁以南各地，除青海、新疆以外，均有栽培。

小叶杨 杨柳科

乔木。树皮沟裂。单叶互生，叶菱状卵形、菱状椭圆形或菱装倒卵形，边缘具细锯齿，下面绿白色。雄花序长2～7cm，序轴无毛，苞片细条裂；雌花序长2.5～6cm，苞片淡绿色，裂片褐色，柱头2裂。果序长达15cm；蒴果小,2～3瓣裂，无毛。花期3～5月，果期4～6月。分布于东北、华北、西北、华东、华中及西南各地。

毛白杨 杨柳科

高大乔木，高达30m。树皮灰绿色或灰白色，皮孔菱形散生。芽卵形，花芽卵圆形或近球形，微被毡毛。长枝叶阔卵形或三角形状卵形，边缘具波状牙齿；短枝叶通常较小，卵形或三角形卵形，边缘具深波状齿。雄花序长10～14cm，雌花序长4～7cm。果序长达14cm；蒴果2瓣裂。花期3～4月，果期4～5月。分布于辽宁、河北、山西、陕西、甘肃、江苏、安徽、浙江、河南等地。

大果榆 榆科

落叶小乔木或灌木，高15～30m。树皮暗灰色或灰黑色，纵裂，粗糙。单叶互生，宽倒卵形或椭圆状倒卵形，两面粗糙，边缘具钝锯齿或重锯齿。花数朵簇生，花大，花被4～5裂，绿色。翅果特大，长2.5～3.5cm，宽2.2～2.5cm。花期4～5月，果熟期5～6月。分布于东北、华北及陕西、甘肃、青海、江苏、安徽、河南等地。

榆树 榆科

落叶乔木。树皮暗灰褐色，粗糙，有纵沟裂；小枝柔软，有毛，浅灰黄色。叶互生，纸质，叶片倒卵形、椭圆状卵形或椭圆状披针形，边缘具单锯齿。花先叶开放，簇成聚伞花序；花披针形，4～5裂；雄蕊与花被同数，花药紫色。翅果近圆形或倒卵形，光滑，先端有缺口，种子位于翅果中央，与缺口相接。花期3～4月，果期4～6月。分布于东北、华北、西北、华东、中南、西南及西藏等地。

榔榆 榆科

落叶乔木，树皮灰褐色，成不规则鳞片状脱落。老枝灰色，小枝红褐色。叶互生，革质，有短叶柄；叶片椭圆形、椭圆状倒卵形、卵形或倒卵形，边缘有单锯齿。花簇生于叶腋，有短梗；花被4裂。翅果卵状椭圆形，顶端凹陷，种子位于中央。花期7～9月，果期10～11月。生于平原丘陵地、山地及疏林中。分布华东、中南、西南及河北、陕西、台湾、西藏等地。

山黄麻 榆科

小乔木，当年生枝条密被白色伸展的曲柔毛。单叶互生；叶柄密被白色柔毛；叶片纸质，卵状披针形或披针形，上面有短硬毛而粗糙，下面密被银灰色丝质柔毛或曲柔毛，边缘有细锯齿；基出3脉。聚伞花序。核果卵球形，被毛。花期5～6月，果期6～8月。分布于华南、西南及福建、台湾、西藏等地。

秤砣树 安息香科

落叶乔木；树皮棕色。单叶互生，叶椭圆形至椭圆状倒卵形，顶端短渐尖，基部楔形，在花枝上的叶为卵圆形，边缘有硬骨质细锯齿。花白色。果实卵圆形，木质，有白色斑纹，顶端宽圆锥形，下半部倒卵形，形似秤锤。花期4月下旬,果期10 ~ 11月。华东、华中有栽培。

木本曼陀罗 茄科

小乔木。叶卵状披针形、矩圆形或卵形，全缘、微波状或有不规则缺刻状齿。花单生，俯垂。花萼筒状，中部稍膨胀；花冠白色，脉纹绿色，长漏斗状，筒中部以下较细而向上渐扩大成喇叭状；雄蕊不伸出花冠筒；花柱伸出花冠筒，柱头稍膨大。浆果状蒴果，表面平滑，广卵状。在温室及华南有栽培。

杜英 杜英科

常绿乔木。单叶互生，叶革质，披针形或倒披针形，边缘有小钝齿。总状花序，萼片披针形；花瓣倒卵形，白色，上半部撕裂，裂片14 ~ 16条。核果椭圆形。花期6 ~ 7月。分布于广东、广西、福建、台湾、浙江、江西、湖南、贵州和云南。

吊灯扶桑 锦葵科

常绿直立灌木，高达3m。小枝细瘦，常下垂。叶互生，椭圆形或长圆形，边缘具齿缺。花单生于枝端叶腋间，花梗细瘦，下垂；花瓣5，红色，深细裂作流苏状，向上反曲；雄蕊柱长而突出，下垂。蒴果长圆柱形。花期全年。我国多地作园林观赏植物栽培。

朱槿 锦葵科

常绿灌木，高约1 ~ 3m。小枝圆柱形，疏被星状柔毛。叶互生，叶片阔卵形或狭卵形，先端渐尖，基都圆形或楔形，边缘具粗齿或缺刻。花单生于上部叶腋间，常下垂；萼钟形，被星状柔毛，裂片5，卵形至披针形；花冠漏斗形，玫瑰红或淡红、淡黄等色，花瓣倒卵形，先端圆，外面疏被柔毛。花期全年。福建、台湾、广东、海南、广西、四川、云南等地有栽培。

冬青卫矛 卫矛科

常绿灌木或小乔木，高可达3m。枝有白色皮孔，小枝近四棱形。叶互生，倒卵形或椭圆形，边缘有细钝齿，上面深绿色有光泽，下面色较淡。花绿白色，4数，具细长的柄，每5 ~ 12朵合成腋生密集的聚伞花序。蒴果球形，无毛，淡红色，有4浅沟，果梗4棱形。花期6 ~ 7月，果期9 ~ 10月。生于山野林边。庭园中常有栽培。

泡花树 青风藤科

落叶灌木或乔木。单叶互生，倒卵形或窄倒卵状楔形，边缘具锐齿。圆锥花序顶生，花瓣近圆形。核果扁球形。花期6～7月，果期9～11月。分布于甘肃东部、陕西南部、河南西部、湖北西部、四川、贵州、云南中部及北部、西藏南部。

君迁子 柿科

落叶乔木，高可达30m。树皮灰黑色或灰褐色。单叶互生，叶片椭圆形至长圆形。花簇生于叶腋，花淡黄色至淡红色，花冠壶形。浆果近球形至椭圆形，初熟时淡黄色，后则变为蓝黑色，被白蜡质。花期5～6月，果期10～11月。分布于辽宁、河北、山西、陕西、甘肃、山东、江苏、安徽、浙江、江西、河南、湖北、湖南、西南及西藏等地。

冬青 冬青科

常绿乔木，高达13m；树皮灰黑色，当年生小枝浅灰色，圆柱形，具细棱；二至多年生枝具不明显的小皮孔，叶痕新月形，凸起。叶互生，革质，狭长椭圆形，边缘疏生浅锯齿，上面深绿色而有光泽，冬季变紫红色。聚伞花序，花淡紫色或紫红色，花瓣卵形，开放时反折。果长球形，成熟时红色。花期4～6月，果期7～12月。分布于长江以南各地。

毛冬青 冬青科

常绿灌木或小乔木，高3～4m。小枝灰褐色，有棱。叶互生，纸质或膜质，卵形或椭圆形，边缘有稀疏的小尖齿或近全缘。花簇生叶腋，粉红色。果实球形，直径3～4mm，熟时红色。花期4～5月，果期7～8月。除四川、湖北外，广布于长江以南各地。

大叶冬青 冬青科

常绿大乔木。树皮粗糙有浅裂；小枝粗壮，黄褐色。单叶互生，厚革质，长圆形或卵状长圆形，边缘有疏锯齿。花序簇生叶腋，圆锥状，花黄绿色。果球形，红色。花期4～5月，果期6～11月。分布于长江以南各地。

梅叶冬青 冬青科

落叶灌木，高3m。小枝无毛，绿色。叶互生，膜质，卵形或卵状椭圆形，边缘具钝锯齿。花白色。果球形，熟时黑紫色。花期4～5月，果期7～8月。生于山谷路旁灌丛中或阔叶林中。分布于江西、福建、台湾、湖南、广东、广西等地。

山麻杆 大戟科

落叶小灌木，高1～2m。幼枝密被茸毛，老枝栗褐色，光滑。单叶互生，阔卵形至扁圆形，基部圆或略呈心脏形，边缘有齿，基出3脉，上面绿色，有疏短毛，下面带紫色，被密毛。雄花密集成穗状花序，雌花疏生成总状花序。蒴果扁球形，微裂成3个圆形的分果爿，密被短柔毛。花期4～5月，果期6～8月。生于低山区河谷两岸或庭园栽培。分布于河南、陕西、江苏、安徽、浙江、湖北、湖南、广西、四川、贵州、云南。

巴豆 大戟科

常绿乔木，高6～10m。叶互生，叶柄长2～6cm；叶片卵形或长圆状卵形，长5～13cm，宽2.5～6cm，近叶柄处有2腺体，叶缘有疏浅锯齿，主脉3基出。总状花序顶生，雄花绿色，较小，花瓣5，反卷；雌花花萼5裂，无花瓣。蒴果长圆形至倒卵形，有3钝角。花期3～5月，果期6～7月。分布于西南及福建、湖北、湖南、广东、广西等地。

青荚叶 山茱萸科

落叶灌木，幼枝绿色。叶互生，纸质，卵形、卵圆形，边缘具刺状细锯齿。花淡绿色，着生于叶上面中脉的1/2～1/3处。浆果幼时绿色，成熟后黑色。花期4～5月，果期8～9月。广布于我国黄河流域以南各省区。

朱砂根 紫金牛科

灌木，高1～2m；茎粗壮，无毛。叶片革质或坚纸质，椭圆形、椭圆状披针形至倒披针形，边缘具皱波状或波状齿。伞形花序或聚伞花序，着生于侧生特殊花枝顶端。花瓣白色，盛开时反卷，卵形。果球形鲜红色，具腺点。花期5～6月，果期10～12月。生于荫湿的灌木丛中。分布于我国西藏东南部至台湾，湖北至海南岛等地区。

破布叶 锻树科

灌木或小乔木，高3 ~ 12m。树皮粗糙，嫩枝有毛。单叶互生，叶薄革质，卵状长圆形，边缘有细钝齿。顶生圆锥花序，花瓣黄色，长圆形。核果近球形或倒卵形。花期6 ~ 7月，果期冬季。生于山谷、平地、斜坡灌丛中。分布于广东、海南、广西、云南等地。

紫麻 荨麻科

小灌木，高1 ~ 3m。叶互生，多生于茎或分枝的顶部或上部，叶片卵形或狭卵形，边缘有牙齿，上面粗糙，疏生短毛，基生脉3条。花小，簇生于落叶腋部或叶腋；雄花的花被片3，卵形；雌花序球形。瘦果卵形。花期3 ~ 4月，果期6 ~ 7月。生于山谷、溪边、林下湿地。分布于华南、西南及陕西、浙江、江西、福建、台湾、湖北、湖南、四川、贵州等地。

山茶花 山茶科

常绿灌木或小乔木。高可达10m。树皮灰褐色，幼枝棕色。单叶互生，革质，倒卵形或椭圆形，边缘有细锯齿。花单生或对生于叶腋或枝顶，花瓣有白、淡红等色，花瓣近圆形，先端有凹缺。蒴果近球形，光滑无毛。种子近球形，有角棱，暗褐色，花期4～5月，果期9～10月。全国各地常有栽培。

油茶 山茶科

常绿灌木或小乔木，高3～4m。树皮淡黄褐色，平滑不裂。单叶互生，厚革质，卵状椭圆形或卵形，边缘具细锯齿，上面亮绿色。花生于枝顶或叶腋，花瓣5～7，白色，倒卵形至披针形。蒴果近球形，果皮厚，木质，室背2～3裂。种子背圆腹扁。花期10～11月，果期次年10月。我国长江流域及以南各地广泛栽培。

佛手 芸香科

常绿小乔木或灌木。老枝灰绿色，幼枝略带紫红色，有短而硬的刺。单叶互生；叶柄短，无翼叶，无关节；叶片革质，长椭圆形或倒卵状长圆形，边缘有浅波状钝锯齿。花瓣5，内面白色，外面紫色。柑果卵形或长圆形，先端分裂如拳状，或张开似指尖，表面橙黄色。花期4～5月，果熟期10～12月。我国浙江、江西、福建、广东、广西、四川、云南等地有栽培。

香橼 芸香科

常绿小乔木或灌木。枝有短硬棘刺，嫩枝光滑，带紫红色。叶互生，具短柄，无叶翼，与叶片间无明显关节；叶片长圆形或倒卵状长圆形，边缘有锯齿，具半透明的油腺点。花生于叶腋；花瓣5，内面白色，外面淡紫色。柑果长圆形、卵形或近球形，先端有乳头状突起。花期4月，果熟期10～11月。江苏、浙江、福建、台湾、湖北、湖南、广东、广西、四川、云南等地皆有栽培。

橘 芸香科

常绿小乔木或灌木，高3 ~ 4m。枝细，多有刺。叶互生；叶柄长0.5 ~ 1.5cm，有窄翼，顶端有关节；叶片披针形或椭圆形，具不明显的钝锯齿，有半透明油点。花单生或数朵丛生于枝端或叶腋；花瓣5，白色或带淡红色，开时向上反卷。柑果近圆形或扁圆形，果皮薄而宽，容易剥离。花期3 ~ 4月，果期10 ~ 12月。主要分布于广东、福建、四川、浙江、江西等地。

柚 芸香科

常绿乔木，高5 ~ 10m。小枝扁，有刺。单身复叶互生；叶柄有倒心形宽叶翼，叶片长椭圆形或阔卵形，边缘浅波状或有钝锯齿。花单生或为总状花序，腋生，白色花瓣4 ~ 5，长圆形，肥厚。柑果梨形、倒卵形或扁圆形，柠檬黄色。花期4 ~ 5月，果熟期10 ~ 11月。浙江、江西、福建、台湾、湖北、湖南、广东、广西、四川、贵州、云南等地均有栽培。

2. 叶对生

杜虹花 马鞭草科

灌木，高1 ~ 3m。小枝、叶柄和花序均密被灰黄色星状毛和分枝毛。单叶对生，叶片卵状椭圆形或椭圆形，边缘有细锯齿，表面被短硬毛，稍粗糙，背面被灰黄色星状毛和细小黄色腺点。聚伞花序；花冠紫色或淡紫色。果实近球形，紫色。花期5 ~ 7月，果期8 ~ 11月。分布于我国南部。

白堂子树 马鞭草科

小灌木，高1 ~ 3m。小枝纤细，带紫红色，幼时略被星状毛。单叶对生，倒卵形或披针形，边缘仅上半部具数个粗锯齿，表面稍粗糙，背面无毛，密生细小黄色腺点。聚伞花序腋生，花冠紫色，先端4裂。果实球形，紫色。花期5 ~ 6月，果期7 ~ 11月。分布于华东、华南及河北、台湾、河南、湖北、贵州。

尖尾枫 马鞭草科

灌木或小乔木，高2～5m。小枝四棱形，紫褐色。单叶对生，披针形至狭椭圆形，边缘具不明显小齿或全缘。聚伞花序，花小而密集，花冠淡紫色。果实扁球形，白色。花期7～9月，果期10～12月。生于山坡、山谷、丛林中或荒野。分布于江西、福建、台湾、广东、广西、四川等地。

大叶紫珠 马鞭草科

灌木，高3～5m。小枝近方形，密生灰白色粗糠状分枝茸毛。单叶对生；叶柄粗壮，密生灰白色的茸毛；叶片长椭圆形、椭圆状披针形或卵状椭圆形，边缘有细锯齿，表面有短毛，脉上较密，背面密生灰白色分枝茸毛，两面均有不明显的金黄点腺点。聚伞花序腋生，5～7次分歧，密生灰白色分枝茸毛；花冠紫红色。果实球形，紫红色。花期4～7月，果期7～12月。生于山坡路旁、疏林下或灌丛中。分布广东、广西、福建、贵州、云南等地。

马缨丹 马鞭草科

直立或蔓性灌木。植株有臭味，高1 ~ 2m，有时呈藤状，长可达4m。茎、枝均呈四方形，常有下弯的钩刺或无刺。单叶对生，叶片卵形至卵状长圆形，基部楔形或心形，边缘有钝齿。头状花序腋生，花萼筒状，先端有极短的齿；花冠黄色、橙色、粉红色至深红色，花冠管长约1cm，两面均有细短毛。全年开花。我国庭园有栽培。福建、台湾、广东、广西有逸生。

臭牡丹 马鞭草科

灌木，高1 ~ 2m。植株有臭味。叶柄、花序轴密被黄褐色或紫色脱落性的柔毛。小枝近圆形，皮孔显著。单叶对生，叶片纸质，宽卵形，边缘有粗或细锯齿。伞房状聚伞花序顶生，花冠淡红色、红色或紫红色，花冠管长2 ~ 3cm，先端5深裂，裂片倒卵形。核果近球形，成熟时蓝紫色。花果期5 ~ 11月。分布于华北、西北、西南及江苏、安徽、浙江、江西、湖南、湖北、广西等地。

臭茉莉 马鞭草科

落叶灌木，高50～120cm。单叶对生，叶片宽卵形、三角状卵形或近心形，边缘疏生粗齿，表面密被伏生刚毛，基部三出脉。伞房状聚伞花序顶生，排列紧密，花冠红色、淡红色或白色。果近球形。分布于福建、台湾、广东、广西、云南等地。

假连翘 马鞭草科

灌木。枝条常下垂。叶对生，叶片纸质，卵状椭圆形、倒卵形或卵状披针形，叶缘中部以上有锯齿。总状花序顶生或腋生，常排成圆锥状；花萼管状，有毛，具5棱，先端5裂，结果时先端扭曲；花冠蓝色或淡蓝紫色，先端5裂，裂片平展，内外有毛。核果球形，熟时红黄色，有光泽，完全包于扩大的宿萼内。花、果期5～10月。我国南方常见栽培或逸为野生。

赪桐 马鞭草科

灌木。小枝四棱形。单叶对生，叶片圆心形或宽卵形，边缘有疏短尖齿。二歧聚伞花序组成大而开展的顶生圆锥花序；苞片宽卵形、倒卵状披针形或线状披针形；花萼红色，深5裂，裂片卵形或卵状披针形；花冠红色，先端5裂。果实近球形，熟时蓝紫色。花、果期5～11月。生于平原、溪边、山谷或疏林中，庭园亦有栽培。分布于西南及江苏、浙江、福建、台湾、湖南、广东、广西等地。

荚蒾 忍冬科

落叶灌木。树皮灰褐色。叶对生，宽倒卵形、倒卵形或宽卵形，边缘具三角状锯齿。复伞形式聚伞花序，生于具1对叶短枝之顶；花冠白色微黄，辐状，5深裂。核果红色，椭圆状卵圆形。花期5～6月，果期8～10月。生于向阳山坡、林下、灌木丛中。分布于华中、西南及河北、陕西、江苏、安徽、浙江、江西、福建、台湾、广东、广西等地。

糯米条 忍冬科

灌木，高达2m。嫩枝被微毛，红褐色，老枝树皮纵裂。叶对生，圆卵形至椭圆状卵形，边缘有稀疏圆锯齿。聚伞花序生于小枝上部叶腋，由多数花序集合成一圆锥花簇；花芳香，花冠白色至粉红色，漏斗状，裂片5，卵圆形。果具短柔毛，冠以宿存而略增大的萼裂片。花期9月，果期10月。分布于浙江、江西、福建、台湾、湖北、湖南、广东、广西、四川、贵州、云南。

白杜 卫矛科

小乔木。单叶对生，叶卵状椭圆形、卵圆形或窄椭圆形，边缘具细锯齿；叶柄细长。聚伞花序，花淡白绿色或黄绿色。蒴果倒圆心状，4浅裂，成熟后果皮粉红色。花期5～6月，果期9月。除陕西、西南和广东、广西未见野生外，其他各省区均有，长江以南常以栽培为主。

卫矛 卫矛科

落叶灌木。小枝通常四棱形，棱上常具木栓质扁条状翅，翅宽约1cm或更宽。单叶对生；叶柄极短；叶稍膜质，倒卵形、椭圆形至宽披针形，边缘有细锯齿。聚伞花序腋生，有花3～9朵，花小，淡黄绿色，花瓣4，近圆形，边缘有时呈微波状。蒴果椭圆形，绿色或紫色。花期5～6月，果期9～10月。分布于东北及河北、陕西、甘肃、山东、江苏、安徽、浙江、湖北、湖南、四川、贵州、云南等地。

丝棉木 卫矛科

落叶灌木或小乔木，植株高达8m。小枝细长，略呈四棱形。单叶对生，坚纸质，椭圆状卵形至卵形，边缘有细锯齿。聚伞花序腋生，花黄绿色，花瓣椭圆形。蒴果粉红色，深裂成尖锐的4棱，成熟时4瓣裂。花期5～6月，果期9～10月。生于山坡林缘、山麓、山溪路旁。分布于吉林、辽宁、内蒙古、河北、山东、陕西、甘肃、江苏、安徽、浙江、福建、湖北、贵州。

鼠李 鼠李科

落叶小乔木或大灌木，高可达10m。树皮灰褐色，小枝褐色。叶对生，长圆状卵形或阔倒披针形，边缘具圆细锯齿。花2～5束生于叶腋，黄绿色，花冠漏斗状钟形，4裂。核果近球形，成熟后紫黑色。花期5～6月，果期8～9月。生于山地杂木林中。分布东北、河北、山东、山西、陕西、四川、湖北、湖南、贵州、云南、江苏、浙江等地。

连翘 木犀科

落叶灌木。小枝土黄色或灰褐色，呈四棱形，疏生皮孔，节间中空，节部具实心髓。单叶对生，叶片卵形、宽卵形至椭圆形，边缘有不整齐的锯齿。花先叶开放，腋生，花冠黄色，裂片4。蒴果卵球形，表面疏生瘤点，先端有短喙，成熟时2瓣裂。种子棕色，狭椭圆形，扁平，一侧有薄翅。花期3～5月，果期7～8月。分布于我国东北、华北、长江流域至云南。

金钟花 木犀科

落叶灌木。小枝呈四棱形，皮孔明显。单叶对生，叶片长椭圆形至披针形，或倒卵状长椭圆形，通常上半部具不规则锐锯齿或粗锯齿。花1 ~ 3朵着生于叶腋，先于叶开放；花冠深黄色，裂片狭长圆形至长圆形，内面基部具橘黄色条纹，反卷。果卵形或宽卵形，基部稍圆，先端喙状渐尖，具皮孔。花期3 ~ 4月，果期8 ~ 11月。生于山坡灌丛中、溪岸、林缘。分布于江苏、安徽、浙江、江西、福建、湖北、湖南及云南。

木犀 木犀科

常绿灌木或小乔木，高可达7m，树皮灰白色。叶对生，革质，椭圆形或长椭圆状披针形，全缘或有锐细锯齿。花簇生于叶腋，花冠4裂，分裂达于基部，裂片长椭圆形，白色或黄色，芳香。核果长椭圆形，含种子1枚。花期9 ~ 10月。我国大部分地区均有栽培。

醉鱼草 马钱科

落叶灌木，高1～2.5m。单叶对生，叶片纸质，卵圆形至长圆状披针形，全缘或具稀疏锯齿。穗状花序顶生，长18～40cm，花倾向一侧；花冠细长管状，微弯曲，紫色，先端4裂，裂片卵圆形。蒴果长圆形，有鳞，熟后2裂。花期4～7月，果期10～11月。分布于西南及江苏、安徽、浙江、江西、福建、湖北、湖南、广东、广西等地。

大叶醉鱼草 马钱科

灌木，高1～5m。小枝外展而下弯。叶对生，叶片膜质至薄纸质，狭卵形、狭椭圆形至卵状披针形，边缘具细锯齿。圆锥状聚伞花序顶生，花冠淡紫色，后变黄白色至白色，喉部橙黄色，花冠管细长，花冠裂片近圆形。蒴果狭椭圆形或狭卵形。花期5～10月，果期9～12月。分布于陕西、甘肃、江苏、浙江、江西、湖北、湖南、广东、广西、四川、贵州、云南和西藏等省区。

鸡麻 蔷薇科

落叶灌木。小枝紫褐色，嫩枝绿色，光滑。叶对生，叶片卵形，边缘有尖锐重锯齿。花两性；单花顶生于新梢上；花瓣4，倒卵形，白色。核果斜椭圆形，光滑。花期4～5月，果期6～9月。生于山坡疏林中及山谷林下阴处。分布于辽宁、陕西、甘肃、山东、江苏、安徽、浙江、河南、湖北等地。

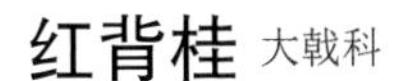

红背桂 大戟科

灌木，高可达1m。小枝具皮孔，光滑无毛。叶对生，叶片薄，长圆形或倒披针状长圆形，边缘疏生浅细锯齿，上面深绿色，下面紫红色。花单性异株；雄花序长1～2cm；雌花序极短，由3～5朵花组成。蒴果球形，顶部凹陷，基部截平红色，带肉质。种子卵形，光滑。花果期全年。我国各地栽培。

（三）叶分裂

枫香树 金缕梅科

落叶乔木，高20 ~ 40m。树皮灰褐色，方块状剥落。单叶互生，叶片心形，常3裂，幼时及萌发枝上的叶多为掌状5裂，裂片卵状三角形或卵形，边缘有细锯齿。雄花淡黄绿色，成葇荑花序再排成总状，生于枝顶；雌花排成圆球形的头状花序。头状果序圆球形，表面有刺。花期3 ~ 4月，果期9 ~ 10月。分布于秦岭及淮河以南各地。

八角金盘 五加科

常绿灌木或小乔木。茎光滑无刺。叶片大，革质，掌状7 ~ 9深裂，裂片长椭圆状卵形，边缘有疏离粗锯齿。圆锥花序顶生，花瓣5，卵状三角形，黄白色。果近球形，熟时黑色。花期10 ~ 11月，果熟期翌年4月。我国华北、华东及云南多有栽培，作观赏植物。

通脱木 五加科

灌木。树皮深棕色，新枝淡棕色或淡黄棕色，有明显的叶痕和大形皮孔，幼时密生黄色星状厚绒毛。茎木质而不坚，中有白色的髓。叶大，互生，聚生于茎顶，掌状5～11裂，每一裂片常又有2～3个小裂片，全缘或有粗齿。伞形花序，花瓣4，白色。果球形。花期10～12月，果期翌年1～2月。分布福建、台湾、广西、湖南、湖北、云南、贵州、四川等地。

刺楸 五加科

落叶大乔木。树皮暗灰棕色，小枝圆柱形，淡黄棕色或灰棕色，具鼓钉状皮刺。叶在长枝上互生，在短枝上簇生；叶片近圆形或扁圆形，掌状5～7浅裂，裂片三角卵形至长椭圆状卵形，边缘有细锯齿。伞形花序聚生为顶生圆锥花序，花瓣5，三角状卵形，白色或淡黄绿色。核果近球形，成熟时蓝黑色。花期7～10月，果期9～12月。分布于东北、华北、华东、中南、西南及陕西、西藏等地。

银杏 银杏科

落叶乔木。叶片扇形，淡绿色，有多数2叉状并列的细脉。种子核果状，椭圆形至近球形，外种皮肉质，有白粉，熟时淡黄色或橙黄色；中种皮骨质，白色，具2～3棱。种子成熟期9～10月。全国各地均有栽培。

无花果 桑科

落叶灌木或小乔木，高达3～10m。全株具乳汁。叶互生，叶片厚膜质，宽卵形或卵圆形，3～5裂，裂片卵形，边缘有不规则钝齿，上面深绿色，粗糙，下面密生细小钟乳体及黄褐色短柔毛，基部浅心形。榕果（花序托）梨形，呈紫红色或黄绿色，肉质，顶部下陷。花、果期8～11月。我国各地均有栽培。

裂掌榕 桑科

灌木或落叶小乔木，全株被黄褐色贴伏短硬毛。叶互生，纸质，长椭圆状披针形或狭广卵形，常具3～5深裂片，微波状锯齿或全缘，两面粗糙，基出脉3～7条。隐头花序，花序托对生于叶腋或已落叶的叶腋间，球形；雄花、瘿花生于同一花序托内；雄花生于近顶部，花被片4，线状披计形；瘿花花被片与雄花相似；雌花生于另一花序托内，花被片4。瘦果椭圆形。花期5～7月，果期8～10月。生于山林中或山谷灌木丛中。分布于福建、广东、海南、广西、贵州、云南等地。

黄毛榕 桑科

小乔木或灌木，高3～15m。小枝圆柱形，密被黄褐色粗毛。单叶互生，叶柄密被黄褐色硬毛。叶膜质，卵形或宽卵形，通常3～5浅裂或深裂，边缘有细锯齿，上面疏被长硬毛，下面密被短柔毛和长粗毛，基生脉5～7条，主脉和侧脉上密生金黄色长硬毛。花序托（榕果）成对腋生，无柄，球形至卵球形，密被黄褐色粗毛。瘦果斜卵形，表面有小瘤体。花期9月至翌年4月，果期5～8月。生于沟谷阔叶林中。分布于华南及福建、贵州、云南等地。

翻白叶树 梧桐科

乔木，高达20m。树皮灰色或灰褐色，小枝被黄褐色短柔毛；叶互生，二形，生于幼树或嫩枝上的叶盾状，掌状3～5裂，上面几无毛，下面密被黄褐色星状短柔毛；生于成长树上的叶长圆形至卵状长圆形，下面密被黄褐色短柔毛。花单生或2～4朵组成腋生的聚伞花序；花青白色，花瓣5，倒披针形。蒴果木质，长圆状卵形，被黄褐色绒毛。种子具膜质翅。花期秋季。生于田野间或栽培。分布福建、广东、海南、广西等地。

梧桐 梧桐科

落叶乔木，高达16m。树皮青绿色，平滑。单叶互生，叶柄长8～30cm；叶片心形，掌状3～5裂，裂片三角形，先端渐尖，基部心形；基生脉7条。圆锥花序顶生，花淡黄绿色，无花瓣。蓇葖果5，纸质，有柄，在成熟前每个心皮由腹缝开裂成叶状果瓣。种子4～5，球形，着生于叶状果瓣的边缘。花期6～7月，果熟期10～11月。多为人工栽培。分布于全国大部分地区。

枸骨 冬青科

常绿灌木或小乔木。树皮灰白色，平滑。单叶互生，硬革质，长椭圆状方形，先端具3个硬刺，中央的刺尖向下反曲，基部各边具有1刺，老树上叶基部呈圆形，无刺，叶上面绿色，有光泽，下面黄绿色；具叶柄。花白色，腋生，排列成伞形；花淡黄色，花瓣4，倒卵形。核果椭圆形，鲜红色。花期4～5月。果期9～10月。分布浙江、江苏、安徽、江西、湖北、湖南、河南、广西等地。产河南、湖北、安徽、江苏等地。

华东覆盆子 蔷薇科

落叶灌木。枝细圆，红棕色；幼枝绿色，有白粉，具稀疏、微弯曲的皮刺。单叶互生，掌状5裂，中央裂片大，裂片边缘具重锯齿。花单生于小枝顶端，花瓣5，卵圆形。聚合果近球形。花期4月，果期6～8月。分布安徽、江苏、浙江、江西、福建等地。

山里红 蔷薇科

落叶乔木。单叶互生，叶片有2～4对羽状裂片，边缘有不规则重锯齿。伞房花序，花冠白色，花瓣5，倒卵形或近圆形。梨果近球形，直径可达2.5cm，深红色，有黄白色小斑点。花期5～6月。果期8～10月。分布于华北及山东、江苏、安徽、河南等地。

山楂 蔷薇科

形态似山里红，但果形较小，直径1.5cm；叶片亦较小，且分裂较深。分布于东北及内蒙古、河北、山西、陕西、山东、江苏、浙江、江南等地。

金铃花 锦葵科

常绿灌木，高达1m。叶互生，掌状3～5深裂，裂片卵状渐尖形，先端长渐尖，边缘具锯齿或粗齿。花单生于叶腋，花梗下垂；花萼钟形，裂片5，卵状披针形，密被褐色星状短柔毛；花钟形，橘黄色，具紫色条纹，花瓣5，倒卵形。花期5～10月。我国辽宁、河北、江苏、浙江、福建、台湾、湖北、广西、云南等地各大城市有栽培。

木芙蓉 锦葵科

落叶灌木或小乔木，高2～5m。小枝、叶柄密被星状毛与直毛相混的细绵毛。叶互生，叶宽卵形至卵圆形或心形，常5～7裂。花单生于枝端叶腋间，花初开时白色或淡红色，后变深红色，花瓣近圆形。蒴果扁球形，被淡黄色刚毛和绵毛，果爿5。花期8～10月。华东、中南、西南及辽宁、河北、陕西、台湾等地有栽培。

木槿 锦葵科

落叶灌木，高3 ~ 4m。小枝密被黄色星状绒毛。叶互生，叶片菱形至三角状卵形，具深浅不同的3裂或不裂，边缘具不整齐齿。花单生于枝端叶腋间，花萼钟形，密被星状短绒毛，裂片5，三角形；花钟形，淡紫色，花瓣倒卵形。蒴果卵圆形。花期7 ~ 10月。华东、中南、西南及河北、陕西、台湾等地均有栽培。

羊蹄甲 豆科

乔木或直立灌木，高7 ~ 10m；树皮厚，近光滑，灰色至暗褐色。叶硬纸质，近圆形，基部浅心形，先端分裂达叶长的1/3 ~ 1/2。总状花序侧生或顶生，花瓣桃红色，倒披针形。荚果带状，扁平，略呈弯镰状，成熟时开裂。花期9 ~ 11月；果期2 ~ 3月。分布于我国南部。

八角枫 八角枫科

落叶小乔木或灌木，高4 ~ 5m。树皮平滑，灰褐色。单叶互生，形状不一，常卵形至圆形，全缘或有2 ~ 3裂，裂片大小不一，基部偏斜，主脉4 ~ 6条。聚伞花序腋生，具小花8 ~ 30朵；苞片1，线形；萼钟状，有纤毛，萼齿6 ~ 8；花瓣与萼齿同数，白色，线形，反卷。核果黑色，卵形。花期6 ~ 7月，果期9 ~ 10月。分布于长江流域及南方各地。

番木瓜 番木瓜科

乔木，高达8m，茎不分枝，有大的叶痕。叶大，近圆形，通常掌状7 ~ 9深裂，每一裂片再为羽状分裂。雄花无柄，排列于一长而下垂、长达1m的圆锥花序上，聚生，草黄色；雌花几无柄，单生或数朵排成伞房花序，花瓣黄白色。果矩圆形或近球形，熟时橙黄色，长10 ~ 30cm；果肉厚，黄色，内壁着生多数黑色的种子。花期全年。广东、福建、台湾、广西、云南等地有栽培。

梓树 紫葳科

乔木，高达15m。树冠伞形，主干通直，树皮灰褐色，纵裂；幼枝常带紫色。叶对生或近于对生，叶片阔卵形，长宽近相等，全缘或浅波状，常3浅裂。圆锥花序顶生，花冠钟状，淡黄色，内面具2黄色条纹及紫色斑点。蒴果线形，下垂，长20 ~ 30cm。花期5 ~ 6月，果期7 ~ 8月。分布于长江流域及以北地区。

鹅掌楸 木兰科

落叶乔木，高达40m。树皮黑褐色，纵裂。叶互生，叶柄长4 ~ 8cm；叶片呈马褂形，先端平截或微凹，基部圆形或浅心形，近基部具1对侧裂片。花单生于枝顶，杯状，花被9片，近相等，外轮3片绿色，萼片状，外展，内两轮6片，直立，外面绿色具黄色纵条纹。聚合果卵状圆锥形，小坚果先端延伸成翅。花期5月，果期9 ~ 10月。分布于江苏、安徽、浙江、江西、福建、台湾、湖南、湖北、广西、四川、贵州、云南等地。南部一些城市常栽培供观赏。

白背叶 大戟科

直立灌木或小乔木。小枝、叶柄和花序均被白色或微黄色星状绒毛。单叶互生，叶阔卵形，全缘或顶部3浅裂，有稀疏钝齿，背面灰白色，密被星状绒毛。雄花序为穗状花序，顶生，被黄褐色绒毛，无花瓣；雌穗状花序不分枝，顶生或侧生，略比雄花序短。蒴果近球形，密被羽状软刺和灰白色或淡黄色星状绒毛。花期4～7月，果期8～11月。生于山坡路旁灌丛中或林缘。分布于陕西、江苏、安徽、浙江、江西、福建、河南、湖南、广东、海南、广西、贵州、云南等地。

佛肚树 大戟科

直立灌木，不分枝或少分枝，茎基部或下部通常膨大呈瓶状；枝条粗短，肉质，具散生突起皮孔，叶痕大且明显。叶盾状着生，轮廓近圆形至阔椭圆形，全缘或2～6浅裂。花序顶生；花瓣倒卵状长圆形，红色。蒴果椭圆状。花期几全年。我国许多省区作为观赏植物栽培。

棉叶珊瑚花 大戟科

多年生落叶灌木或小乔木。树皮光滑，苍白色；具乳汁。全株有毒。嫩叶紫红色，渐变绿色；叶背紫红色。单叶互生，近革质，掌状3～4深裂，裂片线状披针形或羽状，叶缘具锯齿，叶柄紫红色。聚伞花序腋生；花红色，花瓣5枚，匙形。蒴果近球形，成熟时裂成3个2瓣裂的分果爿。分布于广东、广西、云南、贵州、四川、福建、海南等地。

鸡爪槭 槭树科

落叶小乔木。树皮深灰色。叶对生，纸质，近圆形，5～9掌状分裂，裂片长圆卵形或披针形，边缘具尖锐锯齿。伞房花序，花紫色，花瓣5。翅果嫩时紫红色，成熟时淡棕黄色，翅张开成钝角；小坚果球形。花期5月，果期9月。生于林边或疏林中。分布于山东、江苏、安徽、浙江、江西、河南、湖北、湖南、贵州等地。

元宝槭 槭树科

落叶乔木。树皮灰褐色或深褐色，深纵裂。叶对生，纸质，常5裂，裂片三角状，裂片间缺刻成锐角，边缘全缘。花黄绿色，花瓣5，长圆倒卵形。小坚果扁平，翅长圆形，张开成锐角或钝角。花期4月，果期8月。生于疏林中。分布于华北及吉林、辽宁、陕西、甘肃、山东、江苏、河南等地。

悬铃木 悬铃木科

包括一球悬铃木、二球悬铃木和三球悬铃木，植物形态相似，均为落叶大乔木，树皮苍白色，薄片状剥落，表面光滑。单叶互生，掌状分裂。紧密球状花序。一球悬铃木叶多为3浅裂，球状花序单生；二球悬铃木叶多为5～7掌状深裂，球状花序多为2个；三球悬铃木球状花序为3个以上，叶深裂。我国各地多有栽培。

槲树 壳斗科

落叶乔木，树皮暗灰色，有深沟；小枝密被灰黄色星状绒毛。叶互生，革质或近革质，倒卵形或长倒卵形，基部耳形或窄楔形，边缘波状裂片或粗齿。雄花序长约4cm，轴密被浅黄色绒毛，生于新枝叶腋，花被具灰白色绒毛；雌花序长1 ~ 3cm，雌花数朵集生于幼枝上。坚果卵形或宽卵形。花期4 ~ 5月，果期9 ~ 10月。分布全国大部分地区。

大叶朴 榆科

落叶乔木；树皮灰色或暗灰色，浅微裂。叶椭圆形至倒卵状椭圆形，先端具尾状长尖，边缘具粗锯齿。果单生叶腋，近球形至球状椭圆形，成熟时橙黄色至深褐色。花期4 ~ 5月，果期9 ~ 10月。分布于辽宁、河北、山东、安徽、山西、河南、陕西和甘肃。

蒙椴 椴树科

乔木，树皮淡灰色，有不规则薄片状脱落。叶阔卵形或圆形，常3裂，边缘有粗锯齿，齿尖突出。聚伞花序，萼片披针形，花瓣长6～7mm。果实倒卵形，被毛。花期7月。分布于内蒙古、河北、河南、山西及江宁西部。

棕榈 棕榈科

常绿乔木，高达10m。茎干圆柱形，粗壮挺立，不分枝，残留的褐色纤维状老叶鞘层层包被于茎干上，脱落后呈环状的节。叶簇生于茎顶，向外展开；叶片近圆扇状，具多数皱折，掌状分裂至中部，有裂片30～50，各裂片先端浅2裂。肉穗花序，自茎顶叶腋抽出，淡黄色。核果球形或近肾形，熟时外果皮灰蓝色，被蜡粉。花期4～5月，果期10～12月。长江以南各地多有分布。

假槟榔 棕榈科

乔木，高达10～25m。树干圆柱状，基部略膨大。叶羽状全裂，生于茎顶，长2～3m，羽片呈2列排列，线状披针形。圆锥花序生于叶鞘下，下垂，多分枝，花序轴略具棱和弯曲，花白色。果实卵球形，红色，长12～14mm。花期4月，果期4～7月。我国福建、台湾、广东、海南、广西、云南等热带亚热带地区有栽培。

槟榔 棕榈科

乔木；不分枝，叶脱落后形成明显的环纹。羽状复叶，丛生于茎顶端，叶轴三棱形；小叶片披针状线形或线形，长30～70cm，宽2.5～6cm，顶端小叶愈合，有不规则分裂。花序着生于最下一叶的基部，有佛焰苞状大苞片，长倒卵形，长达40cm，光滑，花序多分枝；花瓣3，卵状长圆形。坚果卵圆形或长圆形，熟时红色。每年开花2次，花期3～8月，冬花不结果；果期12月至翌年6月。我国福建、台湾、广东、海南、广西、云南等地有栽培。

桄榔 棕榈科

乔木。茎较粗壮，有疏离的环状叶痕。叶簇生于茎顶，羽状全裂，羽片呈2列排列，线形或线状披针形，顶端有啮蚀状齿。肉穗花序腋生，从上往下部抽生几个花序；总花梗粗壮，下弯；佛焰苞5～6枚，披针形；雄花成对着生，花瓣3，长圆形；雌花常单生。果实倒卵状球形，具3棱，棕黑色。花期6月，果实约在开花后2～3年成熟。生长于温湿地区的石灰岩石山林中。分布于台湾、广东、海南、广西及云南等地。

椰子 棕榈科

乔木，高15～30m，茎粗壮，有环状叶痕，基部增粗。叶羽状全裂，长3～4m；裂片多数，外向折叠，革质，线状披针形。花序腋生，多分枝；佛焰苞纺锤形，厚木质。果卵球状或近球形，顶端微具三棱，果腔含有胚乳、胚和汁液。花果期主要在秋季。分布于我国广东南部诸岛及雷州半岛、海南、台湾及云南南部热带地区。

蒲葵 棕榈科

乔木，高达20m。叶阔肾状扇形，直径达1m以上，掌状深裂至中部，裂片线状披针形，先端长渐尖，2深裂，其分裂部分下垂；叶柄长达2m，下部两侧有逆刺。花序呈圆锥状，粗壮，长约1m，总梗上有6～7个佛焰苞，约6个分枝花序，长达35cm，每分枝花序基部有1个佛焰苞，分枝花序具2次或3次分枝。花小，两性，黄绿色；萼片3，覆瓦状排列；花冠约2倍长于花萼，3裂几达基部。核果椭圆形，状如橄榄，黑褐色。花期4月。栽于庭园或宅旁。分布于我国南部。

三、复叶

（一）羽状复叶

1. 奇数羽状复叶

木蓝 豆科

小灌木。奇数羽状复叶互生，小叶9～13片，小叶对生，叶片卵状长圆形或倒卵状椭圆形，全缘，两面被丁字毛，叶平时常带蓝色。总状花序腋生；花冠蝶形，红黄色。荚果线状圆柱形，种子间有缢缩，外形似串珠。有种子5～10颗。种子圆形，长约1.5mm。花期5～10月，果期6～11月。野生于山坡草丛中，南部各省时有栽培。分布于华东及湖北、湖南、广东、广西、四川、贵州、云南等地。

花木蓝 豆科

小灌木。茎圆柱形。羽状复叶，叶轴上面略扁平，有浅槽；小叶阔卵形、卵状菱形或椭圆形。总状花序长5～12cm，花冠淡红色，花瓣近等长，旗瓣椭圆形。荚果棕褐色，圆柱形，内果皮有紫色斑点，有种子10余粒；种子赤褐色，长圆形。花期5～7月，果期8月。分布于吉林、辽宁、河北、山东、江苏。

紫穗槐 豆科

落叶灌木，丛生。小枝灰褐色。奇数羽状复叶互生，有小叶11～25片，小叶卵形或椭圆形。穗状花序顶生和枝端腋生；旗瓣心形，紫色，无翼瓣和龙骨瓣。荚果下垂，棕褐色，表面有凸起的疣状腺点。花、果期5～10月。我国东北、华北、西北及山东、安徽、江苏、河南、湖北、广西、四川等省区均有栽培。

槐 豆科

落叶乔木，高达25m。树皮灰色或深灰色，粗糙纵裂；枝棕色，皮孔明显。单数羽状复叶互生，叶柄基部膨大；小叶7～15，卵状长圆形或卵状披针形，全缘。圆锥花序顶生；花乳白色，花冠蝶形，旗瓣同心形，有短爪。荚果有节，呈连珠状。花期7～8月，果期10～11月。我国大部地区有分布。

龙爪槐 豆科

本型枝与叶似槐，枝和小枝均下垂，并向不同方向弯曲盘悬，形似龙爪。供栽培观赏。

刺槐 豆科

落叶乔木，高约15m。树皮灰褐色，深纵裂；小枝暗褐色，具刺针。奇数羽状复叶，小叶7～19，小叶椭圆形、长圆形或卵圆形，全缘。总状花序腋生，下垂；花萼钟状，花冠白色。荚果条状长椭圆形，扁平，赤褐色。花期4～6月，果期7～8月。全国各地广为栽培。

花椒 芸香科

落叶灌木或小乔木，高3～7m。茎枝疏生略向上斜的皮刺，基部侧扁。奇数羽状复叶互生，叶轴腹面两侧有狭小的叶翼，背面散生向上弯的小皮刺；叶柄两侧常有一对扁平基部特宽的皮刺；小叶无柄，叶片5～11，卵形或卵状长圆形，边缘具钝锯齿或为波状圆锯齿。聚伞圆锥花序顶生。蓇葖果球形，红色或紫红色，密生粗大而凸出的腺点。花期4～6月，果期9～10月。我国大部分地区有分布。

九里香 芸香科

灌木或乔木，高3～8m。单数羽状复叶，小叶互生，卵形、匙状倒卵形、椭圆形至近菱形，全缘。伞房花序顶生或生于上部叶腋内，花白色，极芳香，花瓣5。果卵形或球形，肉质，红色，先端尖锐，有种子1～2颗。花期秋季。生长于山野，亦有栽培者。分布于福建、台湾、湖南、广东、海南、广西、贵州、云南等地。

假黄皮 芸香科

灌木或小乔木，高1～6m。有刺激气味。奇数羽状复叶互生，小叶片15～31，卵形、披针形至长圆状披针形，边缘有细小圆锯齿或不明显，纸质。聚伞圆锥花序顶生；花瓣4，白色，倒卵形或近卵形。浆果卵形至椭圆形，橘红色。花期3～4月，果期7～9月。分布于福建、台湾、广东、海南、广西、云南等地。

黄皮 芸香科

常绿灌木或小乔木，高可达12m。幼枝、花轴、叶轴、叶柄及嫩叶下面脉上均有集生成簇的丛状短毛及长毛，有香味。奇数羽状复叶互生，小叶片5～13，顶端1枚最大，向下逐渐变小，卵形或椭圆状披针形，边浅波状或具浅钝齿。聚伞状圆锥花序顶生或腋生，花瓣5，白色，匙形。浆果球形、扁圆形，淡黄色至暗黄色，密被毛。花期4～5月，果期7～9月。多为栽培。分布于西南及福建、台湾、广东、海南、广西等地。

黄蘖 芸香科

落叶乔木，高10～12m。奇数羽状复叶对生；小叶7～15，近全缘。圆锥花序，花瓣6，紫色，长圆形。浆果状核果近球形，密集成团，熟后黑色。花期5～6月，果期10～11月。分布四川、湖北、贵州、云南、江西、浙江等地。

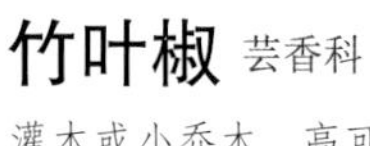

竹叶椒 芸香科

灌木或小乔木，高可达4m。枝有弯曲而基部扁平的皮刺，老枝上的皮刺基部木栓化，茎干上的刺基部为扁圆形垫状。奇数羽状复叶互生；叶轴具宽翼和皮刺；小叶片3～5，披针形或椭圆状披针形，边缘有细小圆齿，主脉上具针刺。聚伞状圆锥花序腋生。蓇葖果1～2瓣，红色，表面有突起的腺点。花期3～5月，果期6～8月。分布于华东、中南、西南及陕西、甘肃、台湾等地。

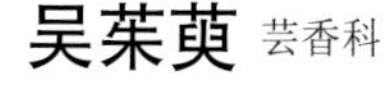

吴茱萸 芸香科

常绿灌木或小乔木。幼枝、叶轴、小叶柄密被黄褐色长柔毛。单数羽状复叶对生，小叶2～4对，椭圆形至卵形，全缘。聚伞花序顶生；花小，黄白色，花瓣5，长圆形。果实扁球形，成熟时裂开成5个果瓣。花期6～8月。果期9～10月。分布于贵州、广西、湖南、云南、陕西、浙江、四川等地。

山刺玫 蔷薇科

直立灌木，高1～2m。枝无毛，小枝及叶柄基部有成对的黄色皮刺，刺弯曲，基部大。奇数羽状复叶，小叶7～9，叶柄和叶轴有柔毛、腺毛和稀疏皮刺；小叶片长圆形或宽披针形，边缘近中部以上有锐锯齿。花单生或数朵簇生；花瓣粉红色。果球形或卵球形，红色。花期6～7月。果期8～9月。分布于东北、华北等地。

黄刺玫 蔷薇科

直立灌木，高2～3m；小枝有散生皮刺。奇数羽状复叶，小叶7～13，小叶片宽卵形或近圆形，边缘有圆钝锯齿；叶轴、叶柄有稀疏柔毛和小皮刺。花单生于叶腋，重瓣或半重瓣，花瓣黄色，宽倒卵形，先端微凹。果近球形或倒卵圆形，紫褐色或黑褐色。花期4～6月，果期7～8月。东北、华北各地常见栽培。

月季花 蔷薇科

矮小直立灌木。小枝粗壮而略带钩状的皮刺或无刺。羽状复叶，小叶3～5，宽卵形或卵状长圆形，边缘有锐锯齿。花单生或数朵聚生成伞房状，花瓣红色或玫瑰色，重瓣。果卵圆形或梨形。花期4～9月。果期6～11月。我国各地普遍栽培。

玫瑰花 蔷薇科

直立灌木，高约2m。枝干粗壮，有皮刺和刺毛，小枝密生绒毛。羽状复叶，小叶5～9片，椭圆形或椭圆状倒卵形，边缘有钝锯齿，质厚，上面光亮，多皱，无毛，下面苍白色，被柔毛。花单生或3～6朵聚生；花梗有绒毛和刺毛；花瓣5或多数，紫红色或白色，芳香。果扁球形，红色，平滑，萼片宿存。花期5～6月，果期8～9月。全国各地均有栽培。

缫丝花 蔷薇科

灌木，高1～2.5m；树皮灰褐色，成片状剥落；小枝常有成对皮刺。羽状复叶，小叶9～15，叶柄和叶轴疏生小皮刺；小叶片椭圆形或长圆形，边缘有细锐锯齿。花1～3朵生于短枝顶端；萼裂片5，通常宽卵形，两面有绒毛，密生针刺；花重瓣至半重瓣，外轮花瓣大，内轮较小，淡红色或粉红色。果扁球形，绿色，外面密生针刺。花期5～7月，果期8～10月。分布于西南及陕西、甘肃、安徽、浙江、江西、福建、湖北、湖南、西藏等地。

缫丝花

野蔷薇 蔷薇科

攀援灌木，小枝有短、粗稍弯曲皮刺。奇数羽状复叶互生，小叶5～9，倒卵形、长圆形或卵形，边缘有锯齿。圆锥状花序，花瓣5，白色，宽倒卵形，先端微凹。果实近球形，红褐色或紫褐色。花期5～6月。果期9～10月。生于路旁、田边或丘陵地的灌木丛中。分布于山东、江苏、河南等地。

野蔷薇

东北珍珠梅 蔷薇科

灌木，高达2m。小枝红褐色或黄褐色，嫩枝绿色。单数羽状复叶互生，小叶通常11～19片，广披针形，边缘有重锯齿。复总状圆锥花序，花瓣5，白色，近圆形。蓇葖果。花期6～7月。果期8～9月。生于村边、山谷、溪旁、林隙地。分布东北、华北等地。

漆树 漆树科

落叶乔木，高达20m。树皮灰白色，粗糙，呈不规则纵裂。奇数羽状复叶螺旋状互生，小叶4～6对，卵形、卵状椭圆形或长圆形，全缘，膜质至薄纸质。圆锥花序，花黄绿色；花瓣5，长圆形，开花外卷。核果肾形或椭圆形，外果皮黄色。花期5～6月，果期7～10月。生于向阳山坡林内，亦有栽培。全国除黑龙江、吉林、内蒙古、新疆以外，各地均有分布。

南酸枣 漆树科

落叶乔木，高8 ~ 20m。树干挺直，树皮灰褐色，纵裂呈片状剥落，小枝粗壮，暗紫褐色，具皮孔。奇数羽状复叶互生，小叶7 ~ 15枚，对生，膜质至纸质，卵状椭圆形或长椭圆形，全缘。聚伞状圆锥花序顶生或腋生，雄花和假两性花淡紫红色。核果椭圆形或倒卵形，成熟时黄色，中果皮肉质浆状。花期4月，果期8 ~ 10月。分布于安徽、浙江、江西、福建、湖北、湖南、广东、海南、广西、贵州、云南、西藏等地。

火炬树 漆树科

落叶小乔木。高达12m。小枝密生灰色茸毛。奇数羽状复叶互生，小叶长圆形至披针形。直立圆锥花序顶生，果穗鲜红色。核果深红色，密生绒毛，花柱宿存、密集成火炬形。黄河流域以北多有栽培。

红麸杨 漆树科

落叶乔木。单数羽状复叶，小叶7～11片，叶轴的上部有狭翅或在幼时叶轴全部有翅；小叶无柄，小叶片卵状长椭圆形至长椭圆形，全缘。圆锥花序顶生，长11～20cm，具开展的分枝，被细柔毛；花小，白色；花药紫色。果序下垂，核果红色，近圆形，密被柔毛。花期5月。果期9～10月。生山坡灌木丛中。分布于湖南、湖北、四川、贵州、云南等地。

盐肤木 漆树科

落叶小乔木或灌木，高2～10m。小枝棕褐色，被锈色柔毛，具圆形小皮孔。奇数羽状复叶互生，叶轴及柄常有翅；小叶5～13，小叶无柄，纸质，常为卵形或椭圆状卵形或长圆形，边缘具粗锯齿。圆锥花序顶生，多分枝，密被锈色柔毛；花小，黄白色。核果球形，成熟时红色。花期8～9月，果期10月。生于灌丛、疏林中。分布于全国各地。

栾树 无患子科

落叶乔木或灌木。树皮厚，灰褐色至灰黑色。叶丛生于当年生枝上，奇数羽状复叶，小叶纸质，11 ~ 18片，卵形、阔卵形至卵状披针形，边缘有不规则的钝锯齿。聚伞圆锥花序；花淡黄色，花瓣4。蒴果圆锥形，具三棱，先端渐尖，果瓣卵形，外面有网纹。种子近球形。花期6 ~ 8月，果期9 ~ 10月。常栽培作庭园观赏树。分布于我国大部分地区。

文冠果 无患子科

落叶灌木或小乔木，高2 ~ 5m。小枝粗状，褐红色。奇数羽状复叶，互生；小叶9 ~ 17，披针形或近卵形，边缘有锐利锯齿，顶生小叶通常3深裂。花序先叶抽出或与叶同时抽出；花瓣5，白色，基部紫红色或黄色，脉纹显著。蒴果近球形或阔椭圆形，有三棱角，室背开裂为三果瓣。花期春季，果期秋初。分布于东北和华北及陕西、甘肃、宁夏、安徽、河南等地。

南天竹 小檗科

常绿灌木，高约2m，茎直立，圆柱形，丛生，幼嫩部分常红色。叶互生，革质有光泽，叶柄基部膨大呈鞘状；叶通常为三回羽状复叶，小叶3～5片，小叶片椭圆状披针形，全缘，两面深绿色，冬季常变为红色。花成大型圆锥花序，萼片多数，每轮3片，内轮呈白色花瓣状。浆果球形，熟时红色或有时黄色，内含种子2颗，种子扁圆形。花期5～7月，果期8～10月。生长于疏林及灌木丛中，多栽培于庭院。分布陕西、江苏、浙江、安徽、江西、福建、湖北、广东、广西、云南、四川、贵州等地。

阳桃 酢浆草科

乔木，高5～12m。幼枝被柔毛及小皮孔。奇数羽状复叶，具小叶5～11枚，小叶卵形至椭圆形，全缘。圆锥花序生于叶腋或老枝上，花萼红紫色，覆瓦状排列；花冠近钟形，白色至淡紫色，花瓣倒卵形，旋转状排列。浆果具3～5翅状棱。花期7～8月，果期8～9月。多栽培于园林或村旁。分布于福建、台湾、广东、海南、广西、云南。

接骨木 忍冬科

薄叶灌木或小乔木，高达6m。老枝有皮孔，淡黄棕色。奇数羽状复叶对生，小叶2～3对，侧生小叶片卵圆形、狭椭圆形至倒长圆状披针形，边缘具不整齐锯齿，顶生小叶卵形或倒卵形。圆锥聚伞花序顶生，花小而密；花白色或淡黄色，花冠辐状，裂片5。浆果状核果近球形，黑紫色或红色。花期4～5月，果期9～10月。分布于东北、中南、西南及河北、山西、陕西、甘肃、山东、江苏、安徽、浙江、福建、广东、广西等地。

水曲柳 木犀科

落叶大乔木；树皮灰褐色，纵裂。小枝粗壮，黄褐色至灰褐色，四棱形，节膨大，光滑无毛，散生圆形明显凸起的小皮孔；叶痕节状隆起，半圆形。羽状复叶；叶轴上面具平坦的阔沟；小叶7～11，纸质，长圆形至卵状长圆形，叶缘具细锯齿。圆锥花序。翅果大而扁，长圆形至倒卵状披针形。花期4月，果期8～9月。分布于东北、华北、陕西、甘肃、湖北等省。

白蜡 木犀科

落叶乔木，高10m左右。树皮灰褐色，较平滑，老时浅裂。小枝黄褐色，粗糙。单数羽状复叶，对生，小叶通常5片，叶片卵形，边缘有浅粗锯齿；叶轴挺直，上面具浅沟。圆锥花序顶生或腋生，花雌雄异株；雄花密集，花萼小，钟状，无花冠；雌花疏离，花萼大，桶状，4浅裂。翅果匙形，上中部最宽，先端锐尖，常呈犁头状，基部渐狭，翅平展，下延至坚果中部，坚果圆柱形。花期5～6月。果期8～9月。多为栽培。产于南北各省区。

苦楝 楝科

落叶乔木，高达10余米；树皮灰褐色，纵裂。叶为2～3回奇数羽状复叶，小叶对生，卵形、椭圆形至披针形，边缘有钝锯齿，幼时被星状毛，后两面均无毛。圆锥花序，花萼5深裂，裂片卵形或长圆状卵形；花瓣淡紫色，倒卵状匙形。核果球形至椭圆形，内果皮木质，4～5室，每室有种子1颗；种子椭圆形。花期4～5月，果期10～12月。生于低海拔旷野、路旁或疏林中，广泛栽培。分布于我国黄河以南各省区。

川楝 楝科

乔木，高达10m。二至三回奇数羽状复叶，羽片4 ~ 5对；小叶卵形或窄卵形，长4 ~ 10cm，宽2 ~ 4cm，全缘或少有疏锯齿。圆锥花序腋生；花瓣5 ~ 6，淡紫色，狭长倒披针形。核果椭圆形或近球形，黄色或栗棕色，果皮为坚硬木质，有棱。花期3 ~ 4月，果期9 ~ 11月。我国南方各地均有分布，以四川产者为佳。

胡桃 胡桃科

落叶乔木，高20 ~ 25m。树皮灰白色，幼时平滑，老时浅纵裂。小枝具明显皮孔。奇数羽状复叶互生，小叶5 ~ 9枚，先端1片常较大，椭圆状卵形至长椭圆形，全缘。花与叶同时开放，雄葇荑花序腋生，下垂，花小而密集；雌花序穗状，直立，生于幼枝顶端；花被4裂，裂片线形。果实近球形，核果状，表面有斑点，内果皮骨质，表面凹凸不平，有2条纵棱。花期5 ~ 6月，果期9 ~ 10月。我国南北各地均有栽培。

胡桃楸 胡桃科

落叶乔木，高达20m。树皮暗灰色。单数羽状复叶互生；小叶9～17枚，长椭圆形或卵状长椭圆形，边缘有细锯齿。雄花序细长，葇荑状，从上年生的枝节上叶腋间抽出，下垂；雌花序穗状，直立，有花5～10朵，与叶同时开放，花被4。核果球形，先端尖，不易开裂，核卵形，有棱8条。花期5月，果期8～9月。分布于东北、河北、河南、山西、甘肃等地。

鸦胆子 苦木科

灌木或小乔木；嫩枝、叶柄和花序均被黄色柔毛。单数羽状复叶，有小叶3～15；小叶卵形或卵状披针形，先端渐尖，基部宽楔形至近圆形，通常略偏斜，边缘有粗齿，两面均被柔毛。圆锥花序，花细小，暗紫色。核果，长卵形。花期夏季，果期8～10月。分布于福建、台湾、广东、广西、海南和云南等地。

臭椿 苦木科

落叶乔木。树皮平滑有直的浅裂纹，嫩枝赤褐色。奇数羽状复叶互生，小叶13 ~ 25，揉搓后有臭味，卵状披针形，全缘，仅在基部有1 ~ 2对粗锯齿。圆锥花序顶生，花小，绿色，花瓣5。翅果长圆状椭圆形。花期4 ~ 5月，果熟期8 ~ 9月。分布几遍及全国各地。

苦木 苦木科

落叶乔木，高达10余米；树皮紫褐色，平滑，有灰色斑纹。奇数羽状复叶互生，小叶9 ~ 15，卵状披针形或广卵形，边缘具不整齐的粗锯齿。复聚伞花序腋生，花序轴密被黄褐色微柔毛；萼片小，通常5，卵形或长卵形，覆瓦状排列；花瓣与萼片同数，卵形或阔卵形。核果成熟后蓝绿色，种皮薄，萼宿存。花期4 ~ 5月，果期6 ~ 9月。分布于黄河流域及其以南各省区。

楤木 五加科

落叶灌木或乔木。茎直立，通常具针刺。2回或3回单数羽状复叶，羽片有小叶5～11，基部另有小叶1对，卵形至广卵形，先端尖或渐尖，边缘细锯齿，基部不甚对称，圆形或心脏形，上面粗糙，下面绒毛状，沿脉上密被淡褐色细长毛。花序大，圆锥状，由多数小伞形花序组成，密被褐色短毛；花萼钟状，先端5齿裂；花瓣5，白色，三角状卵形。浆果状核果，近球形。花期7～8月。果期9～10月。分布于河北、山东、河南、陕西、甘肃、安徽、江苏、浙江、湖南、湖北、江西、福建、四川、贵州、云南等地。

木蝴蝶 紫葳科

乔木。小枝皮孔极多而突起，叶痕明显而大。叶对生，奇数二至四回羽状复叶，着生于茎干近顶端，小叶片三角状卵形，全缘。总状聚伞花序顶生，花萼钟状，紫色；花冠橙红色，肉质，钟形，先端5浅裂，裂片大小不等。蒴果木质，扁平，阔线形，下垂。种子多数，全被白色半透明的薄翅包围。花期7～10月，果期10～12月。分布于福建、台湾、广东、海南、广西、四川、贵州、云南等地。

幌伞枫 五加科

常绿乔木。三至五回羽状复叶互生；小叶片纸质，在羽片轴上对生，椭圆形，边缘全缘。圆锥花序顶生，花瓣5，卵形，淡黄白色。果实卵球形，略侧扁。种子2颗，形扁。花期秋季，果冬季成熟。生于森林中，庭园中有栽培。分布于广东、海南、广西、云南等地。

2. 偶数羽状复叶

阔叶十大功劳 小檗科

灌木或小乔木。羽状复叶，具4～10对小叶，小叶上面暗灰绿色，背面被白霜，两面叶脉不显；小叶厚革质，硬直，自叶下部往上小叶渐次变长而狭，最下一对小叶卵形，具1～2粗锯齿，往上小叶近圆形至卵形或长圆形，基部阔楔形或圆形，偏斜，有时心形，边缘每边具2～6粗锯齿，先端具硬尖，顶生小叶较大。总状花序直立，通常3～9个簇生；花瓣倒卵状椭圆形。浆果卵形，深蓝色，被白粉。花期9月至翌年1月，果期3～5月。生于阔叶林、竹林、杉木林及混交林下、林缘，草坡，溪边、路旁或灌丛中。分布于浙江、安徽、江西、福建、湖南、湖北、陕西、河南、广东、广西、四川。

细叶十大功劳 小檗科

常绿灌木，高达2m。一回羽状复叶互生，小叶3 ~ 9，革质，披针形，侧生小叶片等长，顶生小叶最大，均无柄，先端急尖或渐尖，基部狭楔形，边缘有刺状锐齿。总状花序直立，4 ~ 8个族生，花瓣黄色，6枚，2轮。浆果圆形或长圆形，蓝黑色，有白粉。花期7 ~ 10月。生于山谷、林下湿地。分布于江苏、湖南、湖北、四川、浙江、广东、广西。

香椿 楝科

多年生落叶乔木。树皮暗褐色，成片状剥落。偶数羽状复叶互生，有特殊气味；叶柄红色，基部肥大；小叶8 ~ 10对，叶片长圆形至披针状长圆形，全缘或有疏锯齿。圆锥花序顶生，花瓣5，白色，卵状椭圆形。蒴果椭圆形或卵圆形。种子椭圆形，一端有翅。花期5 ~ 6月，果期9月。分布于华北、华东、中南、西南及台湾、西藏等地。

龙眼 无患子科

常绿乔木，高达10m以上。幼枝被锈色柔毛。偶数羽状复叶互生，小叶2～5对，互生，革质，椭圆形至卵状披针形，全缘或波浪形，暗绿色。圆锥花序顶生或腋生，花小，黄白色，花瓣5，匙形。核果球形，外皮黄褐色，粗糙。花期3～4月，果期7～9月。分布福建、台湾、广东、广西、云南、贵州、四川等地。

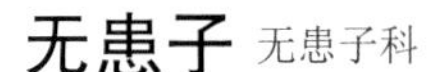

无患子 无患子科

落叶大乔木，嫩枝绿色。偶数羽状复叶互生，小叶5～8对，长椭圆状披针形或稍呈镰形先端短尖。圆锥形花序顶生，花小，辐射对称，花瓣5，披针形，有长爪。核果肉质，果的发育分果爿近球形，橙黄色，干时变黑。花期春季，果期夏秋。分布于华东、中南至西南地区。各地常见栽培。

中国无忧花 豆科

乔木。偶数羽状复叶，小叶5～6对，嫩叶略带紫红色，下垂；小叶近革质，长椭圆形、卵状披针形或长倒卵形。花序腋生，较大；花黄色，后部分变红色。荚果棕褐色，扁平，果瓣卷曲。花期4～5月，果期7～10月。广东、广西等地有栽培。

黄槐决明 豆科

灌木或小乔木；树皮灰褐色。羽状复叶，小叶7～9对，长椭圆形或卵形，边全缘。总状花序生于枝条上部的叶腋内，花瓣鲜黄至深黄色，卵形至倒卵形。荚果扁平，带状，开裂。花果期几全年。栽培于广西、广东、福建、台湾等省区。

南岭黄檀 豆科

乔木，树皮灰黑色，粗糙，有纵裂纹。羽状复叶，小叶6～7对，纸质，长圆形或倒卵状长圆形，先端圆形。圆锥花序腋生，花冠白色，旗瓣圆形。荚果舌状或长圆形，通常有种子1粒，稀2～3粒。花期6月。分布于浙江、福建、广东、海南、广西、四川、贵州。

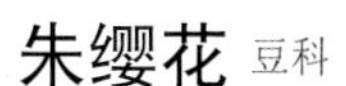

朱缨花 豆科

落叶灌木或小乔木。二回羽状复叶，羽片1对，小叶7～9对，斜披针形，中上部的小叶较大，下部的较小。头状花序腋生；花冠淡紫红色，顶端具5裂片，裂片反折。荚果线状倒披针形，暗棕色。花期8～9月，果期10～11月。我国南方有栽培供观赏。

锦鸡儿 豆科

小灌木，高达1～2m。茎直立或多数丛生，小枝细长有棱，黄褐色或灰色。托叶2枚，狭锥形，常硬化而成针刺；双数羽状复叶，小叶4，倒卵形，先端圆或凹，上部一对小叶常较下方一对为大。花单生，黄色而带红，凋谢时褐红色；花萼钟状，萼齿阔三角形；花冠蝶形，旗瓣狭倒卵形，基部带红色，翼瓣先端田，下具长爪，龙骨瓣阔而钝。荚果两侧稍压扁，无毛。花期4～6月。分布河北、山东、陕西、江苏、浙江、安徽、江西、湖北、湖南、四川、贵州、云南等地。

腊肠树 豆科

落叶乔木或中等小乔木，高可达15m。树皮粗糙，暗褐色。叶互生，有柄，叶柄基部膨大；偶数羽状复叶，小叶3～4对，对生，叶片阔卵形、卵形或长圆形，全缘。总状花序疏松，下垂；花与叶同时开放；花瓣黄色，5片，倒卵形，近等大，脉明显。荚果圆柱形，黑褐色，不开裂，有3条槽纹。花期6～8月，果期10月。我国南部各地有栽培。

皂荚 豆科

落叶乔木，高达15m。棘刺粗壮，红褐色。双数羽状复叶，小叶4 ~ 7对，小叶片卵形、卵状披针形或长椭圆状卵形，边缘有细锯齿。总状花序腋生及顶生，花瓣4，淡黄白色，卵形或长椭圆形。荚果直而扁平，被白色粉霜。花期5月，果期10月。全国大部分地区有分布。

苏木 豆科

灌木或小乔木。树干有刺。小枝灰绿色，具圆形突出的皮孔。二回羽状复叶，羽片对生，9 ~ 13对；小叶9 ~ 17对，对生，长圆形至长圆状菱形，先端钝形微凹，基部歪斜，全缘，具锥刺状托叶。圆锥花序顶生或腋生；花瓣黄色，阔倒卵形。荚果木质、稍压扁，近长圆形至长圆状倒卵形，基部稍狭，先端斜向平截。花期5 ~ 10月，果期7月至翌年3月。分布广西、广东、台湾、贵州、云南、四川等地。

合欢 豆科

落叶乔木。二回羽状复叶，互生，总花柄近基部及最顶1对羽片着生处各有一枚腺体；羽片4～12对，小叶10～30对，线形至长圆形。头状花序生于枝端，花淡红色；花冠漏斗状，先端5裂，裂片三角状卵形。荚果扁平。花期6～8月，果期8～10月。分布于东北、华东、中南及西南各地。

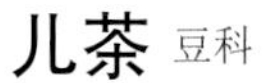

儿茶 豆科

落叶乔木。小枝细，有棘刺。二回双数羽状复叶互生；叶轴基部有棘针双生，扁平状；叶轴上着生羽片10～20对；每羽片上具小叶30～50对，小叶条形。总状花序腋生，花瓣5，长披针形，黄色或白色。荚果扁而薄。8～9月开花，主产于云南、广西等地。

海红豆 豆科

落叶乔木，高5～20m。二回羽状复叶，羽片3～5对，小叶4～7对互生，长圆形或卵形。总状花序单生于叶腋或在枝顶排成圆锥花序；花小，白色或淡黄色；花瓣5，披针形。荚果狭长圆形，盘旋，开裂后果瓣旋卷；种子近圆形至椭圆形，鲜红色，有光泽。花期4～7月。果期7～10月。多生于山沟、溪边、林中或栽培于庭园。分布于福建、台湾、广东、海南、广西、贵州、云南等地。

余甘子 大戟科

落叶小乔木或灌木，高3～8m。树皮灰白色，薄而易脱落，露出大块赤红色内皮。叶互生，2列，密生，极似羽状复叶；近无柄；落叶时整个小枝脱落。叶片长方线形或线状长圆形。花簇生于叶腋，花小，黄色。果实肉质，圆而略带6棱，初为黄绿色，成熟后呈赤红色。花期4～5月，果期9～11月。生于疏林下或山坡向阳处。分布于福建、台湾、广东、海南、广西、四川、贵州、云南等地。

枫杨 胡桃科

落叶乔木，高18～30m。树皮黑灰色，深纵裂。叶互生，多为偶数羽状复叶，叶轴两侧有狭翅，小叶10～28枚，长圆形至长椭圆状披针形，边缘有细锯齿，表面有细小的疣状突起。葇荑花序，与叶同时开放，花单性，雌雄同株，雄花序单生于去年生的枝腋内，雌花序单生新枝顶端。果序长20～45cm，小坚果长椭圆形，常有纵脊，两侧有由小苞片发育增大的果翅，条形或阔条形。花期4～5月，果期8～9月。现广泛栽培于庭园或道旁。

黄连木 漆树科

落叶乔木，高达20m以上。树皮暗褐色，呈鳞片状剥落。偶数羽状复叶互生，小叶5～7对，小叶对生或近对生，纸质，披针形或卵状披针形或线状披针形，全缘。圆锥花序顶生；雄花排成密集总状花序，雌花排成疏散圆锥花序。核果倒卵状球形，成熟时紫红色。花期3～4月，果期9～11月。分布于华东、中南、西南及河北、陕西、甘肃、台湾等地。

金露梅 蔷薇科

灌木。偶数羽状复叶，小叶2对，小叶片长圆形、倒卵状长圆形或卵状披针形，全缘。单花或数朵生于枝顶，花梗密被长柔毛或绢毛；花瓣5，宽倒卵形，黄色。瘦果近卵形，外被长柔毛，褐棕色。花、果期6～9月。生于山坡草地、砾石坡、灌丛及林缘。分布于东北、华北及陕西、甘肃、新疆、四川、云南、西藏等地。

（二）掌状复叶或三复叶

瓜栗 木棉科

小乔木。掌状复叶，小叶5～11，小叶具短柄或近无柄，长圆形至倒卵状长圆形，全缘。花单生枝顶叶腋，花瓣淡黄绿色，狭披针形至线形。蒴果近梨形，果皮厚，木质，几黄褐色。种子大，不规则的梯状楔形。花期5～11月。常作为室内观赏植物，商品名发财树，南方常作行道树和风景树。

荆条 马鞭草科

落叶灌木，高1～5m。掌状复叶对生，小叶片边缘有缺刻状锯齿，浅裂以至深裂，背面密被灰白色绒毛。圆锥花序，花冠蓝紫色，二唇形。核果球形。分布于辽宁、河北、山西、山东、河南、陕西、甘肃、江苏、安徽、江西、湖南、贵州、四川。生于山坡路旁。

牡荆 马鞭草科

落叶灌木或小乔木，植株高1～5m。掌状复叶对生，小叶5，中间1枚最大；叶片披针形或椭圆状披针形，边缘具粗锯齿。圆锥花序顶生，花冠淡紫色，先端5裂，二唇形。果实球形，黑色。花、果期7～10月。分布于华东及河北、湖南、湖北、广东、广西、四川、贵州。

黄荆 马鞭草科

直立灌木，植株高1 ~ 3m。小枝四棱形，叶及花序通常被灰白色短柔毛。掌状复叶，小叶5，小叶片长圆状披针形至披针形，全缘或有少数粗锯齿。聚伞花序排列成圆锥花序顶生，花冠淡紫色，先端5裂，二唇形。核果褐色，近球形。花期4 ~ 6月，果期7 ~ 10月。分布于长江以南各地。

蔓荆 马鞭草科

落叶灌木，高1.5 ~ 5m，有香味；小枝四棱形，密生细柔毛。通常三出复叶，有时在侧枝上可有单叶，对生；小叶片卵形、倒卵形或倒卵状长圆形，全缘，表面无毛或被微柔毛，背面密被灰白色绒毛。圆锥花序顶生，花序梗密被灰白色绒毛；花冠淡紫色或蓝紫色，花冠管内有较密的长柔毛，顶端5裂，二唇。核果近圆形，成熟时黑色；果萼宿存，外被灰白色绒毛。花期7月，果期9 ~ 11月。分布于福建、台湾、广东、广西、云南。

七叶树 七叶树科

落叶乔木，高达20m。掌状复叶对生，小叶片5～7枚，长椭圆形或卵状披针形，边缘有细锯齿。圆锥花序顶生，尖塔形，花小，白色，花瓣4，椭圆形。蒴果圆球形，密生黄褐色的斑点，3瓣裂。花期5～7月，果期8～9月。分布甘肃、河北、河南、山西、江苏、浙江等地。

细柱五加 五加科

灌木，高2～3m。枝灰棕色，软弱而下垂，蔓生状，节上通常疏生反曲扁刺。掌状复叶互生，小叶5，中央一片最大，倒卵形至倒披针形，边缘有细锯齿。伞形花序腋生或单生于短枝顶端，花黄绿色，花瓣5。核果浆果状，扁球形，成熟时黑色。花期4～7月，果期7～10月。分布于中南、西南及山西、陕西、江苏、安徽、浙江、江西、福建等地。

鹅掌柴 五加科

常绿乔木或大灌木。树皮灰白色。掌状复叶互生，小叶6～9；叶柄长15～30cm，小叶柄长2～5cm。小叶革质或纸质，椭圆形、长椭圆形或卵状椭圆形，全缘。伞形花序聚生成大型圆锥花序，顶生；花瓣5，肉质，花后反曲，白色，芳香。浆果球形，熟时暗紫色。花期11～12月，果期翌年1月。生于常绿阔叶林中或向阳山坡。分布于浙江、福建、台湾、广东、海南、广西、贵州、云南等地。

木棉 木棉科

落叶大乔木。树干常有圆锥状的粗刺。掌状复叶，小叶5～7枚，长圆形。花生于近枝顶叶腋，先叶开放，红色或橙红色；花瓣肉质，倒卵状长圆形，两面被星状柔毛。蒴果长圆形，木质，被灰白色长柔毛和星状毛，室背5瓣开裂，内有丝状绵毛。种子多数，倒卵形，黑色，藏于绵毛内。花期春季，果期夏季。生于干热河谷、稀树草原、次生林中及村边、路旁。分布于华南、西南等地。

山蚂蝗 豆科

小灌木，高达1m。3出复叶，顶端小叶片椭圆状菱形，侧生小叶较小，呈斜长椭圆形。花序顶生者圆锥状，腋生者总状；花小，粉红色；花冠蝶形，旗瓣圆形，先端微凹，翼瓣贴生于龙骨瓣。荚果通常具2节，背部弯，节深裂达腹缝线。花期7～9月。生长于山地草坡或林边。分布江苏、安徽、浙江、江西、陕西、四川、贵州、云南、福建、广东、广西等地。

假地豆 豆科

半灌木或小灌木，高1～3m，嫩枝疏被白色长柔毛。茎直立或稍弯。三出复叶互生，顶端一片较大，小叶片倒卵状矩圆形或椭圆形，全缘。总状花序顶生或侧生，蝶形花，紫红色。荚果条形，被有带钩缘毛，具4~7近方形的结荚。种子圆肾形。花期夏季。生于山坡草丛中。分布于浙江、福建、台湾、广西、广东、四川、贵州和云南等省区。

胡枝子 豆科

直立灌木。茎多分枝。三出复叶互生，顶生小叶较大，宽椭圆形、长圆形或卵形，侧生小叶较小。总状花序腋生，较叶长；花萼杯状，紫褐色，萼齿4裂；花冠蝶形，紫红色，旗瓣倒卵形。荚果1节，扁平，倒卵形，网脉明显，有密柔毛。种子1颗。花期7～8月，果期9～10月。生于山地灌木林下。分布于东北、华北及陕西、浙江、江西、福建、河南、湖北、四川等地。

木豆 豆科

直立矮灌木，高1～3m。多分枝，小枝条弱。三出复叶互生，叶片卵状披针形，全缘。总状花序腋生，花蝶形；花冠红黄色，旗瓣背面有紫褐色条纹，基部有丝状短爪。荚果条形，两侧扁压，有长喙。花期2～11月，果期3～4月及9～10月。生于山坡、砂地、丛林中或林边。分布于浙江、福建、台湾、广东、广西、四川、贵州、云南等地。

排钱树 豆科

直立亚灌木，高0.5～1.5m。枝圆柱形，柔弱，被柔毛。三出复叶互生，革质，顶生小叶卵形、椭圆形或倒卵形，侧生小叶约比顶生小叶小1倍，侧生小叶基部偏斜，边缘稍呈浅波状。总状花序顶生或侧生，由多数伞形花序组成，每一伞形花序隐藏于2个圆形的叶状苞片内，形成排成串的铜钱样；花冠蝶形，白色，旗瓣椭圆形，翼瓣贴生于龙骨瓣。荚果长圆形，通常有2节，先端有喙。花期7～9月，果期9～11月。生于山坡、路旁、荒地或灌木丛中。分布于江西、福建、台湾、广东、海南、广西、贵州、云南等地。

刺桐 豆科

大乔木。树皮灰褐色，枝有明显叶痕及短圆锥形的黑色直刺。羽状复叶具3小叶，常密集枝端；小叶阔卵形至斜方状卵形。总状花序顶生，长10～16cm，上有密集、成对着生的花；总花梗木质，粗壮；花萼佛焰苞状，萼口斜裂，由背开裂至基部；花冠蝶形，红色。荚果黑色，肥厚，种子间略缢缩。花期3月，果期8月。分布于台湾、福建、广东、广西等地。

龙牙花 豆科

灌木或小乔木，干和枝条散生皮刺。三复叶，小叶菱状卵形，全缘。总状花序腋生，花深红色。荚果。花期6～11月。我国南方多地有栽培。

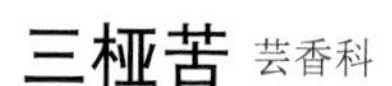

三桠苦 芸香科

常绿灌木或小乔木，高可达3m。树皮灰白色或青灰色，光滑，有淡黄色的皮孔。3复叶对生，小叶纸质，矩圆状披针形，全缘或不规则浅波状，两面光滑无毛，小叶柄短。伞房状圆锥花序腋生，花黄白色。蓇葖果2～3，顶端无喙，外果皮暗黄褐色至红褐色，半透明，有腺点。生于村边、溪边及低山、丘陵灌丛中，或山沟疏林中。分布于我国南部各省区。

枸橘 芸香科

落叶灌木或小乔木。分枝多，小枝呈扁压状。茎枝具腋生粗大的棘刺，长1 ~ 5cm，刺基部扁平。叶互生，三出复叶；顶生小叶倒卵形或椭圆形，侧生小叶较小，椭圆状卵形。花白色，花瓣5，倒卵状匙形。柑果球形，熟时橙黄色。花期4 ~ 5月，果期7 ~ 10月。多栽培于路旁、庭园作绿篱。陕西、甘肃、河北、山东、江苏、安徽、浙江、江西、福建、台湾、河南、湖北、湖南、广东、广西、四川、贵州、云南等地均有栽培。

四、叶不明显

柽柳 柽柳科

灌木。树皮及枝条均为红褐色。茎多分枝，枝条柔弱，扩张或下垂；叶片细小，鳞片状，蓝绿色。圆锥状复总状花序顶生，花小，粉红色。蒴果狭小，先端具毛。花期6 ~ 7月。果期8 ~ 9月。生于河流冲积地、潮湿盐碱地和沙荒地。全国各地均有分布,野生或栽培。

侧柏 柏科

常绿乔木，高达20m。树冠圆锥形，树皮红褐色，呈鳞片状剥落。小枝扁平，呈羽状排列。叶细小鳞片状，紧贴于小枝上，亮绿色，端尖。雄球花呈卵圆形，具短柄；雌球花球形，无柄。球果卵圆形，肉质，浅蓝色，后变为木质，深褐色而硬，裂开，果鳞的顶端有一钩状刺，向外方卷曲。花期4月。果期9～10月。全国大部分地区有分布。

木贼麻黄 麻黄科

直立小灌木，木质茎粗长，直立。生于干山坡、平原、干燥荒地、河床、干草原、河滩附近。分布于华北及吉林、辽宁、陕西、新疆、河南西北部等地。

爆仗竹 玄参科

灌木，直立，高可达1m。茎四棱形，枝纤细轮生，顶端下垂。叶小，散生；叶片长圆形至长圆状卵形，长不及1.5cm，在枝上的大部退化为鳞片。花冠鲜红色，具长筒，不明显2唇形，上唇2裂，裂片卵形或长卵形，下唇3裂。蒴果球形，室间开裂。花期4～7月。福建、广东常有栽培。

木麻黄 木麻黄科

常绿乔木。幼树的树皮为赭红色，老树的树皮粗糙，深褐色。枝红褐色，有密集的节，下垂。叶鳞片状，淡褐色，常7枚紧贴轮生。雄花序穗状，雌花序为球形或头状。木质的宿存小苞片背面有微柔毛，内有一薄翅小坚果。花期4～5月，果期7～10月。我国福建、台湾、广东、海南、广西沿海地区有栽培。

光棍树 大戟科

小乔木，高2～6m。小枝肉质，具丰富乳汁。叶互生，长圆状线形，全缘，无柄或近无柄；常生于当年生嫩枝上，稀疏且很快脱落。花序密集于枝顶，基部具柄；总苞陀螺状；腺体5枚，盾状卵形或近圆形。蒴果棱状三角形。花、果期7～10月。广泛栽培于热带和亚热带。

光棍树

植物名索引

A

阿尔泰狗娃花 / 103
阿拉伯婆婆纳 / 288
矮紫苞鸢尾 / 230
艾蒿 / 134
凹叶厚朴 / 398
凹叶景天 / 291

B

八宝景天 / 77
八角枫 / 489
八角金盘 / 480
八角莲 / 148
巴豆 / 463
芭蕉 / 47
菝葜 / 340
霸王鞭 / 415
白苞蒿 / 207
白背叶 / 491
白车轴草 / 304
白杜 / 474
白粉藤 / 307
白花败酱 / 97
白花草木犀 / 185
白花地胆草 / 71
白花杜鹃 / 431
白花鬼针草 / 183
白花前胡 / 202
白花蛇舌草 / 124
白花益母草 / 157
白及 / 228
白晶菊 / 130
白鹃梅 / 390
白蜡 / 514
白簕 / 368
白梨 / 437
白蔹 / 365
白茅 / 247
白木通 / 367
白皮松 / 373
白千层 / 377
白屈菜 / 197
白术 / 138
白堂子树 / 469
白头翁 / 194
白薇 / 53
白鲜 / 169
白英 / 306
百合 / 104
百里香 / 298
百日菊 / 47
斑叶地锦 / 295
半边莲 / 285
半边旗 / 262
半夏 / 257
半枝莲 / 79
棒叶落地生根 / 271
宝铎草 / 22
宝盖草 / 158
抱茎苦荬菜 / 136
暴马丁香 / 417
爆仗竹 / 540
北苍术 / 138
北点地梅 / 210
北马兜铃 / 312
北五味子 / 349
北玄参 / 92
贝加尔唐松草 / 190
笔管草 / 270
闭鞘姜 / 42
蓖麻 / 149
薜荔 / 343
萹蓄 / 286
蝙蝠葛 / 321
扁茎黄芪 / 303
变叶木 / 392
槟榔 / 496
波叶大黄 / 220
播娘蒿 / 209
博落回 / 166
薄荷 / 83

补血草 / 218

C

蚕豆 / 178
苍耳 / 162
糙苏 / 80
草本威灵仙 / 92
草豆蔻 / 120
草龙 / 101
草麻黄 / 269
草棉 / 143
草木犀 / 185
草乌 / 153
草血竭 / 219
侧柏 / 539
柴胡 / 107
长春花 / 57
长叶地榆 / 169
常春藤 / 343
常绿油麻藤 / 371
朝天委陵菜 / 182
车前 / 213
柽柳 / 538
秤砣树 / 457
赤爮 / 311
翅茎白粉藤 / 352
臭椿 / 517
臭茉莉 / 472
臭牡丹 / 471
雏菊 / 215
川楝 / 515
川芎 / 204
穿龙薯蓣 / 324
垂柳 / 378
垂盆草 / 292
垂丝海棠 / 444
刺儿菜 / 37
刺槐 / 501
刺壳花椒 / 361
刺芒龙胆 / 299
刺楸 / 481
刺桐 / 536
刺苋 / 28
葱 / 239
葱莲 / 235
楤木 / 518
粗榧 / 376
粗茎鳞毛蕨 / 265
翠雀 / 155

D

达乌里黄芪 / 174
打破碗碗花 / 191
打碗花 / 322
大百部 / 317
大苞萱草 / 236
大丁草 / 251
大风艾 / 74
大高良姜 / 121
大果榆 / 455
大花剪秋罗 / 48
大花老鸦嘴 / 356
大花马齿苋 / 103
大火草 / 191
大戟 / 26
大蓟 / 137
大麻 / 147
大麦 / 112
大薸 / 276
大青 / 423
大吴风草 / 217
大叶冬青 / 462
大叶排草 / 55
大叶朴 / 494
大叶千斤拔 / 184
大叶铁线莲 / 180
大叶紫薇 / 385
大叶紫珠 / 470
大叶醉鱼草 / 478
大枣 / 451
丹参 / 170
单花莸 / 58
单叶蔓荆 / 424
淡竹叶 / 119
党参 / 317
稻 / 112
灯心草 / 268
荻 / 116

地胆草 / 217
地丁紫堇 / 196
地肤 / 99
地构叶 / 61
地瓜儿苗 / 83
地黄 / 214
地锦草 / 294
地桃花 / 150
地榆 / 168
棣棠 / 446
吊灯扶桑 / 458
吊兰 / 235
丁公藤 / 344
钉头果 / 383
顶羽菊 / 132
东北天南星 / 256
东北土当归 / 179
东北珍珠梅 / 508
东方泽泻 / 279
东京樱花 / 442
东亚唐松草 / 189
冬瓜 / 327
冬葵 / 145
冬青 / 461
冬青卫矛 / 459
独角莲 / 222
独行菜 / 158
杜衡 / 223
杜虹花 / 469
杜鹃 / 452
杜梨 / 438
杜英 / 458
盾果草 / 20
盾叶薯蓣 / 309
多苞斑种草 / 21
多花黄精 / 23
多裂委陵菜 / 187

E

鹅肠菜 / 297
鹅绒藤 / 313
鹅绒委陵菜 / 301
鹅掌柴 / 533
鹅掌楸 / 490
鹅掌藤 / 369
儿茶 / 526
耳草 / 49
二裂委陵菜 / 187
二色补血草 / 218

F

番木瓜 / 489
番石榴 / 433
番薯 / 288
翻白草 / 260
翻白叶树 / 484
反枝苋 / 28
饭包草 / 24
防风 / 201
飞龙掌血 / 368
飞扬草 / 294
榧 / 376
费菜 / 59
粉花凌霄 / 359
风车草 / 267
风花菜 / 60
风轮菜 / 84
风信子 / 228
枫香树 / 480
枫杨 / 528
凤尾丝兰 / 384
凤仙花 / 63
凤眼莲 / 276
佛肚树 / 491
佛甲草 / 291
佛手 / 467
芙蓉葵 / 76
扶芳藤 / 351
浮萍 / 274
附地菜 / 20
腹水草 / 287

G

甘草 / 173
甘遂 / 108
甘蔗 / 117
杠板归 / 305
杠柳 / 346
高良姜 / 121
高粱 / 118

藁本 / 203
隔山香 / 200
隔山消 / 315
钩藤 / 347
钩吻 / 344
狗骨柴 / 426
狗尾草 / 114
枸骨 / 485
枸橘 / 538
枸杞 / 388
构棘 / 408
构树 / 450
菰 / 283
鼓槌石斛 / 106
瓜栗 / 529
瓜子金 / 21
拐芹 / 199
贯叶连翘 / 52
贯众 / 264
光棍树 / 541
光皮木瓜 / 443
光叶菝葜 / 341
桄榔 / 497
广防风 / 80
广金钱草 / 290
广西马兜铃 / 340
过路黄 / 295

H

海红豆 / 527
海金沙 / 333
海桐 / 407
海芋 / 42
海州常山 / 423
含笑花 / 396
含羞草 / 171
韩信草 / 79
蔊菜 / 128
旱金莲 / 307
旱柳 / 379
旱田草 / 292
诃子 / 402
合欢 / 526
何首乌 / 305
荷包牡丹 / 193
黑面神 / 394
黑三棱 / 280
黑叶接骨草 / 430
红背桂 / 479
红车轴草 / 186
红麸杨 / 510
红花 / 68
红花酢浆草 / 255
红花荷 / 412
红花檵木 / 411
红蓼 / 34
红千层 / 377
红雀珊瑚 / 415
红瑞木 / 434
红丝线 / 41
红松 / 374
厚朴 / 397
忽地笑 / 233
狐尾藻 / 278
胡椒 / 337
胡萝卜 / 198
胡桃 / 515
胡桃楸 / 516
胡颓子 / 386
胡枝子 / 535
葫芦茶 / 37
湖北海棠 / 439
湖北麦冬 / 240
槲蕨 / 262
槲树 / 494
蝴蝶花 / 229
虎刺梅 / 391
虎尾草 / 101
虎尾兰 / 249
虎尾珍珠菜 / 30
虎掌 / 257
虎杖 / 30
花椒 / 501
花木蓝 / 499
华北白前 / 54
华北大黄 / 221
华北耧斗菜 / 193
华东覆盆子 / 485

华黄芪 / 174
华南忍冬 / 348
华鼠尾 / 85
华泽兰 / 95
华中五味子 / 350
槐 / 500
黄鹌菜 / 129
黄蝉 / 420
黄菖蒲 / 231
黄刺玫 / 505
黄独 / 310
黄瓜 / 328
黄果茄 / 164
黄花败酱 / 141
黄花菜 / 241
黄花夹竹桃 / 381
黄槐决明 / 522
黄荆 / 531
黄精 / 127
黄连木 / 528
黄栌 / 385
黄毛榕 / 483
黄檗 / 503
黄皮 / 503
黄芩 / 50
黄秋葵 / 144
黄杨 / 419
幌伞枫 / 519
灰毛软紫草 / 18
活血丹 / 297
火棘 / 439
火炬树 / 509
火炭母 / 33
火焰兰 / 308
藿香 / 88
藿香蓟 / 73

J

鸡蛋花 / 414
鸡冠花 / 27
鸡麻 / 479
鸡矢藤 / 318
鸡腿堇菜 / 61
鸡爪槭 / 492
积雪草 / 284
蒺藜 / 300
蕺菜 / 287
荠菜 / 129
荠苨 / 67
继木 / 410
夹竹桃 / 381
荚果蕨 / 264
荚蒾 / 473
假槟榔 / 496
假地豆 / 534
假杜鹃 / 431
假黄皮 / 502
假蒟 / 290
假连翘 / 472
假苹婆 / 401
假酸浆 / 65
假鹰爪 / 339
尖尾枫 / 470
剪刀股 / 216
碱地蒲公英 / 253
碱蓬 / 99
剑麻 / 250
剑叶龙血树 / 382
箭头唐松草 / 190
箭叶蓼 / 32
箭叶秋葵 / 147
箭叶淫羊藿 / 181
茳芒决明 / 176
姜黄 / 227
蕉芋 / 45
绞股蓝 / 333
接骨草 / 179
接骨木 / 513
节节草 / 269
结香 / 402
金边虎尾兰 / 250
金边龙舌兰 / 249
金钗石斛 / 106
金灯藤 / 336
金刚纂 / 414
金光菊 / 160
金莲花 / 155

金铃花 / 487
金露梅 / 529
金毛狗脊 / 263
金钱豹 / 318
金钱松 / 373
金荞麦 / 36
金丝草 / 115
金丝桃 / 432
金线草 / 32
金银莲花 / 275
金银木 / 418
金樱子 / 364
金钟花 / 477
筋骨草 / 78
锦鸡儿 / 524
锦葵 / 146
荩草 / 114
荆三棱 / 281
荆条 / 530
九里香 / 502
九龙吐珠 / 422
九头狮子草 / 51
韭菜 / 238
救荒野豌豆 / 332
桔梗 / 93
菊 / 133
菊蒿 / 205
菊苣 / 132
菊芋 / 97
橘 / 468
苣荬菜 / 161
聚花过路黄 / 296
聚穗莎草 / 246
卷丹 / 105
决明 / 175
蕨 / 263
爵床 / 293
君迁子 / 460

K

咖啡黄葵 / 144
看麦娘 / 115
空心莲子菜 / 296
空心泡 / 363
苦参 / 177
苦豆子 / 177
苦瓜 / 326
苦苣菜 / 136
苦楝 / 514
苦木 / 517
苦玄参 / 293
款冬花 / 216
栝楼 / 325
阔叶麦冬 / 240
阔叶十大功劳 / 519

L

拉拉藤 / 319
腊肠树 / 524
蜡梅 / 419
兰香草 / 91
蓝刺头 / 206
蓝萼香茶菜 / 85
蓝果蛇葡萄 / 353
莨菪 / 137
狼杷草 / 142
狼尾草 / 113
榔榆 / 456
老鹳草 / 156
老鸦柿 / 398
雷公藤 / 351
犁头草 / 210
犁头尖 / 221
藜 / 76
藜芦 / 45
李 / 438
鳢肠 / 69
荔枝草 / 86
栗树 / 453
连翘 / 476
莲 / 272
凉粉草 / 81
两面针 / 361
量天尺 / 336
辽藁本 / 203
了哥王 / 421
裂叶荆芥 / 140

裂叶牵牛 / 322
裂掌榕 / 483
林泽兰 / 151
鳞叶龙胆 / 298
铃兰 / 224
凌霄 / 358
柳叶白前 / 125
柳叶菜 / 64
六月雪 / 427
龙船花 / 425
龙葵 / 64
龙舌兰 / 248
龙须藤 / 355
龙牙花 / 537
龙芽草 / 168
龙眼 / 521
龙爪槐 / 500
耧斗菜 / 192
漏芦 / 131
芦苇 / 283
芦竹 / 117
庐山石韦 / 211
庐山小檗 / 412
路边青 / 188
露兜树 / 382
葎草 / 320
栾树 / 511
轮叶沙参 / 94
罗布麻 / 93
罗勒 / 82
萝卜 / 128
萝芙木 / 421
萝藦 / 314
络石 / 345
落地生根 / 77
落花生 / 178

M

麻花秦艽 / 212
麻叶荨麻 / 198
马鞭草 / 140
马齿苋 / 286
马兜铃 / 313
马儿 / 312
马兰 / 70
马蓝 / 94
马蔺 / 231
马桑 / 420
马尾松 / 372
马缨丹 / 471
麦蓝菜 / 49
麦李 / 441
麦门冬 / 239
曼陀罗 / 165
蔓荆 / 531
蔓生白薇 / 314
蔓生百部 / 316
蔓性千斤拔 / 303
芒 / 116
芒萁 / 261
牻牛儿苗 / 188
猫乳 / 445
猫尾草 / 171
猫尾红 / 342
毛白杨 / 454
毛冬青 / 461
毛茛 / 154
毛梾 / 436
毛蕊花 / 63
毛樱桃 / 445
茅莓 / 369
玫瑰花 / 506
玫瑰茄 / 148
莓叶委陵菜 / 260
梅叶冬青 / 462
美人蕉 / 44
美洲凌霄 / 358
美洲商陆 / 40
蒙椴 / 495
蒙古黄芪 / 172
迷迭香 / 383
米口袋 / 259
密花豆 / 370
密花香薷 / 89
绵枣儿 / 243
棉团铁线莲 / 142
棉叶珊瑚花 / 492

膜荚黄芪 / 172
磨盘草 / 75
茉莉花 / 416
母菊 / 204
牡丹 / 195
牡荆 / 530
木本曼陀罗 / 457
木鳖 / 325
木波罗 / 409
木豆 / 535
木防己 / 338
木芙蓉 / 487
木蝴蝶 / 518
木槿 / 488
木蓝 / 498
木麻黄 / 540
木棉 / 533
木薯 / 150
木通 / 366
木通马兜铃 / 339
木犀 / 477
木香花 / 363
木油桐 / 395
木贼 / 270
木贼麻黄 / 539
苜蓿 / 186
牧蒿 / 162

N

南苍术 / 152
南丹参 / 170
南方菟丝子 / 335
南瓜 / 329
南岭黄檀 / 523
南蛇藤 / 350
南酸枣 / 509
南天竹 / 512
泥胡菜 / 135
茑萝松 / 323
宁夏枸杞 / 389
柠檬草 / 248
牛蒡 / 39
牛扁 / 154
牛角瓜 / 422
牛奶子 / 386
牛舌草 / 18
牛膝 / 48
牛膝菊 / 95
扭肚藤 / 348
女贞 / 417
糯米条 / 474
糯米团 / 52

O

欧李 / 448

P

爬山虎 / 323
排钱树 / 536
炮仗花 / 357
泡花树 / 460
泡桐 / 400
佩兰 / 151
蓬莪术 / 227
蓬虆 / 362
蓬子菜 / 124
枇杷 / 449
啤酒花 / 320
平贝母 / 126
平车前 / 213
平枝栒子 / 387
苹果 / 437
苹婆 / 400
破布叶 / 465
匍匐委陵菜 / 302
菩提树 / 408
蒲儿根 / 71
蒲公英 / 252
蒲葵 / 498
蒲桃 / 432

Q

七叶树 / 532
七叶一枝花 / 56
漆树 / 508
奇蒿 / 70
麒麟叶 / 357
千金藤 / 338
千里光 / 311

千年健 / 31
千屈菜 / 78
千日红 / 51
芡实 / 273
茜草 / 319
荞麦 / 36
茄子 / 163
青杆 / 374
青蒿 / 208
青荚叶 / 464
青葙 / 27
苘麻 / 75
秋水仙 / 237
秋英 / 205
瞿麦 / 123
拳参 / 219
雀儿舌头 / 393
雀麦 / 110
雀瓢 / 315

R

忍冬 / 347
日本小檗 / 413
日本续断 / 143
榕树 / 407
肉桂 / 405
乳浆大戟 / 109
乳茄 / 164
瑞香狼毒 / 25

S

三白草 / 31
三花莸 / 90
三裂叶蛇葡萄 / 354
三色堇 / 215
三桠苦 / 537
三叶木通 / 367
三叶委陵菜 / 182
伞房花耳草 / 299
桑树 / 449
缫丝花 / 507
沙棘 / 379
沙枣 / 387
莎草 / 245
山茶花 / 466
山刺玫 / 505
山胡椒 / 403
山黄麻 / 456
山鸡椒 / 404
山尖子 / 163
山韭 / 238
山莴 / 337
山里红 / 486
山麻杆 / 463
山蚂蝗 / 534
山莓 / 441
山柰 / 226
山桃 / 447
山楂 / 486
山芝麻 / 401
山茱萸 / 435
杉木 / 375
珊瑚菜 / 252
珊瑚花 / 44
珊瑚藤 / 342
商陆 / 40
芍药 / 195
蛇床 / 201
蛇含委陵菜 / 301
蛇莓 / 300
蛇葡萄 / 353
射干 / 230
参薯 / 316
肾茶 / 86
肾蕨 / 261
省藤 / 356
蓍草 / 139
石菖蒲 / 245
石刁柏 / 100
石榴 / 418
石楠 / 446
石荠苧 / 81
石蒜 / 233
石香薷 / 88
石竹 / 123
使君子 / 346
柿树 / 399

首冠藤 / 355
蜀葵 / 145
鼠李 / 476
薯蓣 / 324
水菖蒲 / 244
水葱 / 281
水甘草 / 43
水锦树 / 428
水蓼 / 34
水茄 / 165
水曲柳 / 513
水苏 / 87
水团花 / 426
水蜈蚣 / 247
水榆花楸 / 440
水烛香蒲 / 282
睡莲 / 273
丝瓜 / 327
丝毛飞廉 / 131
丝棉木 / 475
四照花 / 435
松果菊 / 38
苏木 / 525
粟 / 113
酸橙 / 390
酸浆 / 65
酸模 / 220
酸模叶蓼 / 35
酸枣 / 450
蒜香藤 / 364
碎米莎草 / 246
碎米桠 / 84
梭鱼草 / 277

T

唐古特大黄 / 254
糖胶树 / 436
糖芥 / 109
桃儿七 / 258
天胡荽 / 285
天葵 / 189
天名精 / 38
天竺葵 / 167
田旋花 / 289
田紫草 / 19
甜瓜 / 328
贴梗海棠 / 442
铁草鞋 / 345
铁冬青 / 406
铁苋菜 / 62
铁线莲 / 334
通奶草 / 98
通泉草 / 214
通脱木 / 481
铜钱草 / 284
土贝母 / 330
土木香 / 73
土人参 / 25
兔儿伞 / 251
菟丝子 / 335
团花 / 427

W

瓦松 / 102
瓦韦 / 211
歪头菜 / 180
豌豆 / 331
万年青 / 225
万寿菊 / 130
王瓜 / 326
王莲 / 274
望春花 / 396
望江南 / 176
威灵仙 / 362
卫矛 / 475
尾穗苋 / 29
委陵菜 / 167
温郁金 / 226
文冠果 / 511
文殊兰 / 234
蚊母树 / 411
问荆 / 271
蕹菜 / 289
莴苣 / 68
乌桕 / 395
乌蔹莓 / 332
乌毛蕨 / 266

乌头 / 153
乌头叶蛇葡萄 / 354
乌药 / 404
无花果 / 482
无患子 / 521
吴茱萸 / 504
梧桐 / 484
蜈蚣草 / 266
五叶地锦 / 365
五爪金龙 / 321

X

西番莲 / 330
西府海棠 / 443
西瓜 / 329
西南文殊兰 / 234
菥蓂 / 59
豨莶 / 96
喜花草 / 429
喜树 / 410
细辛 / 223
细叶百合 / 105
细叶十大功劳 / 520
细叶小檗 / 380
细柱五加 / 532
狭叶红景天 / 102
狭叶荨麻 / 98
夏枯草 / 50
夏至草 / 156
仙人掌 / 272
纤细薯蓣 / 310
腺梗豨莶 / 96
相思子 / 360
香椿 / 520
香蕉 / 46
香蓼 / 35
香薷 / 89
香叶树 / 406
香叶天竺葵 / 152
香橼 / 467
向日葵 / 67
小驳骨 / 429
小根蒜 / 242
小冠花 / 302
小花鬼针草 / 206
小花黄堇 / 197
小花糖芥 / 110
小藜 / 159
小麦 / 111
小蓬草 / 104
小酸浆 / 66
小香蒲 / 282
小药八旦子 / 259
小叶杨 / 454
小叶野决明 / 175
蝎子草 / 166
斜茎黄芪 / 173
缬草 / 141
心叶荆芥 / 82
兴安升麻 / 194
猩猩草 / 159
杏 / 447
杏叶沙参 / 66
荇菜 / 275
徐长卿 / 125
续断菊 / 135
萱草 / 242
玄参 / 91
悬铃木 / 493
旋覆花 / 39
雪柳 / 378
雪松 / 375

Y

鸦葱 / 232
鸦胆子 / 516
鸭儿芹 / 200
鸭舌草 / 212
鸭跖草 / 24
鸭嘴花 / 430
亚麻 / 108
烟草 / 41
烟管头草 / 69
延胡索 / 258
芫花叶白前 / 54
盐肤木 / 510
艳山姜 / 122

燕麦 / 111
扬子铁线莲 / 334
羊乳 / 306
羊蹄 / 33
羊蹄甲 / 488
羊踯躅 / 389
阳桃 / 512
洋蒲桃 / 433
药用大黄 / 253
椰子 / 497
野慈姑 / 280
野大豆 / 331
野灯心草 / 268
野葛 / 370
野胡萝卜 / 199
野菊 / 133
野老鹳草 / 149
野牡丹 / 428
野木瓜 / 366
野蔷薇 / 507
野柿 / 399
野茼蒿 / 134
野西瓜苗 / 146
野苋 / 29
野芋 / 222
叶下珠 / 26
叶子花 / 341
一把伞天南星 / 255
一串红 / 87
一点红 / 161
一品红 / 392
一叶萩 / 393
一枝黄花 / 72
异叶天南星 / 256
益母草 / 157
益智 / 120
薏苡 / 119
阴香 / 403
茵陈蒿 / 207
银边翠 / 58
银线草 / 60
银杏 / 482
淫羊藿 / 181
樱桃 / 444
迎红杜鹃 / 452
蝇子草 / 122
油菜 / 43
油茶 / 466
油点草 / 22
油松 / 372
油桐 / 394
柚 / 468
余甘子 / 527
榆树 / 455
榆叶梅 / 440
虞美人 / 139
羽扇豆 / 183
雨久花 / 277
玉兰 / 397
玉蜀黍 / 118
玉叶金花 / 425
玉簪 / 224
玉竹 / 23
郁金香 / 237
郁李 / 448
鸢尾 / 229
鸳鸯茉莉 / 388
元宝草 / 57
元宝槭 / 493
圆叶茑萝 / 309
圆叶牵牛 / 308
远志 / 107
月季花 / 506
云实 / 360
芸香 / 208

Z

杂配藜 / 160
再力花 / 278
皂荚 / 525
泽漆 / 62
泽泻 / 279
掌叶大黄 / 254
樟树 / 405
照白杜鹃 / 453
柘树 / 409
浙贝母 / 126

桢桐 / 473
知母 / 241
栀子 / 424
蜘蛛抱蛋 / 236
直立百部 / 55
纸莎草 / 267
枳椇 / 451
中国无忧花 / 522
中华猕猴桃 / 352
中华青荚叶 / 380
朱顶兰 / 232
朱蕉 / 391
朱槿 / 459
朱砂根 / 464
朱缨花 / 523
诸葛菜 / 127
猪毛菜 / 100
猪屎豆 / 184
竹柏 / 434
竹叶椒 / 504
苎麻 / 74
梓木草 / 19
梓树 / 490
紫背万年青 / 244
紫背竹芋 / 46
紫丁香 / 416
紫萼 / 225
紫花地丁 / 209
紫花合掌消 / 53
紫花耧斗菜 / 192
紫花前胡 / 202
紫堇 / 196
紫荆 / 413
紫露草 / 243
紫麻 / 465
紫茉莉 / 56
紫萁 / 265
紫苏 / 90
紫穗槐 / 499
紫藤 / 359
紫菀 / 72
紫薇 / 384
紫玉盘 / 349
棕榈 / 495
醉鱼草 / 478
酢浆草 / 304